DRESSAGE PRATIQUE

DU

CHIEN D'ARRÊT

ANGLAIS

PAR

P BARREYRE

TROISIÈME ÉDITION

Entièrement refondue et considérablement augmentée

BLOIS

TYP. ET LITH. MIGAULT ET Cie, RUE PIERRE-DE-BLOIS, 14

—

1896

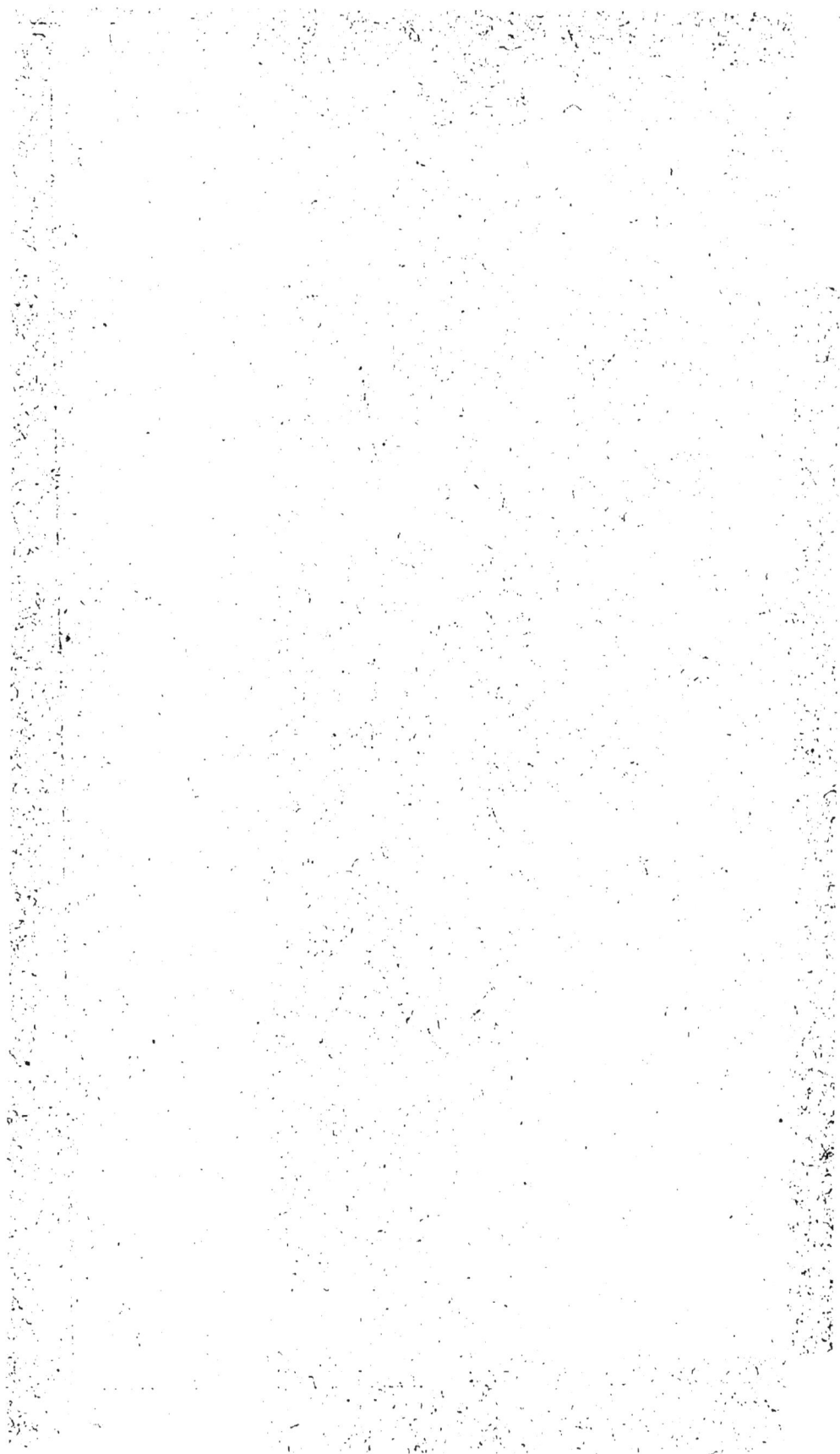

DRESSAGE PRATIQUE

du

CHIEN D'ARRÊT ANGLAIS

DRESSAGE PRATIQUE

DU

CHIEN D'ARRÊT

ANGLAIS

PAR

P. BARREYRE

TROISIÈME ÉDITION

Entièrement refondue et considérablement augmentée

BLOIS

TYP ET LITH. C. MIGAULT ET Cᵉ, RUE PIERRE-DE-BLOIS, 14

—

1896

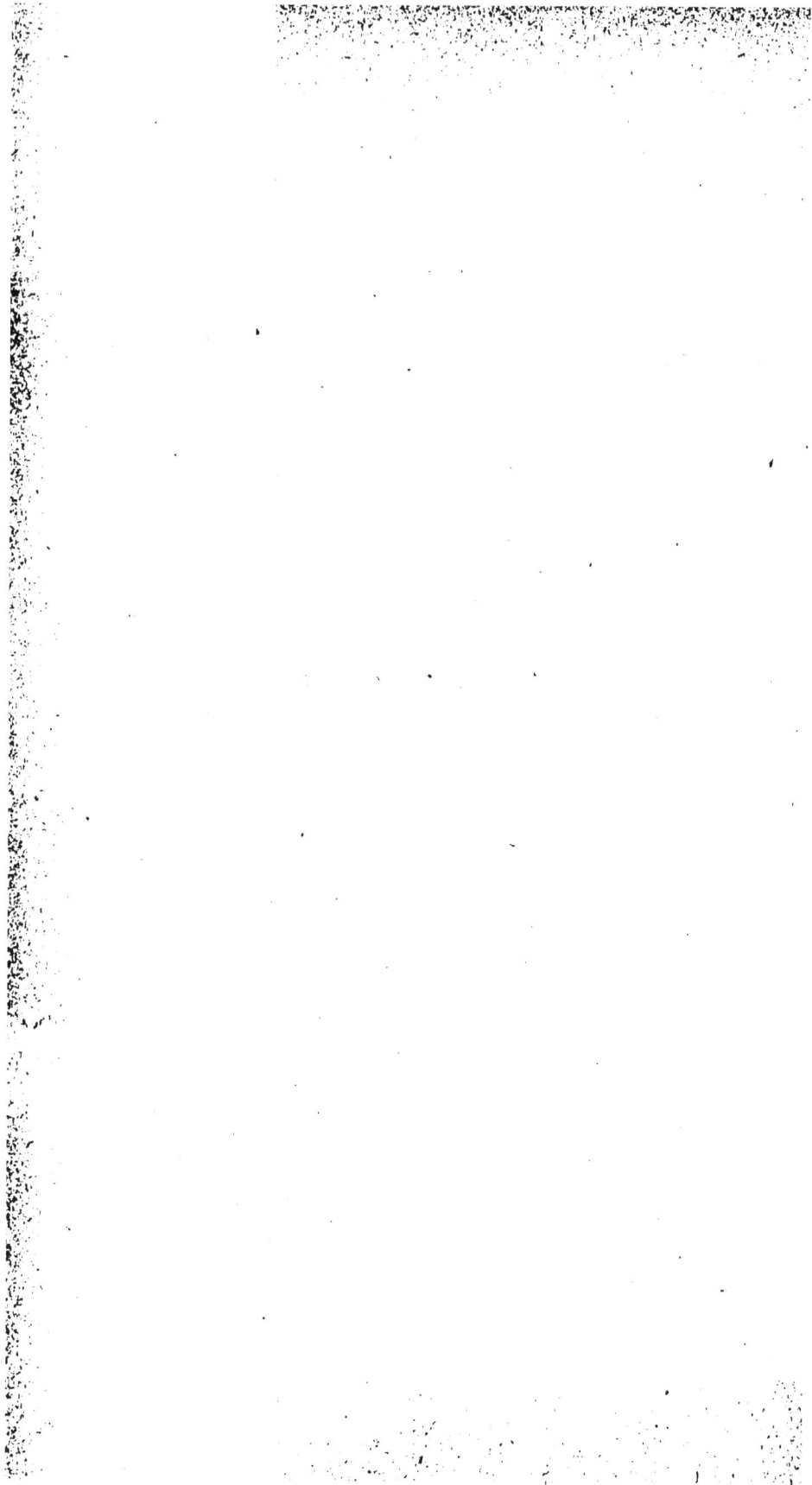

AVANT-PROPOS

La chasse est, de toutes les distractions, la plus agréable et la plus salutaire. Elle développe les forces, entretient la souplesse des membres, et cultive la puissance et le libre jeu de nos principaux organes. La chasse, c'est le contentement de sa condition, c'est l'égalité du caractère, c'est l'équilibre des facultés, c'est la raisonnable confiance en soi, c'est la franchise, c'est le courage, c'est la santé, c'est le bonheur ! Que les tendres mères, tremblantes à l'idée de voir un fusil aux mains de leur progéniture, m'en croient sur parole : il est des plaisirs autrement meurtriers, il est des cultes autrement dangereux que celui du grand Saint-Hubert !

Ma suprême ambition serait que ma vieille expérience des choses de la chasse pût leur être de quelque utilité, à ces adolescents dont il s'agit de faire des hommes *mâles* (alors qu'il en est tant qui ne peuvent prétendre à cette qualité), en les initiant à cette science qui ne laisse, derrière elle, ni dégoût ni satiété. Mais pour qu'ils n'aient pas de déception, je les en dois prévenir : ils s'égareront inévitablement s'ils veulent s'inspirer des auteurs cynégétiques qui furent pourtant les maîtres de la génération à laquelle j'appartiens. Rien n'est stationnaire ici-bas : tout progresse ou décline, et les conditions de la chasse se sont radicalement modifiées depuis trente ans. Le gibier est devenu rare : nos bonnes races de chiens ont disparu : et il est devenu de toute nécessité, cela ne se discute plus, de recourir aux chiens d'arrêt anglais, qui, seuls, à l'heure actuelle, possèdent les qualités de nez et de force indispensables pour chasser fructueusement. Je me restreindrai donc, dans cette troisième édition d'un ouvrage qui m'a déjà valu tant de précieuses approbations, à passer en revue les diverses races de chiens anglais d'arrêt, et à indiquer les moyens pratiques de tirer parti de leurs avantages, en même temps de vaincre leurs imperfections, tant au point de vue de la chasse que des fieldtrials.

P. BARREYRE.

DRESSAGE PRATIQUE

ET PERFECTIONNÉ

DU

CHIEN D'ARRÊT ANGLAIS

PREMIÈRE PARTIE

LE CHIEN ET SES VARIÉTÉS SERVANT A LA CHASSE A TIR

Le chien, cet auxiliaire indispensable du chasseur, a été le premier allié de l'homme sur la terre, et il est resté, entre tous les animaux, son seul et véritable ami. Il s'est donné, et sans retour, plus encore qu'il n'a été conquis ; et il est permis de se demander comment l'homme, nu, faible, désarmé, lors de son apparition sur la terre, serait sorti, sans son concours, de la lutte pour l'existence contre les animaux féroces qui l'entouraient. Avec son aide, il les a tous détruits ou domptés.

Il a été si certainement créé pour devenir le compagnon du roi de la nature qu'il a reçu le don de le comprendre et même de le deviner. Il s'élève au-dessus de l'instinct, car l'instinct n'a pour objet et pour but que la conservation de la vie chez l'individu et la propagation de l'espèce. Or, voyez le chien du Saint-Bernard ravir aux neiges leurs victimes, le Terre-Neuve les disputer aux flots : agissent-ils soit dans leur intérêt individuel, soit dans celui de leur race ? Ils font donc preuve, à un degré certain, d'une faculté voisine, sinon parente, de celle qui, portée chez l'homme à son développement supérieur, se nomme l'intelligence. Bien plus, le chien qui, dans des circonstances variées à l'infini, se prête à toutes les exigences de la chasse ou de la garde du bétail, ne prouve pas seulement qu'il a des idées, mais encore qu'il sait les coordonner dans certains rapports, et, par conséquent, qu'il accomplit certains raisonnements.

Enfin, son histoire se calque sur celle de l'humanité. A l'origine, compagnon intrépide et fidèle de l'homme dans les combats de chaque jour, il s'est ensuite transformé avec les conditions de l'existence de son maître pour s'associer à des plaisirs qui ne sont plus que l'image de la guerre. En même temps, il n'est pas un service qu'il ne soit apte à rendre et qu'il n'ait rendu déjà.

Dans le nord, il garde les rennes des Lapons ; ou encore, attelé au traîneau des Esquimaux, il les conduit jusque sur les glaces polaires.

Il chasse pour l'Indien et garde fidèlement sa hutte.

Un seul sloughi assure parfois la nourriture de toute une famille d'Arabes : aussi quelle désolation, sous la tente, quand il vient à périr ! Quels cris gutturaux poussent les femmes, elles, qui, dans sa jeunesse, l'avaient choyé au point de lui prodiguer leur propre lait !

On a longuement disserté sur le point de savoir s'il est le descendant d'une espèce perdue ou s'il a, pour ancêtres, le loup, le renard ou le chacal. Dans les fossiles de la période quaternaire, Bourguignat a trouvé les restes d'un chien sauvage qui, d'après l'examen de ses dents et de ses os, est beaucoup plus voisin de notre chien que de tout autre animal. De son côté, de Blainville a démontré qu'aucune race sauvage, actuellement vivante, ne peut lui avoir donné naissance.

En tout cas, la paléontologie, d'accord avec la tradition, démontre que sa domestication est fort lointaine. MM. Rames, Carrigou et Filhol ont trouvé ses os, mêlés à ceux de l'homme, dans les fossiles des cavernes, les dépôts diluviens, les restes de cuisines de Danemark et des stations lacustres de la Suisse.

Bien que descendant, évidemment, d'un type unique, il a aussi présenté, dès l'antiquité la plus reculée, un grand nombre des variétés que nous voyons encore. Les ossements découverts par M. Bourguignat dans une couche des cavernes Fontaine et de la Siagne (Alpes-Maritimes), qui appartient à la phase trizoïque de la période quartenaire, appartiennent à deux types : le chien de berger et le dogue de grande taille. Ceux trouvés à Nove, près de Vence, et aux Clapiers, près de Grasse (Alpes-Maritimes), dans une couche de la phase ontozoïque, qui suit la précédente, sont les débris du basset, du chien courant, du chien d'arrêt, et du chien de berger. Les plus anciens monuments de l'Egypte apportent le même témoignage.

Chacune des races que nous utilisons actuellement mériterait une monographie détaillée, que je ne saurais entreprendre. Je jugerais ma tâche remplie si, seulement, je pouvais réussir à donner une idée juste du chien d'arrêt et de ses principales variétés.

C'est en France, avant tout autre pays, qu'on a commencé à tirer au vol.

Avant la révolution, les races de chiens d'arrêt de notre pays étaient fort estimées, et il est incontestable que les Anglais leur ont fait plus d'un emprunt pour améliorer les leurs. Elles se distinguaient par la finesse du nez jointe à la fermeté de l'arrêt ; mais elles manquaient d'allure et de fond. Ces défauts n'avaient pas, d'ailleurs, les inconvénients qu'ils présentent aujourd'hui, parce que le gibier abondait partout. Infiniment moins pourchassé, il était aussi beaucoup plus abordable.

On trouve encore, aujourd'hui, des braques, des épagneuls, des griffons français; mais les grandes races, dont ils sont les indignes rejetons, ont disparu, avec les fortunes d'autrefois, dans la grande tourmente révolutionnaire. Examinez une portée de chiots, même provenant de parents réputés de bonne race, et remarquez la variété des types. C'est qu'il n'est pas actuellement une famille de chiens français qui n'ait, dans les veines, le mélange du sang de toutes les variétés de chiens connues. Aussi, voyez-les en chasse : après quelques heures d'une quête plus ou moins rapide, ils sont sur les dents, et ils se contentent de trottiner (quand ils veulent bien s'en donner la peine) devant le chasseur qui fait autant de chemin qu'eux. Ils touchent du nez le sol, mettent une heure à suivre les lacets d'une caille qui se dérobe, et éventent les perdreaux quand, déjà, ils ont pris l'essor.

Serait-il encore possible de les régénérer ? La question ne fait pas de doute. mais que de temps, de science et d'argent seraient nécessaires ! Ce n'est évidemment pas le parti le plus rationnel à prendre, et, puisqu'il faut actuellement parcourir plus de cent hectares pour lever une compagnie de perdrix, qui se tient au ras, et ne se laisse que difficilement approcher, empruntons, délibérément, aux Anglais, leurs admirables chiens, au nez incomparable, et aux jarrets d'acier. La lumière n'est pas loin d'être faite à cet égard.

Les Chiens anglais.

Le goût des beaux et bons chiens anglais d'arrêt se développe, de plus en plus, en France. Il n'est pas, actuellement, de chasseur, digne de ce nom, qui ne soit désireux de posséder un de ces beaux types de pointers ou de setters qui font, à juste titre, l'orgueil des sportsmen anglais.

Malheureusement, peu de ces néophytes savent encore de quel temps, de quelle persévérance, de quelle science approfondie, de quelles expériences sagacement conduites et de quelles dépenses ils sont le produit. La vie entière des pionniers qui, les premiers, se sont engagés dans cette voie, n'y a pas suffi, et il a fallu tous les efforts accumulés de plusieurs générations pour les amener au point où nous les voyons. Ainsi, vers la fin du siècle dernier, le père du pointer actuel, qu'on désigne sous le nom de « old english pointer », était déjà un chien doué d'une grande puissance de nez, mais lourd, décousu, bas sur jambes, souvent ergoté, et il ne quêtait guère qu'au trot. Bien que jouissant dès cette époque, en Angleterre, d'une très grande faveur, et

déjà devenu l'objet d'essais nombreux pour l'améliorer, il n'avait presque rien perdu du « spanish
pointer », vendu, par un négociant portugais, au
premier chasseur à tir imitateur des chasseurs
français, dont les annales du sport enregistrent le
nom : le baron Bickwel, duquel descendait, lui-même,
le « old english pointer ». C'est seulement vers 1800
que le colonel Thonrton eut l'idée de recourir au
fox-houd pour donner à ses pointers la vitesse,
l'ardeur et le fond qui leur manquaient. Plus tard,
en 1825, Marsingley et lord Derby, quelques années
après, Webbe Edge, grâce à un choix savant des
reproducteurs, commencèrent seulement à obtenir
de sérieux progrès, dans le sens des qualités qu'ils
se proposaient de fixer dans la race : le maximum
de l'harmonie des formes, de l'endurance à la fatigue
et des qualités de nez. En 1845, le chenil de Webbe
Edge se dispersa, mais le sang en fut précieusement
conservé dans le centre de l'Angleterre. De son côté,
lord Sefton recueillit les meilleurs produits de lord
Derby, et les améliora encore si sensiblement, qu'on
donne, encore aujourd'hui, à leurs descendants, le
nom de ce nobleman. Plus que les autres pointers,
ils s'éloignent du type fox-hound, mais leur construction est si admirable qu'on a dit d'eux que leur
galop « *est la poésie du mouvement* ». Ils peuvent
revendiquer la gloire de comprendre dans leur
descendance, le chien que les anglais ont proclamé
« le chien phénomène » et « le roi des pointers » :

Drake, dont la finesse de nez était prodigieuse, et
dont les moyens d'action étaient si puissants, et les
allures si vives que, ne pouvant s'arrêter assez vite,
quand les émanations du gibier lui parvenaient, il
se laissait tomber à terre. C'est à M. Lloyd Price que
revient l'honneur d'avoir élevé ce chien, qui a laissé,
dans le chenil de son propriétaire, dans ceux du prince
Sloms, et de plusieurs autres gentlemen, des descendants qui se sont appelés : la Vole, — Tory, — Gar-
net, — Naso, — Mars, — Bounce, — Bang, — et
tant d'autres qui s'illustrèrent dans les expositions
et les fieldtrials. On me permettra bien d'ajouter,
que c'est de Drake, également, par son fils Pilot,
hors de Nellie, importée par M. le marquis du Bourg,
que viennent les reproducteurs de mon chenil.

Des générations de sportsmen s'attachèrent également à d'autres familles de pointers, et si tous leurs
efforts furent impuissants à créer un type aussi
éclatant que Drake, néanmoins M. Statter parvint
à produire Major, issu, comme Drake, des chiens de
lord Sefton. — MM. Withouse, Hamelet, — et
M. Sam Price, Bang, — qui, à eux quatre, constituent
une telle aristocratie, parmi les pointers, que tout
chien bien aligné doit descendre de l'un d'eux, et
que les anglais les appellent : les « piliers de leur
Stud-Book ».

Les setters, de leur côté, étaient l'objet d'une cul-
ture semblable, et la liste serait longue des sportsmen qui ont consacré, à leur amélioration, leur temps

et leur argent. S'agit-il des Naworth Castle ou des
Featherstone Castle Setters ? Les noms du comte de
Carlisle, de lord Wallace, du major Cowan, se présentent d'eux-mêmes. — Est-il question des setters
du comte de Seafield ? On doit nécessairement faire
mention, à côté de ce nobleman, du shérif Tyller
et du général Portler. — Parle-t-on de la race des
Llanidloes ? On ne peut passer sous silence, et feu
Richard Witington, et Harry-Rotwel, et lord Hume.
Et, quand il s'agit de rendre, à tant de sportsmen
illustres, l'hommage qui leur revient si légitimement,
on ne peut pas ne pas proclamer le nom du plus
grand de tous : j'ai nommé Edward Laverack.

Ce simple coup d'œil, jeté en arrière, suffit pour
montrer dans quelle pitoyable erreur tombent généralement nos compatriotes, quand ils s'imaginent
que le premier venu peut, sans folie, tenter la production du beau chien de race, et que le succès s'obtient autrement que par de longues années, une
science consommée et de dispendieuses expériences.
Mais aussi, quels merveilleux résultats n'obtient-on
pas quand le temps, la science et l'argent concourent
au but projeté ? On voit, alors, des chiens dont l'intelligence est surprenante. Il suffit qu'on leur
montre, une fois, ce qu'on exige d'eux pour qu'ils le
fassent. Il se peut à la rigueur qu'on soit obligé de
les corriger pour assurer leur obéissance, mais
un chien qui mérite plus d'une correction, pour la
même faute, vaut rarement la peine qu'on se donne-

rait pour le dresser. Telle est la déclaration expresse de Meyrick. *(One beating may, indeed, be necessary to insure obedience ; a dog wich requires more is seldom worth the trouble of training).*

Aussi, je l'ai dit bien des fois, et je le répète : celui qui n'a pas vu, en action de quête et d'arrêt, un de ces beaux types de pointers ou de setters, a été privé d'un des plus beaux spectacles et des plus vives émotions que le chasseur puisse souhaiter ! Comment ne pas être ému, en effet, en voyant un de mes beaux pointers, Pluton, mettre en déroute plusieurs de ses congénères qui voulaient lui enlever un lièvre que je venais de tirer, et qui était allé rendre le dernier soupir loin de moi, s'emparer gaillardement du défunt et se mettre à ma recherche ? Des chiens de berger l'ayant aperçu, s'excitent à sa poursuite ; mais, comme l'Horace des Romains, il manœuvre de manière à les diviser, bourre énergiquement les plus téméraires et finit, à force de lutter et de combattre héroïquement, par rester maître du terrain. Il reprend alors la bonne direction pour me rejoindre sur la lisière d'un bois, d'où je considérais, avec le plus vif intérêt, ce petit drame. Certainement, cet excellent chien, qui était d'une force extraordinaire, eût étranglé tout individu qui eût voulu lui prendre son gibier. Jamais il ne poursuivait un lièvre sans en avoir reçu l'ordre ; et son instinct était si admirable, que, même l'ordre donné, il revenait aussitôt si le lièvre n'était pas blessé, de même qu'il s'obstinait à sa poursuite, sans jamais le perdre, lorsqu'il sentait qu'il avait été gravement atteint par mon coup de feu. Il faudrait des volumes pour raconter les hauts faits de ce compagnon de chasse. Jamais il n'a fait partir une pièce de gibier par son manque de prudence, et le chiffre des pièces de gibier qu'il m'a fait tuer, en dix années de chasse, est fabuleux.

Depuis Pluton, mort en 1860, j'ai possédé un grand nombre de Pointers moins bien doués, comme intelligence, mais aussi bons que lui à la chasse ; et j'en possède d'autres, descendant de Drake ou de Bang, dignes de lui être comparés. Ce sont ces preuves de qualités exceptionnelles qui expliquent mes préférences pour le Pointer de grande race. Je n'ai pourtant pas l'intention de médire des autres familles de chiens d'arrêt. J'ai possédé et je possède encore des Setters dont le mérite peut rivaliser avec celui des meilleurs Pointers. J'aurai d'autres occasions d'en entretenir le lecteur, mais il importe beaucoup plus, en ce moment, de faire connaissance plus intime avec les races de chiens anglais qui se recommandent particulièrement au choix de l'amateur, d'en donner la description et d'indiquer leurs qualités et leurs défauts caractéristiques. Ces races que je vais plus spécialement présenter aux lecteurs sont, outre les Pointers et les english Setters déjà nommés, les Gordon Setters et les Red Irish Setters. Les représentants des autres races, ou bien sont presqu'introuvables, comme les Laverack, ou bien ne présentent rien d'assez caractéristique pour offrir un intérêt pratique au chasseur français. Néanmoins, avant de commencer cette revue, il convient de dire que certains caractères de conformation sont nécessairement communs à toutes ces races de chiens, parce qu'eux seuls peuvent assurer le maximum d'endurance à la fatigue que l'on doit avant tout rechercher, et qu'ils constituent aussi la perfection physique et, par conséquent, la beauté.

Les formes doivent être harmonieuses ; — le nez doit être largement ouvert pour bien aspirer les émanations du gibier : — la tête, siège de l'intelligence, bien développée sans cependant être lourde, de peur de fatiguer l'avant-main : — l'ensemble du corps doit être musculeux, mais non pas chargé de chair et de graisse, comme celui d'un animal destiné à la boucherie ; compact, pour assurer la solidité et néanmoins léger, pour permettre la vitesse ; — l'ossature doit être forte. — Les chiens anglais sont faits pour découvrir le gibier de loin, et à l'allure la plus rapide ; leur poitrine doit donc être particulièrement vaste afin d'assurer le libre jeu du cœur et des poumons. La meilleure conformation est celle qui présente la profondeur et la largeur réunies. Un chien, dont la poitrine serait profonde et étroite, pourrait être fort rapide, mais il ne saurait soutenir une course prolongée. — Le dos doit être court, musculeux, droit ou légèrement arqué, jamais ensellé ; mais, à égalité de taille et de poids,

les bonnes lices doivent être un peu plus longues que
les chiens ; autrement elles seraient, suivant l'expression des Anglais, *mal chambrées*. — L'épaule
doit être haute, oblique, musculeuse sans être char-
gée de chairs ; — l'avant-main large ; — les join-
tures fortes ; — le coude bien détaché ; — les pieds
ronds, petits, serrés ; — la sole épaisse et dure ; —
l'arrière-main longue et musclée, — l'articulation du
jarret, d'une bonne ossature et bien descendue ; — la
queue doit être forte à la naissance, pas trop longue
et se terminer en pointe effilée : c'est une des principales indications de pureté du sang. Une peau très
fine et un poil très fin et lustré sont considérés
comme une marque de haute origine ; néanmoins,
les chiens d'un poil dur et fort étant généralement
moins délicats, sont également très appréciés pour
la chasse. Le fameux Bang était loin d'avoir le poil
très fin et son fouet était remarquablement fort. La
meilleure taille, pour les chiens de chasse, est la
moyenne. Les Anglais appellent chiens grands ou
lourds, ceux qui pèsent plus de 55 livres (1), et légers
ceux qui pèsent moins. Dans les races de chiens qui
comportent la couleur blanche, ceux qui en ont le plus
sont les plus estimés, parce qu'on les aperçoit de plus
loin. Les robes foncées ont d'ailleurs l'inconvénient,
d'autant plus sensible qu'elles se rapprochent plus

---

(1) Livres Anglaises, de 453 grammes.

du noir, de rendre le chien moins apte à supporter la chaleur.

Ceci dit, je vais préciser les particularités qui distinguent les principales races de chiens anglais.

Le Pointer

Le Pointer est le chien favori des Anglais, et ils ont doublement le droit d'en être fiers, puisque c'est leur création et qu'elle est vraiment merveilleuse.

C'est un chien à poils extrêmement ras, généralement fins comme la soie, et dont la robe affecte toutes les couleurs, mais principalement la couleur blanche tachée de foi, d'orange ou de noir. La couleur la plus recherchée est la couleur blanche et foie, puis la couleur blanche et orange, et enfin la couleur blanche et noire ; mais toujours avec le plus de blanc possible. Les parties blanches comportent des mouchetures plus ou moins serrées. Le fouet doit être gros à la naissance, et très fin à son extrémité. Il ne doit pas tomber plus bas que le jarret. L'oreille, dont la finesse décèle la pureté du sang, doit être courte, et, quand on la ramène vers le nez, ne pas dépasser le coin de l'œil. Il n'est pas de chien dont le dressage soit plus facile, et, une fois parfait, plus solide et moins vite oublié. Bien dressé, c'est un chien d'une obéissance absolue. La puissance de son nez, même par la chaleur, est étonnante, et la rapidité de sa course, sans égale. Il n'est pas de chien plus brillant, ni ayant, au même degré, l'instantanéité et la fermeté de l'arrêt. Il tombe véritablement en catalepsie, et, à ce point de vue, le Setter ne peut lui être comparé.

Sa résistance à la chaleur, et sa faculté de conserver la finesse de son odorat dans les conditions les plus défavorables, font que, de l'autre côté de la Manche, on s'en sert principalement en plaine à l'ouverture de la chasse ; ce qui n'empêche pas qu'on en puisse tirer un excellent parti en toutes saisons et sur tous les terrains de chasse. J'en ai possédé qui n'avaient pas de rivaux, au bois, sur la bécasse, et qui étaient loin de bouder dans une chasse au marais. C'est surtout une affaire d'habitude et de dressage. Il est certain, néanmoins, que la nature a mieux armé les Setters, et plus particulièrement les petits Cockers et Springers, contre la morsure des ajoncs, et que la santé de ces chiens souffre moins que celle des Pointers de chasses journalières dans l'eau glacée des marais. Au contraire, dans la pratique ordinaire de la chasse, tout l'avantage leur reste, et ils prouvent si bien cette supériorité dans les field-trials, que les propriétaires de Setters n'ont jamais cessé de réclamer contre l'usage établi de les faire concourir ensemble.

De l'English Setter.

Le Setter est un chien à poil long. Si la traduction française du mot *pointer* est viseur ou pointeur (vocable emprunté à l'artillerie, comme le nom de notre chien à poil ras, qui vient du verbe braquer), le nom anglais du Setter veut dire : *coucheur*. Il a, en effet, comme ses camarades, nos épagneuls, une grande propension à se coucher à l'arrêt. C'était une qualité précieuse et très cultivée quand l'arquebuserie, dans l'enfance de l'art, fournissait des armes longues, mal équilibrées, produisant une déflagration tardive de leur charge, par conséquent ne permettant guère de songer à tirer au vol. Cette époque, je l'ai déjà dit, n'est pas contemporaine du déluge. Vers le milieu du siècle dernier, et même plus tard, le moyen le plus usité et le plus fructueux de chasser la perdrix et la caille, était de couvrir d'un filet le chien, couché à l'arrêt, et la pièce de gibier tapie devant lui. Il n'est pas difficile d'imaginer quels résultats donnerait ce procédé avec la perdrix de nos jours, et cette simple remarque prouve mieux qu'un long volume quels perfectionnements dans nos auxiliaires exige actuellement la chasse. Quoiqu'il en soit, le Setter était évidemment le chien le mieux approprié à la chasse au filet, et c'est pour ce motif qu'il a été en vogue bien avant le Pointer.

Une controverse passionnée s'est engagée, de longue date, entre les chasseurs anglais, sur la finesse comparative du nez du Pointer et du Setter.

Le procès n'est pas encore jugé sans appel, bien que, cependant, le Pointer tienne la corde. Il est une chose, en effet, qu'il ne faut pas perdre de vue : c'est que les épreuves annuelles des fieldtrials se font dans des conditions qui ne laissent pas d'être quelque peu défavorables pour le Setter. A cette époque de l'année, il fait déjà chaud, et son rival, moins chargé de poils, est dans de meilleures conditions pour résister à la double épreuve du soleil et d'une course vertigineuse : il n'éprouve pas, au même degré, une soif vive qui paralyse une partie de ses facultés olfactives. Tel est le secret du fait, depuis longtemps constaté, que le Pointer conserve mieux la finesse de son nez pendant la chaleur. Mais ses belles soies qui, dans certains cas, sont un désavantage pour le Setter, ne sont pas sans lui être aussi, parfois, d'un grand secours.

Le Pointer trempé par une longue pluie froide, grelotte et ne jouit pas non plus de tous ses moyens. Il a également sujet de regretter, dans les épines et les ajoncs, le feutrage qui incommodait son rival sous les rayons ardents du soleil. Toute médaille a son revers, et tous les mérites du Pointer ne peuvent faire qu'on ne doive pas proclamer l'English Setter, de pur sang, un admirable chien de chasse, qui doit obtenir toutes les préférences dans les climats humides et froids, et sur les terrains épineux et couverts. On doit ajouter à son actif qu'il se met plus facilement au rapport ; qu'il a ordinairement la dent plus douce ; et que son caractère est moins violent que celui de son rival qui, souvent, se montre hargneux pour ses congénères, et même, s'il n'a pas été élevé avec douceur, pour ceux qui ne l'ont pas soumis à leur autorité. Généralement, encore, le Setter montre plus d'attachement pour son maître, et plus d'intelligence dans les choses étrangères à la chasse.

Sa robe peut revêtir toutes les couleurs. La plus à la mode est la blanche, avec des taches noires (Blue Belton) ou blanche pointillée de noir (Blue Motled). Le poil peut être très épais et ondulé, mais non frisé comme celui de l'Épagneul d'eau. Le pied doit être très feutré. La queue, les pattes de devant et les cuisses doivent être bien garnies de soies longues et soyeuses. Sa tête est plus petite et ses babines moins développées que celles du Pointer.

Les Laverack, les Naworth Castle, les Featherstone Castle, les Lord Lavat's, les Earl of Seafield's, les Lord Ossulton's, les Tankerwill's, les Lort's et les Llanidloes Setters sont plutôt des familles d'English Setters que des races particulières. Ce que nous venons de dire des English Setters s'applique donc généralement à eux.

Le Setter Gordon

Le Gordon est un Setter écossais dont la robe noire, marquée de feu, est magnifique.

On en rencontre parfois d'excellents, mais les Anglais leur reprochent d'être souvent d'un caractère opiniâtre et difficiles à dresser.

— J'ai pu constater le fait par moi-même.

Leur conformation est aussi, très fréquemment, moins correcte que celle des autres Setters : ce qui n'est pas sans influence sur leur endurance à la fatigue. Ils redoutent spécialement la chaleur, parce que leur robe noire absorbe avec énergie les rayons caloriques. Il est presque sans exemple de les voir triompher dans les fieldtrials, et ils ne s'y montrent même qu'exceptionnellement. Quelques Sportmen français ont cependant fait à ce chien une réclame bruyante. L'examen des derniers volumes du Kennel Stud book montre même ce fait curieux que les Français, dans ces derniers temps, ont fait inscrire plus de chiens de cette race que les Anglais eux-mêmes. Un temps prochain viendra, néanmoins, où ils tomberont chez nous dans la défaveur qui les a déjà atteints en Angleterre, où ils trouvent cependant un terrain et un climat beaucoup plus favorables au développement de leurs moyens et de leurs facultés naturelles. Pour moi, je n'en conçois bien l'emploi que dans les pays froids, humides, et couverts de bruyères ou d'ajoncs.

Il faut ajouter, en terminant, qu'il est extrêmement difficile de s'en procurer d'authentiques, et que l'un de ses partisans les plus enthousiastes avoue que, sur *cinq cents* chiens importés, il n'y en a peut-être *pas un de pur sang*.

Les Red Irish Setters.

Comme leur nom l'indique, ces chiens sont des Setters rouges, originaires d'Irlande. Leur robe, couleur acajou, est fort belle. Leur mérite a été controversé parce que le sang des chenils autrefois les plus célèbres a dégénéré ; mais la race possède encore certains représentants qui ne le cèdent, sous aucun rapport, aux meilleurs chiens d'arrêt, quant aux qualités recherchées à la chasse, et qui se distinguent, entre tous, par la vigueur de leur constitution.

Après l'épagneul d'eau, il n'est pas de chien convenant mieux pour la chasse au marais. Particularité peu connue, sa couleur est celle qui effraye le moins la sauvagine. Elle paraît même piquer la curiosité de certaines espèces, comme les canards : ce qui permet de les approcher de plus près. L'Irish Setter est aussi très utile dans les pays difficiles et couverts. Il convient beaucoup moins dans les pays secs et chauds. Il est parfois entêté et d'un dressage très difficile. Le trait le plus saillant de sa structure est la longueur de sa tête. Beaucoup de sportsmen estiment que le pur Irish Setter doit avoir la robe entièrement rouge, sans aucune tache de blanc ou de noir. S'il en était ainsi, on devrait tenir pour certain qu'il n'existe plus un seul Red Irish de pur sang, parce qu'en effet, ainsi que le remarque Laverack, il n'est plus aujourd'hui un seul chien dont la robe soit sans une tache blanche ou noire, ou, dans tous les cas, qui ne compte, parmi ses ascendants, un chien présentant une de ces taches. C'était bien vers cette opinion qu'inclinait Laverack, ce célèbre éleveur, qui déclare que, malgré le vif désir où il était d'améliorer encore la famille de Setter qui porte son nom, par l'infusion du sang du Red Irish, il n'a pu en trouver un seul qui, tout à la fois, par sa structure, par sa couleur et une généalogie irréprochable, fût digne de cet honneur Quoiqu'il en soit, il n'en est pas moins à remarquer que les chiens de cette race qui se sont le plus illustrés sur le terrain, et même dans les expositions, présentaient quelque trace de noir.

Le Dropper.

Le Dropper est le produit du croisement du Setter et du Pointer. Il est généralement excellent ; mais il dégénère absolument dès la deuxième génération. Comme il est facile de le deviner, ses caractères physiques et moraux n'ont rien de fixé. Il n'y a donc pas lieu de s'en occuper davantage.

Je n'ai jusqu'ici parlé que des *Chiens d'arrêt*, mais, évidemment, mon travail serait incomplet si je ne disais un mot des autres chiens qui, bien que n'arrêtant pas, sont également employés à la chasse à tir, tels que le Retriever, les Épagneuls d'eau (Water'spaniels) et les Épagneuls de terre (Land'spaniels) : Cockers et Springers.

Le Retriever.

Les Anglais font rarement rapporter leurs chiens d'arrêt ; ce soin est confié au Retriever. Ce dernier chien ne constitue pas, à proprement parler, une race constituée ; il est, généralement, le produit du Terre-Neuve et du Setter. Quelques amateurs préfèrent le produit du Terre-Neuve et du Pointer : d'autres y mêlent le sang du Fox-hound. Sur ce point, la fantaisie se donne pleine carrière. L'essentiel est d'obtenir un chien obéissant, ayant de la propension naturelle au rapport, *fin de nez*, et quêtant, non pas le nez haut, comme on le demande au chien d'arrêt, afin de découvrir le gibier de loin, mais le nez contre terre, pour mieux suivre la piste d'une pièce de gibier blessée qui se dérobe, et la rapporter ensuite à son maître.

Les Retrievers sont divisés en deux classes principales : 1° les Wavy-Coated, c'est-à-dire à soies longues et platès, de couleur noire. Ce sont les descendants du Terre-Neuve et du Setter.

2° Les Curly-Coated, c'est-à-dire à soies frisées. Ce sont les plus communs et ils comptent, dans leur ascendance, le Terre-Neuve, l'Épagneul d'eau, et même le Caniche. On prétend que ce sont les plus intelligents. Ceux qui sont admis aux Expositions sont toujours de couleur noire ou marron.

L'Épagneul d'eau (Water' Spaniel)

L'Épagneul d'eau, ainsi que l'indique son nom, est un chien à long poil, qui sert exclusivement à la chasse au marais. Son poil frisé, de couleur marron foncé, parfois taché d'un peu de blanc, est enduit d'une espèce d'huile, malheureusement assez odorante, qui le soustrait, comme la sauvagine, au contact de l'eau. Quant il est de pur sang, il porte, sur le sommet de la tête, une mèche de poils qui n'est pas sans analogie avec celle que se font les clowns de cirque : ce qui lui donne une physionomie très spéciale. Il est très intelligent, très obéissant, très fin de nez, très résistant à la fatigue, très ardent et très attaché à son maître. Il convient parti-

culièrement à la chasse aux canards, à la suite desquels il ne craint pas de plonger sous les glaçons,
quand ils ont été blessés, et il les rapporte ensuite
comme le plus brillant des Retrievers.

Les Épagneuls de terre (Land's Spaniels : Cockers, Springers).

Le Cocker et les autres petits épagneuls :
Springer, Clumber, Sussex, Spaniel et Norfolk
Spaniels sont, dans les broussailles, ce que le
Walter Spaniel est au marais. C'est le théâtre de
leurs exploits, c'est leur domaine propre. Leurs aptitudes sont d'ailleurs multiples, et ils n'excellent pas
moins à la chasse de la bécasse et du faisan qu'à
celle du lapin. Ils rendent même d'excellents services
au marais, sur la sauvagine, et, enfin, on peut les
employer, avec le plus grand succès, contre la caille
et surtout les râles de genêts, dont la chasse est, à
la longue, si pernicieuse pour le dressage de tous
les chiens d'arrêt. Ce sont de très petits Setters,
d'une finesse de nez étonnante, d'une intelligence
merveilleuse, d'une fidélité à toute épreuve, d'une
résistance incroyable à la fatigue, d'une ardeur
diabolique qui fait qu'ils ne reculent devant aucun
fourré, si impénétrable qu'il puisse être, et qu'ils
forcent à partir le gibier qui s'y était remis, sauf à
en revenir, eux-mêmes, tout ensanglantés. Généra-

lement, ils donnent quelques coups de voix, quand ils rencontrent la piste, afin d'avertir le tireur, puis ils poussent la pièce de gibier. On peut aussi les faire chasser, sous le fusil, le long des haies, dans les marais, les ajoncs, les prairies artificielles, les maïs et les blés noirs. Ils sont généralement dressés au rapport. Le plus souvent on en fait chasser deux à la fois, et, alors, on peut, quelquefois, les voir unir leurs efforts, afin de réussir à rapporter la pièce de gibier trop lourde pour les forces d'un seul.

La variété du Cocker est au premier rang, parmi les Land's Spaniels, pour les qualités que nous avons énumérées. Elle est ainsi nommée parce qu'on l'emploie surtout à la chasse de la bécasse. (*Wildcock.*)

Un Cocker ne pèse pas, ordinairement, plus de quinze livres. Sa tête est plus ronde, et son nez plus pointu que ne les ont les autres épagneuls ; ses oreilles sont très longues et garnies de soies abondantes. On lui coupe habituellement la moitié de la queue, qu'autrement il se lacérerait dans les buissons épineux. Sa couleur est ou blanche et noire, ou toute noire, ou foie et blanche, ou rouge et blanche.

Les Springers comprennent les variétés Clumber, Sussex et Norfolk.

Le Clumber est le plus grand de tous les land's spaniels ; il pèse souvent jusqu'à trente livres. Il a cela de particulier qu'il ne donne jamais de voix. Sa couleur est toujours citron et blanche, ou jaune et blanche. On l'emploie surtout dans les battues.

Le Sussex atteint, à peu près, la taille du Clumber ; mais sa tête est plus légère et il est d'une riche couleur foie. Contrairement au Clumber, il donne de la voix.

Le Norfolck est le plus commun de ces chiens, et il présente tant de variétés, qu'il est difficile d'en donner une description. Il est de taille moindre que les Clumbers et les Sussex, et sa robe est noire et blanche, ou foie et blanche.

Du choix d'un chien.

C'est parmi toutes ces races que le chasseur français peut choisir son auxiliaire. Toutes, ainsi qu'on l'a vu, présentent des avantages et des inconvénients. Le mieux serait, évidemment, d'avoir un Pointer, pour chasser le perdreau en été et en automne ; un Setter, pour chasser dans les pays couverts et humides ; un Irish, pour chasser la sauvagine ; un Retriever, pour rapporter le gibier tué ou blessé ; et une paire de Cockers, pour la chasse du faisan et du lapin, au bois. Ainsi font les Anglais. Chaque race est entretenue dans la spécialité à laquelle ses aptitudes la rendent le plus propre, et il n'est pas douteux qu'elle n'arrive, alors, à une perfection de travail qu'on ne peut exiger d'un seul chien, à qui on demande, par exemple, tout à la fois, d'arrêter de près, au bois, et de loin en plaine ; de quêter, le nez haut, quand il s'agit de découvrir le gibier vivant, et de suivre, le nez collé à la voie, la piste d'une pièce blessée qui se dérobe.

Quoiqu'il en soit, en France, on chasse tout autrement ; le plus grand nombre de chasseurs au chien d'arrêt se contente d'un seul compagnon de chasse. Il appartient donc à chacun de se bien rendre compte des conditions de chasse du pays qu'il habite, et de décider, en conséquence, sur quelle race doit tomber sa préférence. En ce qui me concerne, je pense que toutes les fois qu'on n'habite pas un pays particulièrement difficile, à raison des ajoncs, des épines ou des marais, on devra se décider pour le Pointer, parce qu'il est le plus élégant des chiens, le plus facile à dresser, le plus résistant à la fatigue, et surtout, parce que, dans notre pays de France où les chaleurs sont parfois très fortes, il conserve, mieux que les autres chiens, pendant les deux premiers mois de la chasse, c'est-à-dire pendant le temps où elle est le plus fructueuse, son énergie et la finesse de son odorat.

Mais ce premier point étant déterminé, il restera encore à décider, pour le chasseur, s'il doit élever lui-même le futur complice de ses massacres.

Quelle que soit la solution de ce second problème, j'adjure mes compatriotes de n'accepter qu'un chien de pur sang. Autrement il vaut tout autant continuer à prendre, au hasard, parmi cette tourbe de malheureux chiens français que nous voyons, actuellement, autour de nous, et qui seraient à peine dignes de tourner la broche que leurs ancêtres contribuaient si efficacement à pourvoir. La pureté du sang est tout, il faut bien se pénétrer de cette vérité ; et si, par hasard, on voit un horrible *Corneau* développer de véritables qualités, ce n'est qu'un accident qui, certainement, ne se reproduira pas dans sa descendance. Ce n'est pas prétendre, évidemment, que tous les chiens de pur sang sont également remarquables. Mais jamais le vrai sang n'a complètement menti, et, en tout cas, avec lui on a tous les atouts dans la main au lieu de les avoir contre soi.

Nous allons donc supposer que notre chasseur français a décidé de se pourvoir d'un jeune chiot de pur sang, et exposer sommairement les règles consacrées par l'expérience, comme les meilleures, au point de vue de la reproduction du chien.

Lois de la génération

1° *La Consanguinité est le seul moyen de conserver la pureté des races.*

On a longtemps discuté le point de savoir s'il convenait de pratiquer l'accouplement entre consanguins, c'est-à-dire entre deux sujets qui, suivant la définition des zootechnistes, sont dans l'état de parenté ou de communauté de sang, soit dans la ligne paternelle, soit dans la ligne maternelle, soit dans les deux à la fois. C'est cette union que les Anglais appellent *Breeding in and in.*

Une opinion, très ancienne et très répandue, attribue une influence fâcheuse, pour le produit, à l'union des consanguins. Cette influence se manifesterait par des malformations, des altérations constitutionnelles, l'affaiblissement de la vitalité, de la fécondité et même l'extinction de la faculté procréatrice. Beaucoup des faits invoqués sont incontestables ; mais leur valeur aurait dû rester plus que suspecte, en tant que base d'une doctrine scientifique, par ce simple motif qu'il faudrait que la dégénération signalée se présentât exclusivement chez le produit des consanguins, tandis qu'au contraire elle se produit parfaitement aussi dans des conditions différentes. Logiquement, on était donc seulement autorisé à en conclure que la consanguinité peut favoriser les altérations physiologiques du fœtus, mais qu'elle n'en est pas la cause unique et première.

Cependant l'homme est ainsi fait qu'il a soif d'affirmations catégoriques. Pendant des siècles, on s'en tint à l'affirmation que l'accouplement entre consanguins ne peut donner que de déplorables résultats. Il était donné à notre époque — si irrésistiblement entraînée à tout contrôler par la méthode expérimentale — de faire crouler les vieux préjugés, et à nos zootechnistes les plus en renom, spécialement à M. le professeur Samson, de rétablir scientifiquement les choses sous leur véritable jour. Leur dernière formule est que, suivant les conditions dans lesquelles elle agit, la consanguinité peut être aussi puissante pour le bien que pour le mal.

Pour quiconque ne se paie pas aveuglément de raisons courantes tirées des considérations les plus étrangères au sujet, qui veut bien ouvrir les yeux à ce que présente la nature, et réfléchir que toute race descend, originairement, d'un couple unique, ce n'est pas une révélation. De nos jours encore, les animaux vivant à l'état sauvage sont absolument sans préjugés ; ils pratiquent l'union libre dans toute l'acception du mot ; et pourtant, au point de vue physique (le seul qui soit ici en question), ils ne s'en trouvent pas plus mal. Ce n'est pas, non plus, absolument, une révélation pour ces éleveurs anglais, au génie desquels nous sommes redevables de tant d'effets prodigieux dans les choses du règne animal, car c'est en pratiquant, avec intelligence, les unions entre consanguins, qu'ils ont porté, au point de perfection où nous les voyons, et les chevaux de course, et les taureaux courte-cornes, et les Southdowns, et les Leicesters, et les Dishleys, et les Yorshires, qui rendent le monde tributaire de la Grande-Bretagne. C'est encore en s'inspirant des mêmes principes que, chez nous, MM. Graux et Malingié ont créé les Mauchamps et les Charmoises.

Ah ! sans doute, ils ne l'ont pas crié sur les toits. Certains, même, comme l'anglais Webb, l'un des créateurs du Southdown, se sont efforcés de dénigrer ce qu'ils pratiquaient, pourtant, avec tant de bonheur. Il ne faut pas en être surpris, car ils se montraient, en cela, d'une intelligence industrielle très pratique ; comme le sont encore, actuellement, les éleveurs de reproducteurs mâles, qui font profession d'être de si chauds partisans du renouvellement perpétuel du sang. Mais le point capital qu'il faut proclamer et mettre en évidence, c'est que, scientifiquement ou empiriquement, peu importe, ils ont, depuis longtemps, rejeté le vieux préjugé pour la pratique rationnelle de la consanguinité, et qu'ils lui doivent les sujets les mieux doués individuellement, et les plus remarquables comme chefs de famille.

La preuve en est surabondante.

Qu'on veuille bien, en effet, consulter au Stud-book et au Herd-book anglais, la généalogie d'étalons comme Flying, Childers, Goldfinden, Highplyen, Oldfox, Omar, Marske, Swetbriar ; de taureaux comme Favourite, qui féconda six générations de ses filles et petites-filles, eut, de sa mère Comet, la célèbre Phœnix, et régénéra le troupeau de sir Charles Colling, dont la fécondité menaçait de s'éteindre ; ou bien encore, qu'on lise l'histoire du troupeau de Mauchamp, qui ne remonte qu'à 1828, et qu'on dise, ensuite, si on peut s'attarder dans cette affirmation que la consanguinité est toujours funeste.

Mais c'est surtout en ce qui concerne les chiens de chasse que, pour nous, chasseurs, l'étude des Pedigrees, au point de vue qui nous occupe, est intéressante et instructive.

Je prends au hasard et je constate :

Que Naso II, vainqueur de fieldtrials, est un produit de la consanguinité, puisque Naso, son père, descendait, comme Miranda, sa mère, de Mars et d'Hamlet. Et il en est de même de La Vole, qui a remporté, en 1881, le premier prix du Kenel-Club fieldtrial Derby, et soutenu, en toutes circonstances, avec Naso, et plusieurs autres chiens exceptionnels, l'honneur du chenil du Prince de Solms, car Luck of Edenthal, son père, et Bellefaust, sa mère, comptent, également, dans leur ascendance, Drake, Don, Ranger et Dol ;

De Daphne, trois fois primée dans différents concours, qui appartient, à la fois, par son père, Champion-Drake, et sa mère, Duchess, à la lignée de Blue-Prince, de Price of the Border, de Nellye, d'Old-Blue Prince et de Fred I ;

De Dream surtout, lauréat de fieldtrial, qui est, tout à la fois, par son père Murray, et par sa mère Queen, le descendant de Fred, Fred II, Fred I, Byron, Rathe, Grouse, Nell, Countess et Brougham.

Ces exemples, on pourrait les multiplier à l'infini, s'ils ne suffisaient pas à montrer ce qu'on doit penser de la doctrine générale de la nocivité de la consanguinité.

Mais, ce résultat obtenu, il paraît y avoir un immense intérêt à en atteindre un autre : qui est de préciser les conditions dans lesquelles la consanguinité est tantôt puissante pour le bien, tantôt puissante pour le mal ; et surtout, les causes qui déterminent des résultats si différents. C'est, en vérité, beaucoup plus difficile, parce que la nature n'a pas encore livré à la science toutes les lois qui président à la génération. Néanmoins, grâce au nombre des expérimentations qui sont venues corroborer les données de l'induction, il est permis, maintenant, d'arriver à une hypothèse évidemment très voisine de la vérité absolue.

Dans l'exposé sommaire qui précède, trois faits ont dû frapper l'attention : en premier lieu, que la consanguinité a donné parfois des résultats fâcheux ; — ensuite, que ses effets ont été généralement excellents, quand les reproducteurs étaient des sujets d'élite et choisis avec un soin scrupuleux ; — enfin que ses résultats ne laissent rien à désirer, quand il s'agit d'animaux vivant à l'état sauvage. Il en résulte que, des trois conditions dans lesquelles peuvent se produire les accouplements entre consanguins, l'une d'elles seulement donne prise, quant à ses résultats, à des critiques sérieuses et fondées : c'est quand l'accouplement a lieu entre animaux domestiques autres que ces reproducteurs irréprochables

par eux-mêmes, et nés de parents également irréprochables, dont la généalogie est précieusement con-
servée, — c'est-à-dire, nécessairement, quand l'accouplement se produit entre sujets communs, le plus
souvent défectueux par eux-mêmes, et qui, certainement, comptent parmi leurs ascendants (que
le hasard seul a pris la peine de choisir), des animaux également défectueux et tarés.

Mais, quelle est donc la condition commune entre
les animaux d'élite dont nous avons parlé, et les
animaux sauvages ? Les mêmes effets supposent des
causes identiques, et, au premier abord, ce que nous
appelons les sujets de grande race et les animaux
vivant à l'état sauvage, paraissent dans des conditions d'existence diamétralement contraires.

Au point de vue spécial qui nous occupe, ce n'est
qu'une apparence qu'il est bien facile de détruire.

Il n'est personne qui n'ait remarqué que les animaux vivant à l'état de liberté complète sont, par
contraste avec nos animaux domestiques, comme
coulés dans un moule commun. Type, couleur, conformation, taille, tout est chez tous à peu près identique. La raison en est que les sujets bien constitués
arrivent seuls à l'âge adulte, et que les souffreteux
et les faibles n'ont pas de lignée. La possession des
femelles étant le prix de la force, le reproducteur
n'est jamais ni trop jeune, ni trop vieux, ni malade,
ni fatigué ! Le moment même où il perpétue sa
race est celui du plein et complet épanouisse-

ment de toute la perfection physique dont il est susceptible.

On voit par là que la nature, dans son œuvre mystérieuse de la conservation des races sauvages, nous offre, en réalité, l'exemple de la sélection la plus sévère qui se puisse concevoir, et que celle pratiquée par nos éleveurs les plus savants, les plus expérimentés, est bien loin de l'égaler en exactitude et en valeur.

Au point de vue de la génération, les animaux de grande race et les animaux sauvages sont donc dans des conditions analogues : ce qui les distingue profondément des animaux domestiques de race commune. Et comme l'accouplement entre consanguins donne des résultats d'autant plus favorables que la sélection, à l'égard des reproducteurs, a été plus sévère, on est autorisé à en conclure que la cause des résultats fâcheux des unions, entre animaux consanguins de race domestique commune, provient du seul défaut de sélection à l'égard des reproducteurs.

Ce raisonnement et sa conclusion s'imposent. Mais pouvons-nous, en outre, dans l'état actuel de nos connaissances des lois de la génération, déterminer la cause d'un fait à première vue si surprenant ?

Évidemment, on peut en donner une raison de nature à satisfaire les plus exigeants.

La loi la plus générale et la mieux connue de

celles qui président à la génération, est que les ascendants transmettent à leurs descendants les qualités bonnes ou mauvaises qu'ils possèdent eux-mêmes, au moins à l'état du germe : car ici, comme ailleurs, est vraie la maxime qu'on ne peut donner que ce que l'on possède soi-même.

La parenté, d'autre part, implique une plus ou moins grande analogie de constitution mauvaise ou bonne, et, dès lors, comment ne pas admettre que le résultat capital de l'union entre consanguins, ne soit pas d'élever, à sa plus haute puissance, le phénomène de l'hérédité : c'est-à-dire, la transmission au produit des propriétés des ascendants ?

Si, de deux reproducteurs consanguins, l'un présente quelque altération physiologique, l'autre, suivant la règle générale, en est atteint également dans une mesure plus ou moins accentuée ; et, la loi des semblables étant réalisée, sous tous les rapports, il n'y a pas lutte entre les deux puissances héréditaires en présence (comme ce serait le cas si les deux reproducteurs étaient étrangers l'un à l'autre, et par conséquent dissemblables sous une infinité de rapports), il y a eu au contraire convergence, et la transmission des altérations physiologiques, avec aggravation, est presque infaillible.

Eh bien ! ne sont-ce pas là les conditions dans lesquelles se produisent, fréquemment, les unions entre sujets consanguins de race domestique commune, qui, comptant toujours, dans leur ascendance, plus d'un animal taré, présentent eux-mêmes, extérieurement et au simple premier coup d'œil, beaucoup plus de défauts physiques que de qualités ? Évidemment oui !

Au contraire, qu'on accouple deux consanguins irréprochables par eux-mêmes et par leurs ascendances : la loi des semblables sera encore réalisée, mais dans un sens tout différent. Il y aura encore convergence et non pas lutte des deux puissances héréditaires : par suite la transmission au produit des propriétés des parents sera encore presqu'infaillible : mais, cette fois, la consanguinité se montrera puissante pour le bien et non pour le mal. Théoriquement, il n'est donc plus possible de s'en tenir au vieux préjugé contre la consanguinité, et il faut admettre qu'elle est une force énorme mise aux mains de l'homme, et dont il peut tirer les résultats les plus surprenants. On doit prévoir quelques échecs, parce qu'on ne possédera jamais de moyens de diagnostiquer, avec une exactitude absolue, l'état physiologique des reproducteurs. Néanmoins, le tact et l'expérience des éleveurs dignes de ce nom ont déjà donné et donneront encore assez de victoires, pour qu'on ne tienne aucun compte de quelques insuccès isolés.

Ce n'est pourtant pas à dire qu'il faille abuser de la consanguinité. Une règle pratique, dont l'excellence est consacrée par des expériences sans nombre, est d'y recourir une fois sur trois générations. (*Once in, twice out.*)

2° Le père et la mère ont une égale influence sur le produit.

La discussion de savoir lequel, du père ou de la mère, contribue le plus à la formation du produit, est oiseuse, et la durée de la controverse est, elle-même, une preuve de la vérité du principe posé.

3° Le mâle n'a d'influence que sur la portée dont il est le père, et nullement sur les suivantes.

Autrefois, il était généralement admis, surtout par les éleveurs de chiens, que le mâle qui féconde pour la première fois une jeune femelle, l'imprègne de telle sorte que toute sa descendance s'en ressent. On nomme cette doctrine la doctrine de l'infection. Elle est aujourd'hui abandonnée de tous les zootechnistes les plus autorisés de l'Europe, et cela, il me semble, avec juste raison.

Physiologiquement, et d'après nos connaissances actuelles sur l'ovulation et la fécondation, l'infection paraît, en effet, absolument impossible. De plus, toutes les expériences, scientifiquement faites, sur toutes les espèces d'animaux, n'ont fait que restituer aux faits invoqués en sa faveur leur signification véritable, en même temps que leur opposer les faits contraires les mieux établis.

Il me suffira d'en citer quelques-uns.

Le grand argument des partisans de l'infection a toujours été le fait de la jument de lord Morton qui, en 1815, ayant été fécondée par un quagga, donna, ensuite, à trois étalons noirs arabes, des produits présentant, sur le dos et les membres, les raies du quagga. Cependant, les savants allemands Sattegast et Nathusius, qui ont vu des peintures représentant les sujets en question, assurent que la fantaisie la plus complaisante ne peut y voir aucune analogie de couleur ou de forme avec le quagga.

On a parlé, aussi, de la jument de course Katty-Sark, de couleur baie, qui, ayant été saillie, en 1825, par un étalon gris, donna, par la suite, plusieurs poulains gris, quoique ayant été accouplée à des étalons de robe sombre. Mais, comme le font remarquer les mêmes savants, il n'est pas un cheval de course qui ne compte, parmi ses ascendants, au moins un cheval gris (ainsi que cela résulte du Stud-book), et, dès lors, on doit voir, dans le fait signalé, un effet de la loi d'atavisme ou de réversion, et non celui d'une prétendue infection.

Au contraire, les faits les plus certains contre la théorie de l'infection ne se comptent plus.

Sattegast témoigne qu'un éleveur de chiens, dont la réputation est grande, John Frenkel, ayant reçu, en 1853, une belle levrette russe, la vit saillir, contre sa volonté, par un chien de berger.

La chienne en était à son premier rut. Néanmoins, ayant été accouplée, en 1854, à un chien de sa race, elle a eu quatre petits, qui sont devenus la souche d'une lignée très distinguée et très recherchée, en

Pologne, et dans les cercles de Memel et de Gumbi-
nem.

Des épreuves non moins décisives ont été faites
sur des juments consacrées, d'abord, à la production
des mulets.

En 1815, le haras de Trakehnen avait fait, à la
métairie de Berkenwalde, des essais de production
mulassière ; mais, plus tard, on fit rentrer au haras
les juments Gonorilla, Ida, Hydra et Rutilia, pour
faire des poulains.

Gonorilla, après avoir eu 3 mulets ; Ida, 4 mulets ;
Hydra, 1 mulet ; Rutilia, 2 mulets, donnèrent toutes
des produits fort remarquables, qui n'ont jamais eu
la moindre ressemblance avec le mulet.

Gonorilla, notamment, a donné Fury ; et, en 1861,
les quatre plus beaux étalons du haras apparte-
naient à sa descendance. De son côté, Ida a été la
mère de la célèbre Idania.

Notre savant zootechniste, M. Samson, a renou-
velé, à maintes reprises, les mêmes expériences,
tant sur les juments mulassières que sur les brebis.

Pour ces derniers animaux, les expériences faites,
tant en France qu'en Allemagne, se comptent par
milliers.

Enfin, on l'a reprise, en 1872, à Popelsdorf, avec
le même résultat, sur des truies.

Il n'y a donc pas lieu d'être surpris d'entendre
tous les zootechnistes les plus autorisés de l'Europe,
proclamer qu'il n'est pas de cas connu dans lequel

l'explication par réversion vers les aïeux, ou par superfétation, n'ait été plus naturelle que celle de l'infection, et rejeter, avec ensemble, cette doctrine comme constituant ce qu'on a plaisamment appelé : *le grand serpent de mer de la zootechnie.*

4° *Le produit a une tendance à ressembler non moins à ses ancêtres qu'à ses ascendants au premier degré.*

5° *Les ascendants transmettent à leurs descendants leurs qualités et leurs défauts.* En conséquence, on doit combattre un défaut chez l'un des ascendants par un défaut contraire chez l'autre, ou, tout au moins, par une qualité opposée très prononcée. On donnera donc un chien court à une chienne trop longue, etc.

6° *La femelle ne doit jamais être beaucoup plus petite que le mâle ; autrement la parturition ne serait pas sans danger.*

7° *Il faut toujours choisir des reproducteurs en excellent état de santé, et ni trop jeunes ni trop vieux.*

Le mâle est considéré comme fait à 2 ans, et la chienne à dix-huit mois.

On ne doit pas tirer race d'un chien de plus de neuf ans, et d'une chienne de plus de sept ans, à

moins qu'ils ne soient exceptionnellement vigoureux.

8° *Une bonne lice doit être ce que les Anglais
appellent bien chambrée (roomy)*, c'est-à-dire avoir
une bonne longueur de flanc.

Telles sont les règles élémentaires, et d'un résultat assuré, pour obtenir de bons produits. Il faut
avoir une science consommée pour oser s'en écarter
sur quelques points, ainsi que l'ont fait les grands
éleveurs anglais pour la consanguinité. En tout cas,
on doit être convaincu qu'en cette matière, le succès
n'est jamais le résultat du hasard.

Choix d'un Puppy

Quant à choisir, dans une portée, le jeune animal
qui sera le mieux conformé, c'est encore une chose
fort difficile. L'expérience a pourtant découvert
certaines règles dont il serait imprudent de s'écarter.

Quand on suspend, par la queue, un jeune chien
qui vient de naître, on le tiendra pour bien conformé
des épaules s'il porte, derrière ses oreilles, ses pattes
de devant. On peut déjà, à ce moment, préjuger la
forme de la poitrine et des côtes, et être à peu près
assuré de la couleur. Néanmoins, les taches de feu
et les mouchetures n'apparaissent que plus tard.

Certains sportsmen désirent, encore, aujourd'hui, ainsi que cela fut autrefois de mode, que leur chien ait le nez noir.

Bien que tous les chiens, à leur naissance, aient le nez rose, on peut, à l'avance, dire ceux dont le nez restera de cette dernière couleur, et ceux qui, plus tard, l'auront noir. Quand le chien a dix ou douze jours, il apparaît, généralement, sur son nez, une petite tache difficile à distinguer, mais légèrement noirâtre. Si cette tache se trouve dans le sillon qui sépare les deux narines, le nez deviendra noir ; si cette tache est placée sur un autre point, le nez ne sera que partiellement noir ; s'il n'y a pas de tache du tout, il restera couleur chair, plus ou moins foncée.

Le point, surtout, qui doit déterminer le choix, est l'embonpoint du puppy, car c'est l'indice d'une bonne constitution.

Des Chiens dressés en Angleterre

Mais beaucoup de chasseurs ne veulent pas s'astreindre à élever un jeune chien qui, peut-être, ne survivra pas à la maladie, ou qui tournera mal parce que son dressage aura été mal dirigé. Ils veulent des chiens complètement dressés, et ne reculent pas devant les sacrifices, souvent considérables, qu'ils doivent faire ; car les chiens de pur sang, et de qualités exceptionnelles, atteignent des prix énormes. Il n'est pas rare, en Angleterre, de voir vendre des chiens huit et dix mille francs, quand ce sont des étalons hors ligne. En 1881, M. Purcell Lewellin a refusé de son fameux chien « Count-Windhem » 1,500 livres sterling, soit 37,500 fr. Il a vendu, à la même époque, sa chienne « Countess-Bear » 1,000 livres sterling, soit 25,000 fr., à M. Dew, un sportsman de Chicago. On en a vu payer jusqu'à cent mille francs, et, souvent, les acquéreurs ont fait une bonne spéculation.

Pour les chasseurs qui veulent des chiens dressés, il est un fait qu'il faut proclamer bien haut : c'est que le chien dressé à l'anglaise ne peut leur donner complète satisfaction, s'ils partagent le peu de goût de nos compatriotes pour les chiens à large quête, et qui ne rapportent pas. Il faut, pour utiliser, en France, les qualités exceptionnelles qui distinguent les chiens anglais, leur donner un dressage tout particulier, tout différent de celui que leur enseignent nos voisins. Le fait est si vrai, que les théoriciens qui ont préconisé le dressage anglais, peuvent importer les Pointers et les Setters les plus renommés de l'Angleterre, et les mettre entre les mains du plus habile des chasseurs français, leur insuccès n'en sera que plus éclatant. Ce chasseur ne pourra tirer aucun parti de chiens qui ne le comprendront aucunement, et qui, de leur côté, ont été dressés

d'après des principes et en vue d'un travail particulier qu'il ignore.

Je vais donc essayer de donner, à cet égard,
quelques indications; sans m'abuser, toutefois, sur
leur utilité pratique.

L'Angleterre est le pays des fortunes immenses et
des grandes terres giboyeuses. Un court extrait de
la géographie de Reclus peut en donner une idée au
lecteur : « Dans le comté de Cornwal, le prince de
« Galles possède de très vastes propriétés de chasse ;
« *la proportion des terres laissées comme asile au*
« *gibier est de près des deux tiers.*

« Le seul domaine du duc de Northumberland
« représente la superficie de soixante-douze mille
« hectares.

« La pairie anglaise, prise dans son ensemble,
« est le groupe de propriétaires le plus puissant
« qu'il y ait en Europe ; et cette immense richesse
« territoriale maintient et consolide son pouvoir
« dans l'État. Pairs et pairesses possèdent, dans le
« Royaume-Uni, une étendue de 6,240,000 hectares,
« soit pour chacun : douze mille hectares, et un
« revenu moyen de six cent vingt-cinq mille francs.

« En Écosse et en Irlande, la propriété est encore
« moins divisée qu'en Angleterre.

« Quelques grands seigneurs possèdent, à eux
« seuls, de si vastes domaines, qu'ils ne pourraient,
« du haut de leur montagne, en saisir du regard
« toute l'étendue ; et, parmi les plus beaux lacs

« d'Écosse, il en est qui se trouvent en entier dans
« les limites d'un seul parc. »

Tous ces riches propriétaires croiraient déchoir
s'ils ne se montraient jaloux du titre de sportsman
accompli, et ils penseraient manquer, en quelque
sorte, aux devoirs de leur situation, s'ils ne favori-
saient, de tout leur pouvoir, le premier des sports :
La Chasse.

La conservation du gibier, et des races pures de
chiens de chasse, est donc au premier rang de leurs
préoccupations. Il en est, tels que les ducs d'Hamilton et de Beaufort, qui possèdent, dans leurs chenils,
plus de cent chiens d'arrêt, pour la chasse, et pour la
reproduction. Afin d'atteindre, dans la mesure du
possible, la perfection, ils ont, ainsi que je l'ai déjà
dit, et que j'aurai plus d'une occasion de le répéter,
affecté, spécialement, à telle ou telle chasse, la race
de chiens qui offrait les plus particulières aptitudes.

En primeur, ils emploient le Pointer pour arrêter
le perdreau, la caille et le lièvre, dans leurs vastes
plaines ;

Le Retriever, pour suivre la voie et rapporter les
pièces de gibier tuées ou blessées ;

A l'automne, le Setter pour chasser dans les terrains humides et les couverts, et battre les bruyères
dans les montagnes d'Écosse ;

A l'arrière-saison, le Cocker, pour fouiller les
taillis, les buissons, et en faire partir les lièvres,
lapins et bécasses qui s'y sont remisés ;

Le Red Irish Setter, pour chasser la sauvagine dans les marais, les étangs et les ruisseaux ;

Le Gordon Setter, pour chasser dans le nord, par les temps froids. En tout, six chiens d'arrêt pour chasser les divers gibiers qui pullulent sur leurs terres.

Le dressage est conduit de la façon suivante :

A l'âge de six mois, ils habituent le jeune chien à se coucher au signe de la main levée, à la parole, et, plus tard, au départ du gibier.

Lorsque le chien obéit parfaitement à ces commandements, ils le mènent dans des terres peuplées de perdreaux, parce que ce gibier tient mieux à l'arrêt que tout autre. A chaque arrêt solidement marqué, le dresseur laisse l'élève se bien confirmer dans l'immobilité, puis il s'approche lentement et fait partir le gibier. Il lève aussitôt le bras gauche, et le mot : *Down*, qui signifie : *à terre*, est prononcé.

Il fait exécuter cet exercice de nombreuses fois, chaque jour, à l'élève : ne lui demandant pas autre chose, afin que cette leçon reste bien gravée dans sa mémoire.

Après un certain laps de temps, l'élève l'exécute de lui-même.

Cette habitude prise, le dresseur le mène avec un autre chien dressé par la même méthode, afin de les accoutumer à chasser ensemble. On fait, souvent chasser, ainsi, trois ou quatre chiens à la fois.

Quand les chiens ne font plus de fautes, le dresseur les présente au maître, et les dirige en chasse. Ce dernier ne dit mot, et s'absorbe dans le soin de tirer avec précision.

Les commandements formulés sont les suivants : Je donne en regard la traduction française et la prononciation figurée.

FRANÇAIS	ANGLAIS	PRONONCEZ
Allez	Go on.	Gô onn.
Allez au large.	Hold up.	Hold eup.
Doucement.	Steaddy.	Stidi.
Couchez.	Drop.	Drope.
Couchez bas.	Dawn.	Dàounne.
Allez chercher.	Fetch it.	Fetch éte.
Donne-moi.	Give it up.	Give éte eup.
Derrière.	Come back.	Come bake.
Aux talons.	Heel.	Hil.
Au chenil.	Kenel up.	Kennil eup.
Bon chien.	Good dog.	Goud dog.
Bonne chienne.	Good bitch.	Goud betche.
Venez ici.	Come here.	Kome hir.
Venez avec moi.	Come on.	Kome onn.
Assis.	Set down.	Set dàounne
Cherche.	Seek	Sik.
Oiseau mort.	Dead bird.	Did beurde.

Cette organisation est vraiment admirable, mais, acheter un chien qui n'a travaillé que dans ces conditions, c'est aller au-devant de déceptions sans

nombre, parce que si cet animal, même exceptionnellement doué, sait admirablement une chose, il
n'en sait, malheureusement, qu'une seule, et est
impropre à tout le reste.

Le chien anglais, dressé en Angleterre, ne peut
donc que bien rarement, être utilisé en France. Il
nous faut, chez nous, des chiens dressés, spécialement,
en vue des services que nous leur demandons ;
c'est-à-dire, rendus aptes, par le dressage, à quêter,
sans fougue exagérée, tout gibier, sur tous les
terrains ; à l'arrêter avec fermeté ; et à le rapporter
quand le maître a eu la bonne fortune de l'abattre.
C'est donc un chien anglais de pur sang, élevé en
France, que devra choisir l'amateur qui veut un
chien tout dressé. Si commode, pourtant, qu'il soit
de payer, à deniers comptants, les qualités acquises
d'un compagnon de chasse, qu'il me soit permis
d'ajouter que le vrai chasseur préférera toujours se
charger lui-même de le façonner à ses goûts particuliers ; bien convaincu d'ailleurs, et à juste titre,
que personne n'obtiendra jamais, sur un chien,
l'autorité de son dresseur : que personne autre ne
saura, comme lui, faire un appel entendu à son
intelligence, et par conséquent en tirer tout l'excellent parti dont ses hautes facultés le rendent susceptible.

Qu'on me permette d'ajouter, aussi, que la tâche
de dresser parfaitement un chien n'est pas aussi
ingrate et ardue qu'elle peut sembler d'abord.

J'affirme, en effet, que quiconque a une certaine connaissance de la chasse, du sang-froid, de la patience, et quelques loisirs, est capable de dresser parfaitement son chien, par l'observation fidèle des quelques règles bien simples que je vais exposer. Sa peine sera d'ailleurs bien largement récompensée, et par l'éducation irréprochable dont il aura doué son compagnon de chasse, et par la joie plus grande qu'il goûtera de ses prouesses.

DEUXIÈME PARTIE

DRESSAGE THÉORIQUE ET PRATIQUE DU CHIEN D'ARRÊT

THÉORIE DU DRESSAGE

Principes généraux

Doit-on se servir du collier de force ?

Le dressage du chien d'arrêt doit être raisonné et conduit méthodiquement ; sinon, il n'est pas possible. On doit faire appel à l'intelligence de l'élève en passant du simple au complexe, du connu à l'inconnu, dans un ordre rigoureusement logique, et avec la plus grande douceur, de manière à éviter tout trouble et toute confusion dans son intelligence. Il est capital de n'aborder l'étude de l'une de ces choses essentielles, dont l'ensemble constitue le dressage, que lorsque la précédente est parfaitement sue et exécutée. Il faut, au contraire, revenir souvent en arrière, et faire une sorte de répétition générale de ce qui a déjà été appris. Pas de longues

leçons, mais des séances courtes, et répétées, autant
que possible, plusieurs fois par jour. Par-dessus
tout, il ne faut jamais céder devant la désobéissance.
Quand il y a refus évident de faire une chose pa-
tiemment enseignée, et certainement comprise —
ce qui arrive toujours à un moment ou à un autre —
seulement, alors, il faut recourir à la coercition
et à la rigueur : mais toujours avec sang-froid,
sans colère, et sans emportement. Le dresseur qui
cesse, à un moment quelconque, de se posséder,
dans l'espèce de lutte qu'il doit fréquemment
soutenir contre le mauvais vouloir de son élève, ne
doit pas espérer pouvoir, un jour, le dominer complètement.

Les moyens de coercition varient, du reste, selon
le développement que l'on se propose de donner au
dressage. En Angleterre, on n'exige qu'exceptionnellement le rapport : aussi la saccade qu'on peut
imprimer au collier, à l'aide d'une longue corde de
retenue, suffit-elle, ordinairement, pour réduire le
chien à l'obéissance dans la quête, et à la fermeté
dans l'arrêt. En France, on est, presqu'unanimement,
d'accord sur la nécessité de faire rapporter le chien
d'arrêt : mais les chasseurs sont divisés sur la
méthode la meilleure pour arriver, vite et sûrement,
à ce résultat. Nos pères ne connaissaient pas cette
controverse. Ils usaient du collier de force avec un
succès toujours constant, et ils ne se seraient jamais
imaginés qu'on pût les taxer d'avoir été des dresseurs

ineptes ou barbares. C'est pourtant ce qui s'est vu
de nos jours.

Rien n'est stationnaire ici-bas ; et il faut bien reconnaître que les conditions dans lesquelles s'exerce,
chez nous, la chasse au chien d'arrêt, se sont radicalement modifiées depuis une trentaine d'années, et
qu'elles ont entraîné une transformation corres-
pondante des auxiliaires qui y sont employés. Les
chiens anglais se sont imposés, et, par suite, un
courant de curiosité très vif, et très légitime, s'est
établi, dans notre pays. sur tout ce qui les concerne.
Tout est dans tout, dit-on, et c'est, sans doute, pour
confirmer la vérité de cet adage, que nous avons
vu, alors, et que nous voyons encore, tant d'hommes
en disponibilité de vocation, qui, plus ou moins
légitimement, ne peuvent se réclamer que de la
littérature, se mêler pourtant des choses sérieuses
et vraies de la chasse, et s'en constituer les arbitres
arrogants. A l'apparition des chiens anglais. les
lettres, en leur bruyante personne, s'élancèrent donc
à la rescousse. C'était un thème nouveau, un filon
vierge : on ne pouvait manquer de l'exploiter à
outrance. Plus de chiens français ! des chiens anglais ! des chiens anglais *for ever !* Jusque-là, et,
vraisemblablement, sans s'en rendre toujours
compte, elles avaient raison. Mais elles eurent tort
en ajoutant : dans tous les cas, toujours, et envers
tous les sujets, une douceur persuasive ! Plus de
dressage français !! plus de collier de force surtout!!!

Ce fut bientôt pourtant, le mot d'ordre, et le refrain à la mode.

Quel courant de sensibilité en faveur de ces pauvres chiens martyrisés ! Que d'anathèmes contre leurs bourreaux ! Quel entrain pour écraser l'infâme instrument de leurs tortures ! Il semblerait, vraiment, qu'il y allât de la prise d'une autre Bastille ! Ce fut tellement irrésistible, que plus d'un déclara, très haut, brûler l'instrument de torture dont il continue à se servir en secret, et qui lui vaut tous ses succès. Les arts eux-mêmes se mêlèrent à cette étrange croisade. A la vérité, la chose ne fut pas mise en musique ; mais un journal « *la Chasse illustrée* », qui paraît bien ingénument convaincue qu'en dehors de son étroite église il ne saurait y avoir de salut, s'imagina d'offrir, à sa clientèle, deux dessins signés de son rédacteur en chef, et dont la candide prétention n'était rien moins que d'établir, péremptoirement, et au simple coup d'œil, l'infériorité du collier de force, comme moyen pratique du dressage. Il offrait, en effet, l'étonnant contraste, d'un pauvre toutou témoignant, par l'humilité de son attitude, qu'il a abdiqué, sans retour, sous les morsures de la nécessité d'obéir, toute diginité canine, et un chien proclamant, par toute sa superbe contenance, qu'il n'est de bon et vrai serviteur que celui dont les services sont exempts de toute contrainte !

Comme argument, on le voit, c'est irréfutable !

Disons, à l'honneur de notre vieux sang gaulois, toujours amoureux du plaisant et de l'inconnu, qu'il ne s'offensa pas plus de ces puérilités que de maintes vociférations et des insultes au bons sens. Peut-être crut-il à l'artifice de nouveaux Alcibiade, offrant un sacrifice à la curiosité de leurs concitoyens, prêts à leur fausser compagnie. En tous cas, il est ainsi fait que, sans doute pour ne pas rompre son pacte perpétuel avec le franc et large rire, on l'a vu se complaire à mettre, parmi les juges d'une exposition de chiens, des artistes qui, en fait de chiens, seraient surtout aptes à distinguer ceux issus de leurs ébauchoirs, de leurs pinceaux ou de leurs crayons. Mais s'il est bon de rire, ce n'est pas à toute heure ; et il est indispensable de discuter sérieusement, et en leur saison, les choses sérieuses. C'est ce qui me porte à démontrer, non pas en littérateur, j'ai mille raisons de ne pas me targuer de l'être, mais en vieux chasseur, que nos novateurs, qui s'imaginaient, naïvement, avoir découvert, une seconde fois, l'Amérique, n'ont absolument rien découvert du tout, et que, là où ils croyaient voir du nouveau, ils avaient simplement oublié d'allumer leur propre lanterne.

La (1) publication des auteurs anglais les plus en renom montre, en ce moment, au monde des chas-

(1) Voir traduction des Œuvres de Laverack et de celles de Hutchinson par M. Faure, officier au 68ᵐᵉ régiment d'infanterie, en garnison à Issoudun.

seurs, de quelle façon commode se fabriquent, de nos jours, les traités de chasse dont les librairies regorgent, et la source où tant d'amateurs ont puisé, sans le dire, leur étonnant bagage cynégitique !

Pour mon compte, j'entends me borner à montrer, à mes compatriotes, comment, en ce qui concerne l'emploi du collier de force, on peut faillir soi-même, en leur servant une traduction de Marskman *l'infaillible*, quand, aveuglé par l'ignorance ou l'intérêt, on fait, de la science de ceux dont on a démarqué le linge, une application fausse et irrationnelle.

Cette tâche qui s'impose à moi, me paraît facile.

En France, comme en Angleterre, et même comme à Madagascar et au Congo, quand on se propose de dresser un chien, on entreprend cette tâche complexe de lui faire comprendre les ordres de son maître, et, ensuite, de les lui faire exécuter ponctuellement. Deux appels sont donc faits au chien : l'un s'adresse à son intelligence ; l'autre à sa volonté. Quand cette dernière ne résiste plus, il est devenu obéissant. Mais l'obéissance s'exerce dans deux ordres de faits. Pour obéir, le chien doit tantôt accomplir un acte, tantôt s'en abstenir ; et, de plus, il est à remarquer que cet acte, qu'on provoque de sa part, ou qu'on lui défend, flatte tantôt son instinct, et tantôt le violente. Si l'acte ordonné est dans ses instincts ou ses goûts, par exemple, s'il s'agit de faire quêter un chien d'arrêt, il ne sera pas difficile de l'y décider. Dès qu'il en aura reçu l'ordre, il l'exécutera volontiers, et la seule préoccupation sera, probablement, de le retenir dans une juste modération. Au contraire, s'il s'agit du rapport, acte qui répugne à beaucoup de chiens, spécialement aux Pointers, ce sera une tout autre affaire. *Il faut en conclure que le dressage d'un chien, auquel on ne demande pas, exclusivement, l'exécution de faits instinctifs, doit faire une place aux moyens de coercition.* Tels sont les vrais principes du dressage, et, sans crainte des clameurs que je vais provoquer, de la part de ceux qui, chez nous, font profession d'une aveugle anglomanie, j'ajoute que je suis, sur ce point, absolument d'accord avec leurs patrons ; que, placés dans les conditions où nous sommes, en France, ils feraient comme moi ; et que, si je vivais en Angleterre, je pourrais, à leur exemple, resteindre, dans beaucoup de cas, mes moyens d'action sur mes élèves. C'est cette méconnaissance des différences de conditions, qui induit nos adversaires dans de si grossières erreurs.

Mais, d'abord, ceux qui affirment que les Anglais font, dans le dressage, un appel exclusif à la douceur, et qu'ils condamnent, sans appel, l'emploi du collier de force, ou de tout autre moyen de coercition analogue, sont-ils bien sûrs de leur fait ? Je suis désolé d'avoir à leur apprendre qu'ils se trompent, ou qu'ils cherchent à nous tromper. Malgré toute leur infatuation, ils n'oseront pas, je pense, s'insurger contre l'autorité d'Eward Laverack ! Eh bien, ouvrons son livre, et voyons comment il procède, pour enseigner la fermeté de l'arrêt à la célèbre race de Setters qu'il a créée, et qu'il déclare, pourtant, exceptionnellement douée sous ce rapport.

« Quand le chien est en arrêt, dit-il, approchez
« doucement, et passez une corde à son collier, puis
« tenez-vous sans bruit près de lui; mais quand
« vous reconnaissez qu'après un arrêt de quelques
« instants, il va bondir sur le gibier, empêchez-l'en
« en le portant vivement en arrière, par une
« violente saccade de la corde, et en disant :
« Couche ! (*In attempting do so, yerks him sharply*
« *back with the cord, calling : Drop !*) »

Que diront de cela nos outranciers de la douceur et de la persuasion ? Sans doute que le collier employé par Laverack n'a pas de pointes, et que la correction, employée de cette manière, n'en est pour ainsi dire pas une. Ils me permettront bien de ne pas être de leur avis, et de croire qu'une saccade capable de reporter un chien, vivement, en arrière, au moment où il s'élance impétueusement, est, à la fois, un châtiment et un moyen de coercition rigoureux ; et qu'on a vu en résulter, en certains cas, des inflammations rebelles du larynx, et même des luxations de l'os thyroïde ! Mais ils ne sont pas au bout de leurs surprises, réelles ou feintes, car je vais leur montrer que le collier de force, tel que nous le connaissons, est également employé, dans certains cas, de l'autre côté de la Manche.

Prenons, en effet, le livre de Meyrick, dont la compétence est universellement reconnue en Angleterre, et, après l'avoir entendu déclarer franchement : « Qu'on ne peut pas toujours obtenir « l'obéissance absolue d'un chien sans une certaine « sévérité », (*it is not always easy to obtain im-* « *plicite obedience without somme severity)* », écoutez-le enseigner comment on doit se comporter avec un chien qui poursuit le lièvre, ou qui s'élance sur le gibier mort : « S'il persiste dans ce défaut, « dit-il, on ne peut le corriger qu'à l'aide d'une « corde de 30 ou 40 yards, et, si c'est nécessaire, « d'un collier garni de clous ». (*With spiked collar, if necessary*).

Je n'ai pas besoin d'ajouter que les enseignements de Laverack et de Meyrick rencontrent l'assentiment de tous les Anglais tels que Maykey, Youatt, Bouley, Hamilton, Smith, et que j'ai choisi leur autorité parce qu'elle est, en Angleterre, au-dessus de toute discussion.

Ainsi donc, l'usage du véritable collier de force, puisqu'il faut l'appeler par son nom, n'est pas inconnu en Angleterre, et, bien plus, on recourt, sans scrupule, à son emploi, dès qu'on ne peut vaincre autrement l'opiniâtreté du chien.

Et dire que c'est au nom de la science cynégétique anglaise qu'on nous a traîné aux gémonies, nous autres vieux chasseurs, qui avons la cruelle ineptie de nous en servir ! Littérature, ce sont de tes coups ! mais les adeptes, dont je parle, ne t'en garderont pas rigueur. Ils te doivent tant et de si enviables compensations !

Au surplus, et j'en ai fait l'épreuve, ils ne sont pas gens à se laisser désarçonner pour si peu ; et ils continueront à décréter, imperturbablement, que quiconque ne consent pas à hurler à leur unisson est un sourd et un vandale. Ils vont donc se lancer dans de spécieuses arguties ; distinguer soigneusement un fagot d'un fagot ; et faire remarquer, par exemple, que si Laverack et Meyrick emploient notre collier de force, ou son équivalent, ce n'est pas pour mettre au rapport leurs Pointers ou leurs Setters.

Et certainement, ô sycophantes ! et pour cette raison souveraine qu'ils déconseillent de faire rapporter le chien d'arrêt ; et, certes ! si nous disposions de leurs ressources, je serais bien d'avis, comme eux, de laisser, à chaque race, la spécialité dans laquelle elle excelle, et pour laquelle la destine son instinct particulier. Je demanderais donc au chien d'arrêt d'arrêter, et je confierais le soin de rapporter au seul Retriever. Mais je suis en France ; j'écris pour des Français qui exigent, d'un seul chien, et l'arrêt et le rapport ; et cette différence, peu importante peut-être, dans l'esprit de quelques-uns, est néanmoins si capitale qu'elle m'impose une ligne de conduite contradictoire, à première vue, avec les méthodes anglaises, mais découlant, en réalité, des mêmes principes. Oui, je le soutiens, c'est moi qui suis d'accord avec les Anglais, tout en paraissant, à certaines personnes superficielles, m'en éloigner ; et ce sont mes contradicteurs qui faussent leur doctrine, tout en paraissant en faire une exacte et fidèle application. Je vais encore le démontrer.

J'ai dit, plus haut, que le but du dressage est d'obtenir l'obéissance absolue du chien, et j'ai fait remarquer que cette obéissance consiste, de sa part, à agir ou à ne pas agir, dans l'ordre des faits instinctifs ou contraires à l'instinct, indifféremment, suivant la volonté du maître, et que, dans le cas où il s'agit de violenter son instinct, sa résistance, bien naturelle, n'est vaincue, sûrement et définitivement, que par des moyens appropriés de coercition. Voyons donc si j'ai raison d'affirmer que les Anglais reconnaissent ces principes comme la base rationnelle du dressage, et qu'ils les mettent exactement en pratique.

Tout d'abord, à la chasse, que demandent-ils à leurs chiens d'arrêt ? Ils leur demandent, je l'ai déjà dit, de se mettre en quête du gibier : ce qui, indubitablement, est un fait instinctif et pour l'exécution duquel il n'est pas besoin de coercition. Mais ce n'est pas tout ; ils exigent du chien qu'il ne se livre pas à sa fougue naturelle ; ensuite qu'il arrête solidement ; et, enfin, qu'il se couche au départ du gibier. Tout cela, on peut le reconnaître, ne relève pas du même ordre de faits. L'arrêt, à la vérité, est, jusqu'à un certain point, dans la dépendance de l'instinct, car s'il est possible d'apprendre à un chien quelconque à *s'arrêter*, quand il évente une pièce de gibier, et la sent près de lui, pourtant il est impossible de le faire *arrêter* — ce qui est bien différent — si cette faculté n'est pas dans les instincts de sa race. Mais la fermeté absolue de l'arrêt, et sa prolongation ne prenant fin que sur l'ordre du maître, relèvent moins de l'instinct que de l'éducation ; et c'est encore bien plus vrai pour ce qui concerne la docilité et la modération dans la quête. Le fait de se coucher au départ du gibier, au lieu de s'élancer à sa suite, est enfin une victoire complète remportée sur l'instinct. C'est la nature vaincue.

Comment les Anglais s'y prennent-ils pour discipliner, ou même pour violenter l'instinct du chien ? Laverack et Meyrick nous l'ont dit : ils usent de saccades énergiques, par conséquent toujours douloureuses, imprimées à l'aide d'une corde, fixée soit au collier ordinaire, soit, avec les sujets difficiles, au collier de force lui-même. Ainsi donc, ils emploient la douceur tant qu'il ne s'agit d'obtenir que des faits instinctifs ; et ils usent de la sévérité, et des moyens de coercition, quand il est nécessaire de provoquer des actes plus ou moins contraires à l'instinct. Ceci étant indubitablement établi, où donc trouver une différence entre nous ? Moi aussi, quand il s'agit de faits exclusivement instinctifs, je fais appel à l'intelligence de mon élève ; moi aussi j'emploie la douceur et la patience, sans toutefois me départir d'une certaine sévérité, parce qu'en toute chose il faut de la discipline. *It is not always easy to obtain implicite obedience without some severity,* comme le dit excellemment Meyrick. Le chasseur doit toujours être le maître absolu de son chien, sous peine de n'en être bientôt plus que le très humble et *très peu* considéré serviteur. S'il s'agit, au contraire, d'obtenir du chien d'arrêt des actions qui ne sont pas inspirées par son instinct, encore, comme les Anglais, j'use d'une grande douceur, de beaucoup de patience, et je m'efforce, à l'aide d'une méthode rigoureusement logique, de lui faire comprendre, sans troubler son entendement, ce qui lui est demandé, et je ne l'exige, à l'aide de la sévérité et du collier de force, que dans le cas où la signification de l'ordre a été certainement comprise, et si je me trouve en face de la désobéissance caractérisée.

Ainsi donc, il n'y a pas de différence de doctrine ou de pratique entre nous ; et tout homme de bonne foi le reconnaîtra, je pense.

Si l'on m'objectait, en effet, que les Anglais n'usent pas du collier de force pour dresser le Retriever au rapport, je serais en droit de répondre qu'on fait une nouvelle confusion. Les Anglais mettent au rapport le croisement d'Épagneuls avec le chien de Terre-Neuve (*Newfoundland*), animal dont l'instinct, pour le rapport, est si développé et tellement inné qu'il s'y livre naturellement. Il n'est donc pas question de violenter son instinct. Au contraire, les chiens que je dresse au rapport sont des chiens anglais, dont beaucoup, surtout les Pointers, témoignent, pour cet acte, la plus vive répugnance. Je suis donc contraint d'entrer en lutte directe avec eux. Je dois les vaincre, et il est alors indispensable d'employer, mais avec beaucoup de prudence, les moyens appropriés de coercition.

En vain objecterait-on que certains chiens d'arrêt rapportent naturellement, et que je suis dans l'erreur en prétendant que le rapport est contraire à l'instinct du chien. Que certains chiens d'arrêt, des Épagneuls de France, particulièrement, rapportent spontanément, je n'y contredis pas absolument ; mais on devra bien me concéder que ce fait n'est pas la règle générale. En tous cas, cela ne se voit presque jamais chez les chiens anglais, parce que tous, sauf quelques rares sujets nés en France, ne comptent, parmi leurs ascendants, aucun chien ayant appris à rapporter, et que l'influence héréditaire ne vient pas modifier, à ce point de vue, les propensions inhérentes à leur race. Dans toutes les hypothèses, il arrive un moment où il faut faire violence à l'instinct et à la volonté du chien, et, si on n'a pas su, par le dressage, s'armer contre lui du mors et de l'éperon, on échouera fatalement. De toute nécessité, par conséquent, si on veut éviter des mécomptes, il faut obtenir que le chien rapporte, non pas parce qu'il lui plaît de rapporter, mais parce que telle est la volonté de son maître. Je suis si pénétré de cette vérité, dont j'ai fait, au début, plusieurs épreuves désagréables, que je ne manque jamais de reprendre, au collier de force, le dressage au rapport des chiens qui, par hasard, s'avisaient de rapporter spontanément, avec plus ou moins de perfection. Dans tous les cas, en effet, se déroulait l'histoire suivante :

Tout paraissait aller merveilleusement, d'abord : gants, objets divers, même quelques pièces de gibier, étaient allègrement rapportés. Oui, mais voilà que, le jour de la chasse arrivé, une pièce de sauvagine est abattue, et que son odeur forte répugne au chien. Il oublie aussitôt ses prouesses antérieures, et il n'est pas de flatteries ou de caresses qui puissent triompher de sa résistance. Un moment après, c'est une perdrix rouge, tombée au fourré, dont les épines rendent la capture douloureuse. Que faire alors ? En prendre philosophiquement son parti ? Dans ce cas, il faut être certain que la leçon portera ses fruits. L'élève saura qu'il peut se soustraire à la nécessité d'obéir ; et il ne se fera pas faute de vous en donner la fréquente et désagréable démonstration. User de violence ? Alors, adieu paniers, vendanges sont faites ! Plus de rapport, à moins d'en appeler au dressage au collier de force — ce qu'il est plus simple de faire en premier lieu. Mille autres événements produiront le même résultat, surtout avec les chiens anglais d'arrêt dont, je le répète, presque les quatre quarts ont une vive répugnance pour le rapport. Il faudra une éternité de caresses et de flatteries pour les décider à un acte de bon vou- loir : puis, au moment où l'on croit triompher, il faudra moins que rien pour faire crouler ce laborieux et fragile édifice : une pierre qu'un gamin aura voulu faire rapporter ; une pièce de gibier qui se débattra, ou dont l'odeur répugnera ; une réprimande : un simple caprice. Au contraire, quand on a, suivant la vieille méthode, contraint, par l'usage du collier de force, ce chien à exécuter les actes les plus contraires à son instinct, la victoire est définitive et tout devient facile. Le chien a compris que sa volonté est définitivement vaincue, et il n'a plus que des velléités de résistance. La docilité dans la quête, la fermeté dans l'arrêt, tous ces faits, en un mot, qui violentent son instinct à un degré bien moindre, s'obtiennent, pour ainsi dire, d'eux-mêmes et sans difficulté. Quand on conduira l'élève sur le terrain, l'heure des châtiments, qui seulement alors commence pour le chien dressé en Angleterre, sera presque entièrement passée, parce que, je le répète, à ce moment la volonté sera déjà complètement vaincue, l'obéissance ponctuelle acquise, et la soumission pleinement acceptée.

Voilà ce qui explique que, jusqu'à ce jour, j'aie vainement adressé, aux contradicteurs de ma méthode, le défi de faire paraître, côte à côte avec les miens, leurs chiens en exercice de chasse, et, puisqu'il est question de rapport, de voir lesquels rapporteràient le mieux un lièvre jusqu'à extinction des forces.

Mais je ne veux pas même laisser à mes adversaires l'ultime ressource de déclamer contre la barbarie du dresseur au collier de force. Qu'ils le sachent donc bien : à moins qu'il ne soit dans les mains d'une brute, ou que l'élève n'ait un caractère intraitable, le collier de force n'entraîne pas, pour le chien, la douleur au sujet de laquelle se sont apitoyés les *dresseurs en chambre* qui, mesurant la longueur de ses pointes, se sont naïvement imaginés, sans doute, qu'il s'agissait de les faire pénétrer, dans son cou, de toute leur longueur. Il n'en est rien, et dùt-on crier au paradoxe, j'affirme que son effet est surtout moral, parce que le chien qui a éprouvé l'effet dont il est susceptible, en cas de résistance opiniâtre ou de méchanceté, capitule dès qu'il le voit et fait sa soumission sans s'exposer à le subir.

Il ne laisse pas, non plus, dans l'esprit du chien, un sentiment de trouble et de crainte, parce que si, d'un côté, il dompte promptement la résistance et la rébellion ouverte, d'un autre côté, la douceur du maître encourage et récompense la soumission. Il n'est pas, au bout d'un certain temps, de chien rapportant avec une plus joyeuse ardeur, et aimant mieux son maître, que le chien ayant appris à rapporter à l'aide du collier de force.

La crainte est vraiment le commencement de la sagesse, et la plupart des chiens, ainsi que certaines femmes, ne peuvent vraiment chérir que celui qui, à l'occasion, sait vertement les fustiger.

J'ajouterai qu'avec les chiens de pur sang anglais, dont l'intelligence est beaucoup plus vive, et dont l'impressionnabilité est également plus grande, il faut avoir grand soin de n'user que du degré de sévérité strictement nécessaire pour obtenir l'obéissance.

Néanmoins, à leur égard comme à l'égard de tous les autres chiens, je ne connais qu'un moyen d'arriver promptement, sûrement, à un complet dressage à la française, c'est-à-dire, à assurer une quête méthodique et sage, un arrêt ferme et un rapport ne trompant jamais l'attente du chasseur : C'est l'emploi du collier de force. Nous allons voir dans les chapitres suivants, la manière de le mettre en œuvre.

II

DRESSAGE PRATIQUE DU CHIEN D'ARRÊT

La progression de travail que je fais suivre à mes chiens est la suivante : je leur enseigne en premier lieu l'obéissance ; en second lieu le rapport ; et, enfin, la quête et l'arrêt.

L'obéissance doit être absolue, sinon le plaisir de la chasse se change en ennui, et l'espoir du succès, en déception. Dans le cours de mes explications, je ne veux pas fatiguer le lecteur de phrases stériles, plus ou moins agrémentées. J'irai droit au but, ne me souciant que d'être le plus clair et le plus bref possible. Je ferai pourtant le récit de quelques épisodes de chasse, dont j'ai été le témoin, chaque fois que cela me paraîtra nécessaire pour bien mettre toute ma pensée en lumière.

Ainsi, puisque je parle d'obéissance, que le lecteur me permette de lui présenter quatre de mes anciens élèves mettant en pratique, sous ce rapport, les leçons qu'ils ont reçues de moi.

Comme je l'ai raconté dans la première édition de mon traité de dressage, j'ai cédé quatre Pointers, en 1879, à M. L. P...., un des meilleurs fusils de France, et grand propriétaire de la Seine-Inférieure. Ces quatre chiens sont tellement soumis et obéissants aux ordres qu'ils font l'admiration de tous les chasseurs appelés à les voir en action de chasse.

Leur maître prend plaisir à les montrer aux personnes qui viennent lui faire visite. Une magnifique terrasse se trouve majestueusement placée devant le château de Canteleu. Au moment de partir pour la promenade dans le parc qui est attenant, M. L. P..... fait amener ses quatre Pointers : Ploc, Dhina, Pelote et Miss. Au signe de la main levée, les quatre chiens se couchent, la tête allongée sur les pattes de devant, dans l'immobilité la plus complète. M. P..... va ensuite se promener avec ses amis. La promenade dure souvent plus d'une heure ; en revenant, il retrouve, sur la terrasse, ses quatre Pointers dans la position où il les a laissés !...

Il les appelle à lui !

Les quatre chiens s'empressent d'obéir. Ils se livrent alors à de joyeux ébats qui par leur vivacité, charment tous les spectateurs. Puis, au moment où le feu de l'action est le plus accentué, il lève de nouveau le bras. Tous les quatre retombent, instantanément, dans la même position, et dans la même immobilité ; et, si on ne voyait leurs yeux suivre les mouvements du maître, on les croirait de faïence.....

Les manœuvres qu'ils exécutent sur la terrasse, ils les pratiquent en chasse aussi parfaitement. Leur instinct et leur prudence sont admirables. Le lecteur va du reste en juger :

M. P..... m'écrivait dernièrement: « Je fais
« chasser Ploc et Dhina ensemble, et je me plais
« souvent à les faire coucher au simple signe de la
« main levée. Lorsqu'ils sont à l'arrêt, je puis
« m'absenter un quart d'heure et plus, avec la cer-
« titude de les retrouver, à mon retour, à la même
« place! Comme dressage, *ils sont incomparables.* »

Dans une autre lettre, M. P..... me dit:

« Je fais chasser Pelote et Miss ensemble. Miss
« est étonnante; sa quête est vertigineuse; son arrêt
« cataleptique! S'il m'arrive de faire coup double
« sur des perdreaux ou sur des lapins, je commande
« à l'une: apporte! La chienne nommée s'empresse
« d'obéir, et me rapporte l'oiseau ou le lapin intact
« avec une charmante vivacité, tandis que l'autre
« reste couchée dans une immobilité absolue.

« L'autre part ensuite au commandement: ap-
« porte! avec la même animation, tandis que sa
« camarade reste aplatie près de moi, et elle me
« rapporte, avec la plus grande gaîté, le second
« lapin ou le deuxième perdreau. »

Tels sont les exercices que tout le monde a pu voir
chez M. L. P..... propriétaire du magnifique château de Canteleu, près Rouen.

J'ai en ce moment (juin 1895) quelques Pointers
au chenil, qui sont aussi parfaitement soumis et
dressés que les quatre chiens de Canteleu.

Il y a quelques années, je chassais, dans une vaste plaine dépendant de la terre de Chenay, près Lamotte-Beuvron. J'avais une chienne Pointer, Moos, et un Setter, Young-Ranger qui, n'étant pas sortis du chenil depuis plusieurs jours, battaient, à bon vent, le terrain, avec la rapidité de trains express. En moins d'une heure, ils firent au moins vingt arrêts des plus brillants, mais n'offrant rien de bien particulier. Au retour, nous traversions *à vent contraire* un immense labourage, quand un lièvre part, au nez des deux chiens, au moment où ils se croisaient, devant nous, à leur allure endiablée. Tous les deux tombent *comme foudroyés*....., le lièvre, étonné, apparemment, s'arrête à 50 mètres, à peu près, se dresse sur ses deux pattes de derrière, en demi-travers, pour mieux considérer l'ennemi..... Je crie : assis ! Les deux chiens s'empressent aussitôt d'obéir et regardent, sans faire le moindre mouvement, le bouquin friser sa moustache, puis reprendre sa course, traverser la plaine, et rentrer au bois. Nous nous avançons et, pour montrer au garde, qui voyait Moos et Ranger pour la première fois, la perfection de leur dressage, je passe devant eux en leur intimant l'ordre, *du regard,* de ne pas bouger..... Je les dépasse de 25 à 30 mètres environ, et ce n'est qu'au signe du bras qu'ils reprennent leur quête à fond de train. Ils tombent presqu'aussitôt à l'arrêt sur un lapin, qui roule sous le coup de feu du garde. Nouvel aplatissement des chiens, et ils ne se

relèvent qu'en entendant l'ordre d'aller chercher le
défunt.

Cette *preuve* d'une obéissance absolue, *mes* chiens
trouvent l'occasion de la montrer dans chaque journée de chasse, et les amateurs qui me font le plaisir
de m'accompagner, m'assurent tous qu'ils en sont
émerveillés.

Voyons donc les moyens pratiques pour obtenir
ce résultat :

* *
* *

Le premier dressage doit avoir lieu dans la
chambre, afin que l'élève n'éprouve *aucune* distraction, que son attention tout entière soit portée sur
les commandements et signaux du maître, et qu'il
ne puisse avoir la velléité de chercher, par la fuite,
à se soustraire à l'obligation d'obéir. Plus tard, on
le fera travailler, suivant ses progrès, dans un
champ clos, puis sur le terrain de chasse.

J'engage le dresseur à mettre de bonne heure,
vers l'âge de 5 à 6 mois, par exemple, un tout petit
collier au jeune chien, afin de l'accoutumer, peu à
peu, et en jouant, à supporter l'effet de la traction
qu'on exercera pour le forcer à venir à l'appel du
maître. De cette manière, on évitera d'avoir recours,
dès le début, aux moyens rigoureux et désagréables :
ce sera donc une bonne chose pour le dresseur et
pour l'élève.

Lorsque le chien aura atteint l'âge de dix mois ou

un an, c'est-à-dire quand le risque de le perdre de la maladie sera devenu moins grand, le dresseur devra s'occuper de son éducation. C'est à cet âge que l'intelligence du chien commence à se développer sérieusement, et qu'il est susceptible de comprendre et retenir les leçons qu'on peut lui donner.

*
* *

Pour commencer, le dresseur attachera une corde au collier de l'élève, puis il le forcera, d'abord dans la chambre, et, ensuite, au dehors, à le suivre en se tenant derrière les talons. Chaque fois que le chien voudra passer devant, il lui dira : *derrière !* et il le menacera d'une petite baguette. S'il s'obstinait, il le frapperait légèrement sur le museau, en répétant énergiquement les mots : *derrière ! derrière !* pour bien les lui graver dans la mémoire.

Cet exercice devra avoir lieu plusieurs fois par jour, s'il est possible.

Dès que l'élève suivra franchement le maître à la promenade, en marchant derrière ses talons, on passera à la leçon d'une autre manœuvre : celle de venir au maître, à son commandement.

*
* *

Après avoir pris le chien par la laisse et le collier simple — qui suffit parfaitement au début — et s'être enfermé avec lui dans une chambre, le maître se placera à 1ᵐ 50 cent., à peu près, en face de l'élève, et lui dira : *à moi ! à moi !* et il le tirera en même temps par la laisse, par petites saccades répétées, pour l'inviter à obéir.

Aussitôt arrivé à lui, il le caressera, mais froidement.

Il lui fera faire, de cette manière, plusieurs fois le tour de la chambre, en répétant cette leçon importante jusqu'à ce que l'élève obéisse promptement et parfaitement.

.*.

Ce résultat obtenu et bien constaté, le dresseur lui apprendra, par les mêmes moyens, à venir à lui au signal d'un petit sifflement : *psitt! psitt!*

Puis à arriver promptement au coup de sifflet.

Ces trois manœuvres devront être exécutées dans la perfection, parce qu'elles sont d'absolue nécessité et constamment employées par le chasseur en action de chasse :

La première, pour faire venir le chien à lui, par la puissance de la parole, dans les cas pressants.

La seconde, pour le faire arriver, sans bruit, derrière lui, afin qu'il n'effraye pas le gibier devenu sauvage, à l'arrière-saison, et n'en empêche pas l'approche par ses allées et venues.

La troisième, pour éviter de crier, et de le rappeler, lorsqu'il s'éloigne un peu trop du maître.

Les commandements doivent être formulés d'un ton ferme, mais sans trop forcer la voix, afin d'habituer le chien à obéir même quand, par suite

du vent ou de la distance, il les entend faiblement.
On doit toujours se servir du même sifflet.

*
* *

Jusqu'ici, la douceur a été exclusivement mise en
œuvre ; mais nous arrivons à une phase du dressage
où il va falloir user parfois de moyens rigoureux
pour impressionner l'élève, et lui inspirer une
crainte salutaire de la correction, s'il n'obéit pas aux
ordres du maître, donnés soit par signaux, soit à
l'aide de la voix.

*
* *

Il s'agit d'apprendre au chien à s'asseoir, puis à
se coucher à plat ventre, le cou tendu, la tête allongée.

Pour arriver à ce résultat, le dresseur mettra le
collier de force au chien et se munira d'une badine.

(Le collier de force sera plus ou moins sévère,
suivant l'impressionnabilité du chien).

Il le tirera doucement par la laisse pour l'amener
près de lui, et le caressera en lui passant la main
sous le cou ; puis, prononçant le mot : *assis !* il lui
donnera, en même temps, un petit coup de baguette
sur le derrière, (mais sans faire de grands gestes),
et il lèvera simultanément la laisse de la main
gauche pour le contraindre, par ces deux mouvements combinés, à s'asseoir et à lever la tête, de
manière à ce qu'il regarde les yeux du maître et
comprenne bien ce qu'il veut.

Si l'élève cherchait à résister, il faudrait lui ramener la tête en face du dresseur, à l'aide de la baguette qu'on lui passera sous la mâchoire, et la maintenir haute.

Chaque fois que le chien obéira, il devra être caressé, sur la longueur du dos, avec la main, puis avec la baguette.

⁎⁎⁎

Ce troisième résultat obtenu, il lui dira : *à moi !* en l'attirant à lui.

Puis : *assis !*

Au bout d'un instant, armé de la baguette, il lèvera le bras très vivement, en prononçant le mot : *couche !* et frappera, en même temps, le chien sur les lombes, en lui donnant, de la main gauche, une saccade du collier de force, pour l'obliger à se coucher complètement.

Il le maintiendra immobile, dans cette position, pendant un certain temps, afin qu'il comprenne bien qu'il ne doit pas bouger sans nouveaux ordres.

Le dresseur lui-même demeurera dans l'immobilité, la main levée, menaçant de frapper au moindre mouvement de désobéissance.

Cette leçon est extrêmement importante, car il faut que le dresseur inspire à l'élève une espèce de terreur en prononçant le mot : *couche !* pour qu'il reste gravé dans sa mémoire, et qu'en l'entendant répéter par la suite, et en voyant lever le bras en même temps, il tremble et s'aplatisse.

.*

Voici donc le premier moyen rigoureux mis en pratique et qui restera gravé, à tout jamais, dans le souvenir de l'élève. Il n'y aura plus, ensuite, qu'à continuer et répéter, fréquemment, cette leçon sévère, mais absolument nécessaire.

Pour faire relever le chien, le dresseur lui dira : *assis !* et lui piquera l'extrémité des pattes de devant avec le bout de sa baguette, ou simulera de lui marcher dessus. En même temps, de la main gauche, il lui relèvera la tête au moyen de la laisse, qu'il tirera de bas en haut, pour le contraindre à s'asseoir, bon gré, mal gré.

Après un instant de repos, le dresseur recommencera la leçon : *couche ! assis !* Il donnera ensuite congé à l'élève jusqu'au lendemain, afin de le laisser sous l'impression de cet important exercice, duquel dépend sa parfaite soumission à l'avenir.

Les jours suivants, le dresseur fera la récapitulation des leçons données au chien : *derrière ! à moi ! assis ! couche !*

Ces exercices devront être répétés de nombreuses fois, chaque jour, jusqu'à ce que ces quatre commandements s'exécutent dans la perfection. Notre élève sera alors un demi-savant, et nous passerons au rapport.

DU RAPPORT

Le rapport est, incontestablement, un des points les plus importants du dressage du chien d'arrêt; c'est, en même temps, le plus difficile à obtenir.

Apprendre, à un chien, à rapporter le gibier, au commandement, sans qu'il laisse trace de ses dents, est, en effet, chose rare : surtout lorsque le gibier n'est que blessé. Je suis persuadé que le nombre des chiens qui, en France, rapportent dans les conditions que j'indique, ne s'élève pas à plus de 1 ou 2 pour cent.

Mieux vaudrait, cent fois, un chien qui ne rapporte pas du tout, que celui qui pile et broie le gibier.

Il est des chiens qui ont la dent douce naturellement, d'autres dure.

J'indiquerai au chapitre des récits de chasse avec des jeunes chiens, le moyen de corriger ces derniers de cet abominable défaut.

Première leçon

Le dresseur, toujours enfermé dans une chambre avec le chien, le fera asseoir près de lui, et il lui présentera un morceau de pain assez gros pour qu'il ne l'engouffre pas d'un seul coup, en disant : prends !

Evidemment il ne se fera pas prier et le saisira allègrement ; mais le dresseur ne le lui abandonnera pas, et, une seconde après, il lui dira : donne ! Ce commandement étant beaucoup moins de son goût, ne sera certainement pas obéi. Le dresseur l'y contraindra, cependant, en lui pinçant le bout de l'oreille, ou, simplement, en lui entr'ouvrant la mâchoire avec celle des deux mains qui ne retient pas le pain.

Cet exercice, répété plusieurs fois, sera très rapidement appris et, dès lors, l'élève connaîtra la signification des deux mots : prends et donne. On lui apprendra alors le sens du mot : beau, ou tout beau ! dont l'importance est grande en chasse, car il sera fréquemment donné pour empêcher le chien d'avancer sur le gibier, s'il y met trop de fougue, ou pour ne pas permettre qu'il saisisse immédiatement une pièce blessée, sur laquelle il se jette avec trop d'impétuosité. Ce ne sera d'ailleurs pas plus difficile. Au moment où le chien voudra saisir le pain qui lui est présenté, le dresseur dira : beau, et, « d'une pichenette » sur le nez, il fera un appel à sa prudence, qui sera vite entendu.

Cela appris, le chien possède, sans qu'il lui en ait beaucoup coûté, on en conviendra, les éléments du métier de *Retriever*.

Pour le lui enseigner complètement, le dresseur continuera, en suivant la progression suivante :

Le dresseur, toujours enfermé dans sa chambre avec le chien, le fera asseoir ; puis il lui mettra, non pas un morceau de pain, cette fois, mais le chevalet, dans la gueule, en lui disant : prends. (Le chevalet est un morceau de bois rond ou carré, supporté par des chevilles qui le traversent, aux deux extrémités. Pour en faciliter la prise à l'élève, on l'entoure d'une peau de lapin.)

S'il refuse, il lui pincera doucement, progressivement, le bout de l'oreille, en répétant le mot : prends ! jusqu'à ce qu'il ouvre la gueule et saisisse l'objet.

Le chevalet pris, il laissera le chien dans cette position pendant plusieurs minutes ; puis il lui dira : donne !

S'il résistait, il lui pincerait le bout de l'oreille pour le lui faire lâcher.

Cette leçon devra durer une dizaine de minutes.

*
* *

Lorsque le chien prendra et donnera facilement le chevalet, le dresseur se lèvera et lui dira, en le tenant par la laisse d'une main, et en lui soutenant la mâchoire de l'autre : apporte !

Il lui fera faire, de cette manière, plusieurs fois le tour de la chambre, puis lui fera donner l'objet et le caressera.

Chaque fois que le chien échappera le chevalet, le dresseur lui pincera le bout de l'oreille, et, au besoin, lui fera sentir les dents du collier de force, en lui répétant énergiquement le mot : prends.

Il continuera la leçon un quart d'heure, pour la recommencer une heure après !

* * *

Lorsque le chien prendra et donnera le chevalet sans difficulté et qu'il le portera, plusieurs minutes, sans le laisser tomber, le dresseur le jettera à peu de distance de lui, puis il conduira son élève par la laisse près de l'objet, et lui dira : prends ! en lui pinçant le bout de l'oreille ou en lui donnant, en se servant de la laisse, de légères saccades du collier de force, pour l'engager à prendre, s'il résistait.

Le dresseur donnera, chaque jour, nombreuses leçons au chien, jusqu'à ce qu'il prenne de lui-même le chevalet et le rapporte délicatement et franchement.

Ce résultat s'obtient, ordinairement, au bout de quinze jours, plus ou moins, suivant les dispositions de l'élève.

* * *

Ce progrès obtenu, le dresseur jettera le chevalet un peu plus loin et, au bout d'un instant, lui enlevant la laisse, il lui dira : apporte !

Ce temps d'arrêt a pour but d'accoutumer le chien à ne rapporter qu'au commandement et à éviter, par la suite, qu'il ne se lance avec trop de précipitation sur le gibier, et se laisse aller à lui donner le coup de dent !

Toutes ces leçons seront apprises très vite par l'élève, comme je viens de le dire.

On devra les lui faire répéter, chaque jour, plusieurs fois, en variant les endroits sur lesquels on placera le chevalet, ou un mouchoir, un gant, etc., les mettant tantôt haut, tantôt bas, afin de l'habituer à chercher un peu partout et en tous sens.

* *

Le progrès de l'élève étant bien constaté, le dresseur bourrera de foin une peau de lièvre, et la fera rapporter au chien en le forçant, chaque fois, à la saisir par la partie qui simule le râble.

Plus tard, il remplacera le foin par du sable fin (qu'il mettra dans un petit sac ayant tenu du plomb de chasse), de manière à représenter le poids d'un lièvre ordinaire. Il laissera un vide entre le sac et la ligature, de manière à donner la sensation de la prise d'un lièvre mort.

Si le chien faisait des difficultés pour le rapporter, il faudrait répéter les leçons précédentes et lui donner, avec la laisse du collier de force, de petites saccades, jusqu'à ce qu'il le saisisse et le rapporte franchement.

Je recommande bien au dresseur de ne jamais laisser à l'élève le souvenir d'une lutte dans laquelle son refus d'obéir aurait triomphé, car il se reproduirait inévitablement, par la suite, et avec plus d'obstination encore : .ce qui donnerait lieu à des luttes difficiles à vaincre pour le ramener à l'obéissance et à la soumission.

* *

Tous les chiens dressés au rapport ainsi que je viens de l'expliquer, sont aussi surpris qu'étonnés, le premier jour de la chasse, de voir tomber le gibier. La vue des premières pièces les intrigue ; ils les flairent en tous sens, n'osent les toucher même du bout des lèvres, et, s'ils n'obéissent pas... n'insistez pas, laissez-les se familiariser avec les pièces abattues, en leur répétant toutefois le même commandement : apporte ! et vous serez tout surpris, au moment où vous vous y attendrez le moins, de les voir se décider résolument à saisir la pièce, et vous l'apporter franchement, surtout si c'est un oiseau.

Ce premier pas fait, votre chien, flatté, comprendra sa mission et la remplira, par la suite, avec joie et contentement.

* *

Le rapport du lièvre est plus difficile, parce qu'il faut que le chien serre fortement la bête, et que, les premières fois, il n'ose pas. Il essaye, mais il la laisse retomber. Ne soyez pas étonné, il s'y habituera comme pour les oiseaux.

Tous les chiens qui rapportent parfaitement lièvres, faisans et perdreaux, ne voulant pas les serrer, les mouillent de salive pour ne pas les laisser échapper.

Cet instinct ne s'acquiert que par la pratique.

L'important est donc de ne pas faire violence à votre élève, et de ne pas trop insister pour ne pas le dégoûter : ce qui arriverait infailliblement si vous le brusquiez, surtout le Pointer, qui souvent rapporte à contre-cœur.

*
* *

Une fois l'habitude du rapport du gibier prise, votre élève, contrairement à celui dressé par les moyens de séduction, refusera de rapporter tout autre chose que du gibier, et finira, grâce à la pratique de la chasse, par exceller dans l'art.

Je pourrais citer, sous ce rapport, de nombreux exemples ; mais je me contenterai de quelques-uns seulement, pour édifier le lecteur.

J'ai chassé, au chien d'arrêt, pendant plus de vingt ans, dans les montagnes du Bourbonnais et du Puy-de-Dôme. La nature du sol offre parfois les plus grands avantages pour la chasse : ce sont des genêts, des bruyères de grande étendue, des boquetaux broutés par les chèvres et les brebis, etc. : d'autres fois, le terrain est dénudé, rocailleux, sablonneux, et présente les plus grandes difficultés que puisse rencontrer un chien en temps de sécheresse et de chaleur. C'est dans ces conditions, tour à tour favorables et difficiles, que le chasseur et le chien ont à lutter contre les ruses du gibier.

Le gibier, dans ces montagnes, est assez abondant,

mais, pour y chasser, il faut être très vigoureux et être possédé du feu sacré !... car la chasse y est très pénible. Il est vrai de dire qu'elle a aussi ses charmes. Le gibier, dans les couverts, part toujours à belle portée et paraît si beau, à l'œil, qu'il enflamme l'imagination du chasseur et lui fait braver toutes les fatigues.

Il y a bien longtemps déjà, j'avais un chien doué d'une intelligence merveilleuse, et de toutes les qualités que peut désirer un ardent chasseur.

Jamais une compagnie de perdreaux, gris ou rouges, rencontrée par lui dans sa quête, n'a échappé à ses ruses instinctives, et à la puissance de ses facultés olfactives. Jamais il ne faisait une faute. Aussi était-il connu dans toute la contrée, à vingt lieues à la ronde, comme le plus remarquable de l'époque.

J'en souhaite un semblable au lecteur qui n'habite pas le même pays de chasse que moi.

Je chassais, un jour du mois de septembre, par une chaleur excessive, avec un vieux chasseur, M. M...., sur une des plus grandes montagnes du Puy-de-Dôme, parsemée de quelques bruyères éparses. Des broussailles, des cépées de chêne étêtées par les troupeaux, des rochers, des pierres roulantes, rendaient la quête du chien très pénible, et la rencontre du gibier fort difficile.

Tout à coup, mon brave Pitt tombe à l'arrêt, au milieu de la montagne à peu près, avec tant de feu, que je comprends qu'il vient de rencontrer une compagnie de perdreaux. J'avance aussitôt avec les plus grandes précautions. Le chien, à mon approche, se met à couler, guidant, comme d'habitude, sa marche sur la mienne. Il suit la piste du gibier avec une telle assurance qu'on croirait qu'il le voit devant lui ; s'il perd sa trace un instant, parce que les perdreaux ont franchi, sans y toucher, un ravin à pic, il en fait le tour en éventant, faisant de petits hourvaris, et retrouve toujours la voie. La compagnie de perdreaux, car c'en était une, espérant dépister le chien, piétait toujours, soit qu'elle ne fût pas poussée, soit qu'elle n'osât pas partir et se montrer.

Je crois ne pas exagérer en disant qu'elle a piété plus de huit cents mètres. Fatiguée sans doute, elle se blottit enfin dans des broussailles.

Pitt, en approchant, tombe en arrêt, me montrant des yeux la place où se trouvait le gibier : charmant coup d'œil pour le chasseur !.. Les perdreaux partent en grand nombre, faisant ronfler et siffler leurs ailes, indice certain que ce sont de beaux perdreaux rouges. Au moment où un groupe se croise, un coup de fusil part à leur adresse : deux tombent dans les pierres et les rochers. J'avance avec mon chien pour les ramasser, mais rien..., apparemment ils sont démontés tous les deux... Le chien de mon compagnon de chasse arrive, s'emporte et fait emporter le mien. Je le supplie alors d'appeler son Pyrame, pour que je puisse me livrer tranquillement à la recherche de mes pièces de gibier blessées.

M. M... s'empresse aussitôt de se rendre à mon désir et, dans la crainte de me déranger, s'en va dans une autre direction.

Me voici donc seul avec Pitt. Cherche! Apporte! lui dis-je. Faisant de petits hourvaris en tous sens, il disparaît tout à coup derrière un mamelon. Comprenant qu'il était sur la piste d'un des perdreaux blessés, je m'arrête un instant. Ne le voyant pas revenir, je grimpe sur un énorme rocher entaillé dans le flanc de la montagne, dans l'espoir de l'apercevoir. Après un moment d'attente, je le vois au milieu de broussailles et de pierres amoncelées les unes sur les autres; il paraît et disparaît à chaque instant. La chaleur et la sécheresse sont extrêmes, les obstacles de toute nature se rencontrent à chaque pas, on voit qu'il lutte contre des difficultés inouïes.

Après quinze à vingt minutes d'attente, qui me parurent courtes, car la vue dominait un paysage des plus pittoresques et des plus accidentés, s'étendant sur la vaste plaine de la Limagne, j'aperçus mon brave chien venir à moi, m'apportant une magnifique bartavelle.

Désirant faire l'épreuve de toutes ses qualités instinctives, je me baisse sur le rocher pour qu'il ne puisse pas m'apercevoir, mais de manière à pouvoir surveiller tous ses mouvements. Cet excellent ani-

nal prend ma piste sans hésitation, arrive fièrement
à moi et me remet la perdrix toute vivante dans la
main.

Je le caresse à le fatiguer, chose à laquelle il était
très sensible.

Je le ramène ensuite à l'endroit où les deux perdreaux étaient tombés, lui répétant : Cherche encore !
Cherche ! Apporte ! en faisant de petits tours et
retours. Le chien, après un moment d'hésitation, se
met en quête ; mais comme le terrain était tellement
accidenté qu'il n'était pas facile de le suivre, je
prends le parti de le laisser faire, marchant doucement et répétant toujours : Cherche ! Apporte ! Je
l'avais perdu de vue depuis quelques instants,
lorsque je l'aperçois à cent mètres, à peu près,
au-dessous de moi, suivant la piste du second perdreau. Je ne pouvais m'y tromper, car, dans ces cas-
là, il avait une allure toute particulière. Je regagne
aussitôt mon rocher. J'étais en observation depuis
quelques minutes, lorsque j'entends, sur le sommet
de la montagne, des coups de fusil répétés.

C'était mon camarade de chasse qui pistonnait des
perdreaux : ceux, peut-être, que j'avais fait partir.
Je ne pus résister à la tentation d'aller le joindre....
et, confiant dans l'intelligence de mon chien tant de
fois éprouvée, je gravis lestement la côte et retrouve
mon compagnon de chasse. En l'approchant, je lui
montre avec un vif contentement la magnifique
bartavelle vivante que Pitt m'avait rapportée.

« Ah ! c'est très beau ! me dit M. M..., mais l'autre ?

— L'autre va venir bientôt !

— Vous plaisantez ?

— Je ne plaisante pas, j'en suis sûr !

— Pareil fait est impossible, par la chaleur tropicale qu'il fait, et dans un pays aussi ingrat !

— Si vous connaissiez, comme moi, la prodigieuse intelligence de Pitt, et sa finesse de nez, vous ne douteriez pas de ce que je vous dis.

— Si Pitt fait ce que vous me dites, je le proclame le roi des chiens d'arrêt, et je lui donne la moitié de ma soupe, ce soir.

— Accepté pour Pitt ! Mais faites donc attention, votre chien est à l'arrêt...,

Nous avançons, cinq perdreaux partent ! Pan, pan, pan ! deux tombent. « Très bien, chacun le nôtre. Pyrame, apporte ! »

En rechargeant mon fusil, je regardais l'horizon, me reprochant amèrement l'abandon de mon brave chien, lorsque je l'aperçois à une assez grande distance sur ma piste... Je distingue parfaitement à son allure qu'il a pris son second perdreau et le rapporte... Mais, par prudence et par crainte d'une déception cruelle, je ne dis mot et continue de marcher près de mon camarade de chasse qui ne pensait plus à Pitt.

Lorsque je m'écrie avec un enthousiasme des plus accentués : « Voilà le n° 2, le second perdreau démonté, que me rapporte mon excellent chien ! »

Que de peines et de difficultés le brave animal avait eues à vaincre !...

Par ce trait, le lecteur peut apprécier combien les qualités du rapport étaient développées chez ce jeune chien. Je l'ai gardé dix ans. Je puis dire qu'il a fait le charme de ma vie de chasseur pendant ce temps-là, et je n'ai pas perdu une pièce de gibier avec lui. Je ne saurais dire la quantité de pièces qu'il m'a fait tuer...

Il distinguait parfaitement un lièvre blessé, après le coup du fusil, de celui qui ne l'était pas. Au mot : Apporte ! il suivait le premier, allait le prendre souvent à de très grandes distances, et le rapportait intact de coup de dents !

Pitt, comme tous mes chiens, avait été dressé au collier de force ; son éducation achevée, je n'ai pas eu occasion d'en faire usage deux fois pendant le cours de dix campagnes qu'il a faites avec moi.

Depuis lui, j'ai élevé un grand nombre de chiens d'arrêt ; tous ont très bien rapporté, parce que la bonne instruction donnée à l'élève se retrouve toujours. Elle se développe ensuite par la pratique, et se montre d'une manière plus ou moins brillante, suivant les occasions et les dispositions des sujets.

Si j'apprécie autant le chien de grande race, c'est parce que j'ai toujours remarqué que, chez la plupart

d'entre eux, les instincts de la chasse approchaient de la perfection.

Pour bien faire ressortir, encore, la différence de la bonne et de la mauvaise éducation, j'ai sous la main un exemple frappant.

Je possède, en ce moment, deux jeunes chiennes Pointers : Shot et Benn, sœurs de père. L'une, Shot, a été dressée à rapporter au collier de force ; l'autre, Benn, est d'une nature si enjouée et si aimable, elle montrait, en plus, une aptitude si particulière pour le rapport, que je n'ai pas cru devoir faire usage du collier de force pour le lui apprendre, désirant voir encore si elle ferait exception à la règle.

Or, qu'est-il arrivé ? C'est que les premiers jours de chasse, cette année, Shot n'a pas voulu rapporter le gibier ; je n'ai point insisté, ni fait violence, voulant bien la laisser se familiariser avec les diverses pièces qui tombaient sous les coups de fusil, bien certain, d'avance, qu'à un moment donné elle rapporterait d'elle-même très bien.

Benn, au contraire, a rapporté d'autorité, et avec un entrain charmant, toutes les pièces tirées.

Mais Dieu sait dans quel état !... les cailles, surtout, en partie broyées !... Puis elle léchait et pourléchait ses babines pendantes avec une certaine satisfaction qui avait l'air de dire : « Il faut qu'à un moment ou à l'autre, j'en croque une ! »

Je savais très bien qu'entreprendre de la corriger serait la dégoûter de rapporter. Je me suis donc contenté de lui montrer sa faute en lui pinçant, chaque fois, le bout de l'oreille. Mais ces anodines corrections n'ont point produit d'effet. Ne voulant point lui laisser contracter cette mauvaise habitude, force a été de recourir aux moyens énergiques, et d'employer le collier de rigueur. Ce que j'avais prévu est arrivé : à partir de ce moment, elle n'a plus voulu rapporter du tout !... Il a donc fallu recommencer son éducation ! Mais comme elle est jeune et très intelligente, j'en suis venu facilement à bout, et elle rapporte aujourd'hui parfaitement. Et si, parfois, il lui arrive de donner un léger coup de dent à un de ces charmants petits oiseaux potelés, elle reçoit une ou deux petites saccades de l'instrument d'instruction et de correction, et elle n'y revient plus.

J'ai étudié, cherché et essayé tous les systèmes. Le collier de force seul, je le répète, m'a toujours servi à souhait !

J'ai pour principe de me servir de colliers de deux numéros.

Je fais adoucir les dents du nº 1 pour les chiens d'un caractère impressionnable, et à peau fine, tels que les Pointers.

Le nº 2 est le collier ordinaire, en fil de fer et à roulettes, que vendent tous les quincailliers, et auquel je ne change rien. Je m'en sers en chasse.

Le dressage de Mylord

Il y a quelque quinze ans, l'un de nos maîtres les plus admirés tout à la fois dans l'art si français de bien dire et dans les sciences du sport, M. le Marquis de Cherville, n'a pas craint de rendre hommage à la vérité en affirmant que les Anglais — qui crient si haut leur douceur — usent et abusent, envers le chien, de corrections d'une brutalité parfois odieuse.

Ce témoignage arrivait à son heure, car on en était à croire, un peu plus qu'à l'Evangile, aux hâbleries de Marksman « l'infaillible » décrétant pontificalement « qu'un barbare doublé d'un ignorant pouvait seul user du collier de force. » A de bien rares exceptions près, en effet, le monde des chasseurs restait comme endormi dans cette décevante doctrine, et ne songeait nullement à imputer à sa pratique les insuccès auxquels il se heurtait de plus en plus fréquemment.

En vain, à la suite de notre éminent compatriote, avais-je ajouté aux exemples les plus concluants de nos vieux maîtres ès-sciences cynégétiques, les extraits les plus irréfutables des spécialistes anglais les plus en renom, tels que Meyrick et Laverack. Mes efforts pour sortir de l'ornière n'avaient abouti à provoquer que les injures, et non les raisons, de quelques prêtres intolérants, autant qu'improvisés, de ce culte nouveau de la déesse « Douceur ». L'attention publique restait somnolente. Dans le but de la réveiller, je me décidai alors à « tirer ce coup de pistolet » qui s'appelle « l'histoire du dressage de Mylord ».

Je ris encore dans ma barbe, en pensant au beau concert que donna, sur cette voie, la meute des thuriféraires de l'orthodoxie nouvellement révélée. Son ardeur rageuse fut telle, que quelques mauvais « corneaux » retardataires rabâchent encore, de temps à autre, sur cette piste vieille de près de deux lustres !

Dieu sait pourtant si je prêchais pour mon propre saint. Il y a plus de quarante ans que je chasse presque chaque jour. Dans ce laps de temps, je me suis nécessairement servi d'un très grand nombre de chiens de caractères et de tempéraments bien divers, et je défie qu'on cite de moi un seul trait de brutalité. Néanmoins, toute exagération de parti pris mise à part, je n'entends pas dire que j'ai procédé envers tel chien délicat, craintif, timide ou boudeur, ainsi que je l'aurais fait envers tel autre plus que de raison impétueux, violent, irascible ou volontaire. Agir ainsi serait d'un homme privé de bon sens. Si Marksman avait eu la moindre notion du *chien de chasse au rapport,* il n'aurait pas commis les erreurs inconcevables dans lesquelles il est tombé. Rien que la différence des influences ataviques qui se montre dans les diverses races, et même, dans une certaine mesure, rien que la variété des attributs extérieurs qui les distingue, entraînent déjà la nécessité de nuances sensibles dans la mise en pratique des règles générales, qui n'en restent pas moins la base de tout dressage raisonné et sérieux. Ainsi l'English Setter est naturellement doux de caractère, au contraire le Red Irish Setter est irritable autant que violent et méchant ; les deux chiens peuvent cependant supporter, sans que la mesure soit dépassée, grâce aux longues soies de leurs robes, des châtiments qui exaspéreraient, jusqu'à un paroxysme dangereux, le Pointer au poil si ras et au tempérament si nerveux : tandis que le Gordon Setter, qui joint l'entêtement à une grande insensibilité physique, due à l'épaisseur de sa peau, n'en serait pas le moins du monde impressionné.

Mais ces connaissances générales sont encore insuffisantes. Il faut, avant d'entreprendre le dressage de chaque élève, étudier spécialement son caractère et, ensuite, user avec les uns de douceur, de demi-rigueur ou de rigueur avec les autres, suivant leur nature douce, obstinée ou rebelle. Il en est des chiens comme des enfants : autant de têtes, autant de caractères.

Dans sa théorie, Marksman « l'infaillible » a donc failli. Rien de ce qu'il a écrit à ce sujet ne tient debout, et la dérision qu'il a voulu jeter sur le vieux système de dressage, si solidement éprouvé de nos pères, est retombée sur lui.

Je n'ai pas entendu dire autre chose dans ma fameuse histoire du « dressage de Mylord » ; je me suis contenté de pousser, de parti pris, « la chose au noir » et d'y mettre l'exagération ou, si l'on veut, l'outrance que les circonstances rendaient nécessaires. Mais le fond n'en est pas moins sérieux, et je crois être utile à mes lecteurs, qui peuvent se trouver aux prises avec des difficultés analogues à celles que j'ai dû surmonter, en le reproduisant dans ses lignes essentielles.

En 1856, un garde-champêtre, du nom de Baratier, habitant Châteldon (Puy-de-Dôme), vint me proposer de me vendre un magnifique Setter qui, me disait-il, rapportait admirablement, quêtait et arrêtait dans la perfection : m'offrant de me le faire essayer autant que je le désirerais.

Séduit par la beauté et les formes élégantes de Mylord, et aussi par le langage engageant de son maître, je me décidai à accepter sa proposition. Le jour fut donc pris pour le voir chasser, c'est-à-dire quêter, car la chasse n'était pas ouverte.

Pendant les quelques heures que je vis Mylord à l'œuvre, je remarquai qu'il avait beaucoup d'ardeur et bon jarret, qu'il arrêtait solidement, à de grandes distances, mais qu'il chargeait le gibier à outrance et n'avait point d'appel.

Il rapportait parfaitement tous les objets que lui jetait son maître, et, de plus, allait chercher, à un kilomètre et plus, le mouchoir qu'il avait laissé tomber à dessein, afin de me montrer son savoir-faire. Mylord allait même chercher une pièce de monnaie jetée dans l'eau, etc. Il lui avait appris toutes ces choses, disait le garde, à force de patience et en jouant avec lui.

Triste certificat! Quoi qu'il en soit, Mylord me plut, et je l'achetai pour la minime somme de cinquante francs.

Quelques jours après, l'ouverture de la chasse eut lieu. Désireux d'essayer sérieusement mon chien, je l'emmenai dans les montagnes du Bourbonnais, très giboyeuses alors.

En entrant en chasse, Mylord se met à l'arrêt. Une compagnie de perdreaux part. Je tire : il en tombe un dans un grand champ de genêts : je crie à Mylord : Apporte! comme j'avais l'habitude de le faire avec mes autres chiens. Je charge mon fusil et j'attends... Mais, ne voyant rien venir... et pressentant qu'il se passait quelque chose d'étrange, j'avance rapidement. Que vois-je ? Mylord mangeant tranquillement mon perdreau.

Le lecteur peut penser s'il reçut une verte correction ! Car mieux valait cent fois qu'il ne rapportât pas du tout que le voir broyer le gibier et l'avaler.

Je voulus essayer, cependant, de le lui faire rapporter par le moyen énergique du collier de force. Mais Mylord était de grande taille, très fort et très méchant; il se déclara violemment en insurrection, comme un chien qui n'a jamais été corrigé, et il fit tous ses efforts pour me déchirer et me mordre.

Doué, heureusement, d'un poignet solide, je le renversai et le tins sous moi jusqu'à ce qu'il se fût rendu. Je le renvoyai, ensuite, à la maison, par mon domestique Joseph, qui m'accompagnait, tenant mon excellente chienne Follette à la laisse, avec ordre de l'attacher, les restes du perdreau près de lui, mais de manière qu'il ne pût y toucher.

Il fallait, dans la circonstance, prendre les moyens nécessaires pour réduire Mylord, et lui apprendre la docilité et l'obéissance, ou le pendre.

J'avoue franchement que j'hésitai longtemps avant de faire l'entreprise de son éducation ; mais j'étais jeune et vigoureux alors, et je prenais plaisir, parfois, à surmonter les difficultés. Je m'y décidai donc, et résolument.

Mylord, après deux jours de privations et de lassitude, paraissait abattu ; je lui fis voir et sentir les restes de son méfait ; je le pris ensuite par la chaîne et l'amenai à la promenade, le faisant tenir constamment derrière mes talons, lui donnant une saccade de collier de force chaque fois qu'il voulait avancer, en prononçant énergiquement le mot : Derrière ! Derrière !

Comme nous étions à l'époque de la chasse, je voulais hâter son éducation. Je me fis donc aider de mon domestique, qui, muni d'un fouet solide, se tenait près de moi, et agissait suivant mes indications.

Je rentrai à la maison, après une grande heure d'exercice.

Mylord, qui n'avait jamais connu le collier de force, non plus l'obéissance, avant son acte de gloutonnerie et son insurrection, ne cherchait plus à se défendre. Un jour et une nuit de réflexions l'avaient calmé, paraît-il, et lui avaient donné à penser que la révolte n'est pas toujours bonne conseillère. Il supportait donc les saccades du collier de force sans combattre. Je jugeai alors le moment opportun pour lui apprendre à venir au maître.

Je le tirai doucement, en lui disant : A moi ! A moi !

Lorsqu'il résistait, mon domestique lui donnait des coups de fouet sur le derrière, pour le faire avancer !

Après un quart d'heure d'exercice, Mylord se rendit et devint obéissant ! Je lui donnai aussitôt sa soupe, qu'il mangea avec avidité, car il avait été privé de nourriture tout le temps qu'il était resté en punition.

Deux heures après, je le prenais et lui répétais l'appel : A moi ! Il arriva sans difficulté. Il était en partie vaincu.

Les jours suivants, je lui appris à arriver au maître sur les différents signaux que j'ai expliqués au dressage du jeune chien.

Ce progrès obtenu, et il était d'un grand point, il fallait lui apprendre à s'aplatir au commandement, et lui inspirer la crainte en prononçant le mot : A terre ! Et ce n'était pas sans une certaine appréhension, car il grognait souvent lorsqu'on exigeait de lui un acte de soumission. Mais j'avais pris mes dispositions pour parer aux éventualités qui pouvaient surgir, et, aussi, aux velléités d'une attaque de sa part. Une boucle, scellée au sol, permettait de lui clouer, à l'aide de la laisse, la tête contre terre.

Je l'obligeai à s'asseoir, d'abord, en lui relevant la tête et en lui donnant des coups de main sur le derrière, réservant les coups de baguette pour le moment psychologique.

Une fois immobile dans cette position, je l'oblige, en me servant de la main gauche, à fixer son regard sur le mien !... Prononçant alors très énergiquement le mot : *Terre !* Je lui donne un vigoureux coup de cravache sur toute la longueur des reins, je tire en même temps la chaîne du collier, pour le contraindre à se coucher. Mylord, saisi d'effroi et de surprise, s'aplatit sans bouger, à mon grand étonnement, car, je le répète, c'était un chien terrible et même dangereux lorsqu'il était menacé.

Après dix minutes environ de complète immobilité, je le relève ; je lui donne une copieuse soupe et le rentre au chenil. Il faut savoir punir les fautes et récompenser la soumission.

Le lendemain, au point du jour, je lui fis répéter tous les exercices que je lui avais appris. Il les exécuta sans difficulté aucune.

Afin de bien le confirmer dans ces premières leçons

de soumission, je les lui fis répéter à maintes reprises, plusieurs jours de suite, tenant essentiellement à ce qu'il s'aplatît sans hésitation au signe de la main levée. Ainsi que je l'ai déjà dit, c'est un des points les plus importants du dressage et il ne faut rien épargner pour l'obtenir aussi parfait que possible.

Après avoir obtenu ce résultat, il fallait songer à mettre Mylord au rapport !. . Ce qui n'était pas la chose la plus agréable, ni la plus commode.

Le collier de force ne quittait jamais son cou, pour une bonne raison, c'est que je n'aurais pas pu le lui remettre ; car chaque fois que je cherchais à le prendre par le collier ou par le cou, il s'élançait, en faisant claquer ses dents, pour me saisir la main et me la broyer.

Je le fis amener, un matin, dans ma chambre. Après lui avoir fait faire la manœuvre habituelle, je le fis asseoir près de moi. Saisissant alors deux anneaux du collier, dans lequel j'introduisis un morceau de bois, de la forme d'un manche à couteau, je tournai la main, très doucement et progressivement, de manière à produire, sans secousse, l'étranglement sur le cou du chien jusqu'à ce qu'il ouvrît la gueule et prît le chevalet que je lui tendais de la main gauche.

A ce mouvement de rotation, dit : *tour de clef*, Mylord ne se défendit pas, et prit l'objet. Je le laissai cinq à six minutes dans cette position ; puis je le lui fis prendre et reprendre pendant plus d'une heure, et le flattai beaucoup chaque fois.

Je redoutais cette première leçon, car je craignais que l'étranglement produit par l'effet du tourniquet ne décidât le chien à entamer une lutte. Comme on l'a vu, il n'en fut rien.

Mais ce n'était pas tout. Après une huitaine de jours d'exercice, consistant à prendre et rapporter le chevalet, il fallait le contraindre à l'aller chercher et à me le rapporter.

Un matin donc, je lui jetai, sans rien dire, un os de gigot. Mylord, qui l'avait flairé, courut le saisir !... Je lui crie aussitôt : Apporte ! Il lâche l'os. Je le lui fais reprendre et rapporter.

Au bout d'un instant, je rejette l'os. Il court le chercher et le rapporte très bien.

Très bien, Mylord ! Viens chercher ta récompense. Je le caresse beaucoup.

Il y fut très sensible, et montra une grande gaîté à la suite. Je recommençai plusieurs fois de suite la leçon et il l'exécuta parfaitement.

Le lendemain, je lui jetai le chevalet. Il courut le flairer et ne voulut pas le rapporter. Je l'invitai, alors, avec la laisse, par de petites saccades répétées, à le prendre, Il résista avec opiniâtreté... Je lui donnai alors le tour de clef et le forçai à le prendre et à le rapporter !

Ce n'est qu'après huit jours de lutte que je suis parvenu à vaincre sa résistance. Son cou était troué et tuméfié, et il a fallu que la douleur fut insupportable pour le décider à saisir et à rapporter franchement le chevalet ! Mais à dater de ce moment, il a rapporté sans hésitation tous les objets que je lui ai jetés : le sac de sable entouré de la peau de lièvre, les perdreaux morts, etc.

Nous étions alors aux premiers jours d'octobre ; le dressage de Mylord avait duré cinq semaines.

Je l'amenai à la chasse. Après une heure de quête à peu près, Mylord tombe à l'arrêt ! Je lui crie : Tout beau ! Il reste ferme ! Des perdreaux s'envolent, j'en tue un ! Mylord va pour le prendre, mais recule tout à coup.... Je l'appelle : *A moi !* Je l'amène sur la pièce de gibier et lui donne le tour de clef. Il saisit l'oiseau, l'apporte en me suivant plus de cent mètres. A partir de cet instant, Mylord fut digne d'être mis au rang des meilleurs chiens de la contrée.

Je vais terminer ce chapitre par un fait qui prouve l'effet puissant et terrible du collier de force sur le chien.

Pendant l'hiver 1857, je tuai, sur les bords de la Dore, un canard sauvage, qui tomba sur la rive opposée, à une distance de 25 à 30 mètres environ. Il faisait très froid. J'avais mon chien Mylord, parfaitement dressé alors ! Il l'avait aperçu tomber et le voyait très bien également. Je lui commande : Apporte ! Il refuse !

Je sors alors le collier de force de ma poche, je le lui mets au cou, et le lui fais fortement sentir en lui répétant : Apporte ! Le chien pousse quelques cris et se précipite à l'eau, traverse la rivière et les glaçons, et va chercher le canard ! Que pensez-vous qu'aurait fait, en pareille occurrence, le chien de « l'infaillible » Marksman ? Je jure, moi, qu'infailliblement il eût tout fait plutôt qu'imiter Mylord !

Telle a été, dans les circonstances que j'ai dites, la substance de ma réfutation de « l'infaillible » Marksman — ainsi qu'il se qualifie modestement — qui, habitant un pays où il n'est pas d'usage de mettre les chiens d'arrêt au rapport, n'en a pas moins « vaticiné » imperturbablement - au grand dommage d'un certain nombre de nos compatriotes — sur un sujet dont il ne savait pas le premier mot.

La lumière est maintenant faite. On sait quelle large place ma pratique de dressage — d'accord avec ma théorie sainement entendue — fait à la patience, à la douceur, à tout ce qui peut développer l'intelligence, la bonne volonté, l'initiative de mes élèves.

Mes amis sont aussi journellement témoins de leur gaîté, de leur entrain habituels, comme aussi de la joie, de l'empressement, de la vive affection qu'ils montrent dès qu'ils me voient apparaître.

Quand il est maltraité, un animal aussi intelligent que le chien agit de tout autre manière. Il n'est qu'un homme de mauvaise foi qui puisse le nier.

C'est donc en vain que certain valet de plume, parasite effronté de « Nababs » d'honorabilité et d'antécédents divers, doublé de certain grotesque, également genre rond de cuir, continuent à « coasser », à l'heure du crépuscule, dans des lieux bas, où l'air est réputé malsain, se renvoyant cette note mélancolique autant que monotone : « Mais ce n'est pas du dressage cela, c'est du domptage. »

Le mot n'est même pas de vous, enfiellés batraciens, vous l'avez encore effrontément pillé dans l'un de mes articles, qu'à côté de tant d'autres vous n'avez pas voulu comprendre !

Vous en êtes réduits là.

Une fois dans votre vie, soyez donc sincères et avouez que, si « l'art est difficile », une critique honnête, judicieuse, éclairée, n'est pas non plus à la portée de tout le monde, quand la haine ou l'intérêt fait sentir son aiguillon !

Mais c'est vous demander l'impossible.

Vous vivez de « coasser ».

Si vous cessiez, il vous faudrait mourir !

Continuez donc. Je n'en ai cure.

Hauts faits de quelques Chiens

Dressés d'après ma méthode

Se poser en professeur n'est certes pas toujours très difficile. En matière de sciences cynégétiques notamment, il suffit souvent de se prôner beaucoup soi-même et de beaucoup dénigrer ceux dont, plus ou moins adroitement, on a démarqué le linge. Si des complaisances intéressées — j'allais dire des complicités — y ajoutent des réclames menteuses dans la presse sportive, on peut être porté jusqu'aux astres. On en a vu — est-il besoin de les nommer ? — jugeant de tout avec une suprême insolence, qui auraient été absolument incapables de distinguer un chien courant d'un chien d'arrêt, et qui, dans toute leur impudente existence, n'avaient pas tiré un seul coup de fusil. L'union fait bien vraiment la force ; c'en est une démonstration originale et inattendue. Moi, néanmoins, je m'en tiens à une autre maxime : « C'est qu'à l'œuvre seulement on connaît l'artisan ». Voilà pourquoi, non content d'exposer mes méthodes de dressage, je vais encore montrer, par quelques exemples, ce que, dans la pratique, on en peut obtenir.

Je dois surtout ma vieille race de Pointers à M. le Marquis du Bourg, dont je ne saurais proclamer assez haut la rare bienveillance et la science infaillible dans tout ce qui relève du sport. Il avait importé plusieurs descendants directs de l'incomparable champion qui a répondu au nom de Drake, et avait bien voulu m'en céder plusieurs, desquels naquirent notamment Pilot II et Ben : ce qui me permit d'unir ce sang précieux à celui non moins réputé du vieux Bang, dont je m'étais également procuré plusieurs rejetons.

Plus tard, M. Mac-Swiney, l'Irlandais bien connu, qui a conquis si brillamment ses lettres de grande naturalisation parisienne, et dont il n'est pas permis d'ignorer le nom pour peu qu'on s'intéresse à l'amélioration des races canines, devint acquéreur de Pilot II et de Ben. Il obtint de Ben et d'un fils de Bang, Pilotin et Ketty, dont il voulut bien me confier le dressage et l'entraînement. Il posséda alors un quatuor de chiens vraiment incomparable. Très légitimement il en était très fier, et il se plaisait à les montrer à ceux de ses compatriotes qu'il honorait, à Paris, de sa cordiale hospitalité.

Ce fut le cas, certain jour du mois d'août 1884, où il nous convia, M. Luau, du Crédit Foncier, et moi, à la Muette, dans la forêt de Saint-Germain, et nous réunit à deux sportsmen anglais fort distingués.

Le gibier était abondant, le terrain à souhait. Les deux jeunes pur sang, essayés d'abord séparément, puis ensemble, firent merveille et arrachèrent aux deux Anglais cet aveu, qu'ils n'avaient jamais rien vu de mieux de l'autre côté du détroit.

Je leur réservais d'autres surprises.

Le chenil étant peu éloigné, je demandai au garde Desnoyers d'amener Ben et Pilot II.

Dès leur arrivée, sur un signe de moi, les quatre Pointers se mettent derrière mes talons, et nous nous rendons dans une partie de la forêt où le gibier foisonnait particulièrement.

A l'ordre : *Allez !* les chiens partent comme des

flèches ; mais, au bout de quelques instants, Pilotin, qui se trouvait en bordure de hautes herbes faisant face à une allée de la forêt, tombe brusquement en arrêt. Les trois autres chiens l'apercevant, arrêtent instantanément à patron.

Après avoir joui quelques instants de ce spectacle, dont un vrai chasseur n'est jamais blasé, je me rendis auprès de Pilot II, en ayant soin de ne pas lui cacher la vue de Pilotin, et, le soulevant de mes deux bras passés horizontalement sous lui, je l'apporte auprès de son camarade et le laisse tomber, raidi sur ses pattes, à côté de lui. Le brave chien est demeuré dans sa raideur cataleptique et pas un de ses membres n'a frémi.

C'est le tour, maintenant, des deux autres, et bientôt ils se trouvent tous les quatre réunis côte à côte. N'étaient leurs yeux étincelants, on les croirait pétrifiés.

Le plus enthousiaste de tous n'était pas, j'imagine, le garde Desnoyers, car il se piquait d'être habile dresseur, et cela n'était pas pour le faire valoir aux yeux de son maître. Espérant sans doute induire en faute mes élèves, il osa se permettre de faire entendre le sifflement d'appel pour ses faisandeaux. Mais ce fut peine perdue. En vain les oiseaux, sortant de toute part en courant ou voltigeant, vinrent-ils, sans défiance, presque jusque sous eux ; le dressage demeura victorieux de l'épreuve.

Il fallait pourtant en finir. Je pris le fusil dont le

garde était armé, et, du pied, forçai à partir le faisan demeuré blotti devant eux. Au coup de feu qui le jette à bas, les quatre Pointers, recouvrant instantanément la souplesse de leurs articulations, s'aplatissent sur le sol et attendent sans broncher la désignation de celui d'entre eux qui doit rapporter la pièce, ou l'ordre de reprendre leur quête.

Je n'essayerai pas de décrire les témoignages d'admiration qui s'ensuivirent.

Le lendemain, M. Mac-Swiney fit venir, avec les boîtes spéciales en usage, une soixantaine de pigeons, afin de se refaire la main avant l'ouverture de la chasse.

Ben se montrant très affectée de rester au chenil quand elle me sentait aux environs, j'obtins de son maître qu'il la fit mettre en liberté.

Aussi quelle joie !

Nous étions trois tireurs, dont aucun n'était un novice ; les pigeons tombaient donc à peu près à chaque coup. Ben, dans son entrain, alla spontanément chercher les huit premières victimes. Mais à la neuvième, plus de Ben. Elle avait disparu. Il ne me fallut pas grand temps pour la découvrir cachée dans un buisson voisin, et pour comprendre la raison de sa manœuvre : le rapport du pigeon répugne naturellement au chien et, son premier feu jeté, l'intelligente chienne avait voulu, en se cachant, en esquiver la corvée.

Son maître, mis au courant de sa ruse, ayant paru

croire, malgré mon affirmation, que je ne saurais pas l'y contraindre, je dus lui donner la preuve du contraire.

Je prononce le commandement habituel : Ben, à moi ! Elle arrive timidement. Je la caresse pour la rassurer. Puis un pigeon est tiré et abattu. Je lui ordonne : Apporte ! Elle se couche à mes pieds. Je saisis alors son collier et lui en donne deux petites saccades, pour lui rappeler l'ancienne leçon au collier de force. Aussitôt la charmante chienne s'exécute ; mais elle rapporte le pigeon avec une répugnance si marquée que son maître est le premier à me demander sa grâce. Certes, j'avais la certitude de la contraindre à pousser l'obéissance aussi loin qu'on eût pu le demander ; néanmoins, je me sentis moi-même tout heureux de pouvoir m'en tenir là, car s'il est essentiel de faire toujours, et dans tous les cas, obéir le chien à l'ordre donné, il est non moins important de ne pas décourager la bonne volonté du pur sang en heurtant, sans nécessité, sa nature fière, nerveuse et susceptible.

L'incident n'en prouve d'ailleurs pas moins la nécessité de faire concourir la coercition et la douceur pour le dressage du chien d'arrêt, *surtout en ce qui concerne le rapport*. Si Ben n'eût pas connu le collier de force dans sa jeunesse, certes rien au monde n'eût été capable de la contraindre à rapporter le dernier pigeon ; et cette victoire sur la volonté de son maître eût été grosse d'embarras et d'insubordination pour l'avenir.

A quelque temps de là, Pilot II, de son côté, rendit son maître bien fier de sa possession.

M. Mac-Swiney avait été invité, avec plusieurs autres gentlemen de distinction, à une chasse sur l'une des propriétés les plus belles et les plus giboyeuses des environs de Paris. Au déjeuner, les chiens firent naturellement à peu près tous les frais de la conversation. Comme il arrive fréquemment en pareil cas, on était loin de s'entendre : les uns n'appréciant que les races indigènes, les autres n'admettant comme possibles que les chiens anglais.

A propos des Pointers, l'un des convives fit une sortie des plus virulentes, se plaignant de ne pouvoir traduire, par des expressions assez fortes, son mépris « *pour ces rosses qui ne savent que galoper follement à perte de vue, et qui ne sont bonnes qu'à pendre.* » Les Anglais eux-mêmes, qui ont créé ce chien incomparable, ne furent pas sans recevoir, par ricochet, quelques appréciations désobligeantes.

On était entre gens de bonne compagnie ; personne ne releva donc cette ridicule incartade, et un silence glacial fit seul comprendre à son auteur que son avis était loin d'être partagé.

A la sortie de table seulement, un de ses amis le prit à part et lui fit observer que M. Mac-Swiney était Anglais, qu'à l'exemple de la plupart de ses compatriotes, il avait une préférence déclarée pour les Pointers, et qu'il était en droit d'être blessé de la forme et du fond de ce qu'il venait de dire.

Si impétueux que fut notre Nemrod, ce n'en était pas moins un galant homme. Il comprit sa faute et en fit, sur l'heure, ses excuses à M. Mac-Swiney qui, les accueillant avec sa bienveillance habituelle, lui proposa, comme preuve qu'il ne lui en tenait pas rancune, de l'accompagner pendant la chasse.

Le moment venu, les deux chasseurs se mettent en campagne. Sur l'ordre qui lui en est donné, Pilot s'élance le nez haut, découpe son terrain de la façon la plus magistrale, obéissant instantanément au plus léger signal de son maître ; il évente, coule très sagement une piste et finit par se mettre à l'arrêt ferme. — Faites-moi le plaisir de servir mon chien, dit M. Mac-Swiney à son compagnon. Après s'être quelque peu fait prier, ce dernier s'avance. Une compagnie de perdreaux part ; deux oiseaux tombent. Le tireur aussitôt veut aller les chercher. Pardon, Monsieur, dit flegmatiquement M. Mac-Swiney, c'est l'affaire de mon chien. Pilot, apporte ! Aussitôt le brave Pointer, qui s'était aplati sur le sol en entendant le coup de feu, s'élance, s'empare successivement des deux perdreaux et les rapporte à la fois, en les tenant par le cou !

Émerveillé, M. X... ne crut pouvoir assez renouveler ses excuses, et déclara avec un enthousiasme plus vibrant encore que son exaspération du matin, que Pilot était le roi des Pointers et qu'il n'avait jamais vu de chien aussi merveilleux.

L'un des chiens les plus remarquables de mon élevage a été Moos. C'était une grande chienne Pointer blanche tachetée de noir, à la poitrine d'une profondeur extraordinaire, à la tête admirablement modelée. Ses allures étaient d'un grand lévrier, dont elle avait la vigueur et la vitesse. Elle était petite-fille de Shot I, pur sang Pointer, importée par le Marquis du Bourg, et fille de Shot, lauréat à Paris, en 1884. C'était un véritable phénomène comme intelligence, finesse de nez et solidité à l'arrêt. Elle n'a jamais reçu une correction et n'en a mérité aucune. En toute sincérité, je ne crois pas qu'il ait jamais existé un meilleur chien de chasse.

J'habitais alors le Berry. Certain jour que je racontais à un de mes amis, amateur de chasse et de Pointers de pur sang, plusieurs prouesses de ma chienne, il me parut qu'il avait quelque peine à me croire. Rendez-vous fut donc pris sur la belle propriété d'un de nos bons amis communs, située entre La Châtre et Châteaumeillant. Bien entendu, l'aimable propriétaire fut de la partie, ainsi que le sympathique docteur X... et plusieurs autres chasseurs des environs.

On était à la fin de décembre. Les perdrix, suivant l'expression consacrée, étaient « à la traîne », c'est-à-dire que « pariées » elles se suivaient et se servaient, de peur de se séparer, plus volontiers de leurs pattes que de leurs ailes à travers les jeunes blés de l'année, déjà suffisamment fournis et élevés pour bien les cacher à la vue.

Sur un signe de moi, Moos part comme une flèche et ne tarde pas à pointer un arrêt. Les autres chiens l'apercevant, passent devant elle et battent le terrain sans rien découvrir ; elle, reste dans la plus complète immobilité.

Pour les autres chasseurs, c'est un faux arrêt et ils s'éloignent. Dieu les accompagne ! dis-je à mon ami. Nous restons seuls, tout n'en ira que mieux. — Vous croyez donc que votre chienne ne se trompe pas. — Je connais ses allures : j'en suis donc sûr et très sûr. Jamais Moos ne fait de faux arrêts fermes et prolongés. Elle marque les pistes ou les émanations qui lui arrivent, mais si le gibier est parti, elle ne s'y attarde jamais. Vous ne pouvez donc pas tarder à voir les perdrix qu'elle arrête.

A mon commandement d'avancer, la chienne part vivement, coule pendant environ trois cents mètres en flairant l'air et les tiges de verdure, puis, refusant d'avancer davantage, se met à l'arrêt ferme.

A ce moment, le chien de l'un de nos compagnons accourt, passe devant elle, trouve la piste, s'emballe et se jette dans la « pariade » qu'il fait partir. Au bruit des ailes, Moos s'aplatit et reste immobile.

Dans le courant de la journée, elle nous fournit encore plusieurs fois la preuve de la merveilleuse finesse de son nez. Elle nous procura aussi un instant d'hilarité.

Lancée à une rapidité de locomotive, elle tombe si subitement à l'arrêt, qu'emportée par la vitesse acquise elle fit la plus singulière des culbutes, et n'en demeura pas moins immuablement dans sa raideur cataleptique, le corps plié en deux, une cuisse en l'air, et la tête perpendiculairement au reste du corps. Après quelques instants d'attente, un grand bouquin se décide enfin à partir et roule sous nos coups de fusil.

A quelque temps de là, le garde Gillet, de Chaumont, m'accompagnant à la chasse sur une fort belle propriété que j'avais en location, lève un lièvre et me l'annonce par le cri traditionnel : « A vous le lièvre ! » Le capucin était hors de portée ; mais le voyant se diriger vers ma chienne, je lui crie, à mon tour, en riant : « A toi le lièvre, Moos ! »

L'ayant vu, elle n'avait pas fait un pas de plus, aussi se jeta-t-il littéralement dans ses jambes. Il y resta criant et se débattant, maintenu par l'une des pattes contractées de l'incomparable chienne, qui s'était mise en arrêt, le nez touchant presque le poil de son prisonnier.

A l'ordre : à moi, Moos ! elle fait un mouvement pour obéir, le lièvre en profite pour détaler. A quelques pas plus loin, il était foudroyé par mon coup de feu.

Devant ce spectacle, en vérité extraordinaire, le

garde resta comme frappé de stupeur. Il semblait se demander s'il n'était pas le jouet d'un rêve ou le témoin de quelque acte de sorcellerie, murmurant, entre haut et bas, et comme se parlant à lui-même : « Le Bon Dieu n'en a jamais fait une comme celle-là. »

Plusieurs printemps de suite, j'envoyai Moos en Belgique, chez le comte de Beaufort, « faire visite » au champion Dan II. Entre autres chiens hors ligne, elle m'a donné Boy-Dan, dont je ne puis pas ne pas parler.

Boy-Dan était, comme sa mère, un Pointer de pur sang, et, comme elle, il était merveilleusement doué. Il se pliait avec une intelligence surprenante à toutes les volontés de son maître. Malheureusement, il était d'un caractère méchant et batailleur. Impossible de lui montrer le fouet sans être menacé de ses crocs, et, une fois la lutte engagée, il aurait combattu jusqu'à la mort, avec l'homme comme avec l'un de ses pareils. Il était impossible de le laisser au chenil : c'est ce qui m'a décidé à m'en défaire, et c'est aussi ce qui a fait qu'il est passé en différentes mains.

Si je devais raconter toutes les prouesses de ce chien hors ligne, un volume ne me suffirait pas. Je me bornerai donc à citer, de lui, quelques traits qui ont eu pour témoins des personnes d'une honorabilité incontestable.

Certain jour du mois d'août 1890, le Baron de

Puynode, qui désirait un chien absolument parfait sous tous les rapports, me fit l'honneur de venir passer une journée avec moi. Un assez vaste enclos dépend du pavillon que j'habite près de la petite ville de Lamotte-Beuvron ; nous nous y promenions quand Boy-Dan, qui nous accompagnait, tomba brusquement à l'arrêt dans une jachère bordant un semis de sapins. A notre approche, des perdreaux partent de toute part. Le Pointer cependant n'y prête aucune attention et reste la tête braquée sur la sapinière. A l'ordre : allez ! il se décide à faire quelques pas et une seconde compagnie part à quelques mètres devant lui.

Un de mes bons amis, qui mérite toute confiance, m'a cité, il y a un an, un trait tout pareil de « Dane », jeune chienne Pointer de pur sang, alors âgée de dix-huit mois seulement, que je me suis fait le plaisir de lui offrir, et qui est fille de mon excellent champion « Brave Duke of Wellington », bien connu en Angleterre, où il a remporté de nombreux prix dans les fieldtrials, notamment un deuxième prix à Manchester en 1888, et, la même année, un premier prix et le prix d'honneur à Newport.

Dans les premiers jours du mois de septembre 1895, mon ami chassait donc en Nivernais quand Dane, qui en était à peine à sa dixième sortie, tombe à l'arrêt ferme sur le bord d'un vaste champ de trèfle à graines.

Des deux chiens de ses compagnons, l'un vint

d'abord se mettre correctement à l'arrêt à côté de Dane, mais voyant l'autre courir en avant, il fut gagné par le mauvais exemple et, de concert, ils firent lever les perdreaux hors de portée.

La chienne cependant restait immobile, et tous étaient disposés à en accuser son inexpérience ; mais dans leur retour, les deux brigands firent partir un dernier perdreau resté blotti à une quarantaine de mètres devant elle. La surprise fut telle que personne ne songea à tirer.

Pour en revenir à Boy-Dan, il lui a été donné de fournir une preuve encore plus forte de la finesse inouïe de son odorat que celle dont j'ai parlé.

J'avais aperçu une compagnie de perdreaux, volant un peu bas, traverser la plaine et aller se remettre, à deux cents mètres environ, dans un couvert d'ajoncs. Boy-Dan, lui, n'avait rien vu ; néanmoins arrivé au-dessous du point où la compagnie avait passé, il s'arrête court, évente, flaire en tous sens et finit par se mettre à l'arrêt ferme à cent mètres à peu près de la remise. Il attend le chasseur.

Dans toute ma longue carrière de chasseur, je n'ai vu que deux autres chiens accomplir un pareil tour de force : Moos, mère de Boy-Dan, et un chien que j'ai possédé dans ma jeunesse. Cela prouve combien sont exceptionnels les chiens doués d'une aussi grande finesse de nez.

Boy-Dan joignait, d'ailleurs, à cette finesse prodigieuse du sens de l'odorat, un merveilleux instinct de la chasse et une intelligence admirable de ce que le maître désirait de lui. La plupart du temps, pas n'était besoin de lui donner d'ordre. M'apercevait-il parcourant le terrain avec rapidité ? Aussitôt il étendait sa quête et dévorait l'espace à l'allure d'un Lévrier. — Au contraire, me voyait-il marcher lentement, m'arrêter quelque peu et battre pied à pied le couvert ? Immédiatement il était près de moi, modelant ses allures sur les miennes, et trottinant au besoin sous le canon de mon fusil, comme notre vieux Braque français chasseur de cailles.

Cette soumission absolue aux désirs à peine exprimés de son maître, qui lui faisait mettre en évidence, suivant les cas, des qualités en apparence contradictoires, et que je n'ai vues au même dégré chez aucun autre chien, lui a permis de s'illustrer aux fieldtrials du Boulleaume, en 1890.

En effet, après avoir remporté le premier prix dans les épreuves à grande quête, battant, haut la main, les champions Bendigo et Banco-Brussel, il l'emportait encore, le lendemain, dans les épreuves à quête restreinte, sur les chiens de chasse les plus réputés, malgré le froid piquant qui surexcitait visiblement son tempérament ultra-nerveux.

A la vérité, les juges — dont je n'incrimine d'ailleurs aucunement la bonne foi — ne lui décernaient que le deuxième prix ; mais ils n'avaient pas pu voir — ce que M. de Chezelle, mieux placé, avait parfaitement vu — que les légers arrêts marqués dans une prairie, qui ont été notés comme faux arrêts, étaient parfaitement justifiés par des pistes de lièvres qui venaient de la traverser. De sorte que, moins bien doué, il eût remporté une victoire plus complète ; puisque c'est la démonstration même de l'extraordinaire finesse de son nez qui lui a été imputée à faute.

Dans un autre fieldtrial fait à quelques jours de là, sur un autre terrain, cela n'empêcha du reste pas certain juge anglais de méconnaître, d'une manière autrement grave, les mérites extraordinaires du brave Pointer.

Mais la situation, il est vrai, était bien délicate pour l'insulaire, qui avait accepté du propriétaire de l'un des chiens concurrents, pour lui-même, pour son fils et pour son chef de chenil — présenté pour la circonstance, comme un « right honourable gentleman » dans ce monde à prétentions « extra select » — une hospitalité quasi princière.

Ayant à concilier la reconnaissance de son estomac, en tant qu'homme privé, et les devoirs de ses fonctions de juge, il perdit pied au milieu de ces courants divers, et ne sut que faire une même et impartiale mesure d'injustice à tous les concurrents sérieux du chien de son hôte, en les éliminant sans exception.

Donc, à la stupéfaction générale, dont les journaux indépendants de l'époque se firent les échos indignés, John Bull décréta :

Article premier : une botte de lauriers de 1re classe est décernée à Young Priam.

Article second : un prix d'encouragement de 1.500 fr. est alloué à son maître.

Ajoutant « sotto voce » — sans doute pour le soulagement de sa conscience — : incontestablement le dénommé y a droit à titre héréditaire et du chef de sa femme : les fonds ayant été fournis par son beau-père, désireux de mériter, sans folles prodigalités, le titre de « Petit manteau gris » des fieldtrials. »

Mais une récompense est écrasante quand viennent s'y ajouter le poids d'une injustice et celui de la conscience publique impudemment bravée.

Qu'en pensez-vous, M. d'Halloy ?

Je pense, moi, qu'une telle défaite est, pour Boy-Dan, l'équivalent d'une victoire.

DE LA QUÊTE PRÉPARATOIRE ET DE LA QUÊTE DU GIBIER

Pour faire un bon chien d'arrêt, trois conditions sont nécessaires :

La première, la plus importante, c'est la finesse du nez ;

La seconde, l'intelligence et l'amour de la chasse ;

La troisième, la jeunesse et la vigueur.

Le chien qui possède ces qualités est appelé à devenir parfait entre les mains d'un chasseur expérimenté.

Mais comme le savoir et l'expérience ne sont pas donnés à tous, je vais expliquer les conditions dans lesquelles le chasseur peut les acquérir.

De la quête dépend le succès de la chasse et le plaisir du chasseur. Aussi est-ce un des points les plus importants du dressage, de même que le plus difficile, parce qu'il faut attirer l'attention de l'élève et bien lui faire comprendre comment il doit se servir de ses facultés olfactives pour trouver le gibier.

Par la pratique de la chasse et celle du flair, le chien acquiert cet instinct ou savoir-faire. Mais alors qu'il est jeune, il n'a d'autre préoccupation que celle de prendre ses ébats, de courir comme un fou, la gueule toute grande ouverte pour respirer plus à son aise, ne comprenant pas ce qu'on lui demande, et se servant peu ou point de son nez aussi passe-t-il près et par-dessus le gibier sans le sentir.

Modérer cette fougue insensée, est donc le point sur lequel le chasseur doit porter toute son attention.

Le moyen le plus certain de la calmer, chez le jeune chien, serait de faire comme nos voisins d'Outre-Manche ; c'est-à-dire conduire notre élève, après le dressage préparatoire, dans des terres engiboyées de perdreaux et de faisandeaux, et de le griser du plaisir de voir du gibier. Il se ferait promptement à ces émotions, et son attention tout entière se porterait, par la suite, à le découvrir, comme tous les chiens expérimentés, en éventant et flairant en tous sens tous les coins et recoins qui peuvent le réceler.

Mais le plus grand nombre des chasseurs français, moins bien partagés que Messieurs les Anglais, doivent recourir aux petits moyens, plus ou moins ingénieux, pour atteindre le but quand même.

Le dresseur devra faire mettre son chien derrière lui, en se rendant au champ d'exercice, en ayant eu soin, la veille, de le priver un peu de nourriture pour que l'appétit et l'attention soient bien éveillés.

Il s'agit maintenant de lui apprendre à chercher un objet quelconque, et d'exciter sa curiosité et sa convoitise.

A cet effet, le dresseur commandera à l'élève : allez ! étendant en même temps le bras à droite et marchant 15 à 20 pas du même côté afin d'entraîner le chien à l'imiter. Il jettera de côté, à son insu, un petit morceau de pain frais, s'il est possible, dans un endroit tel que pré ou pacage, de manière à ce qu'il ne puisse le voir et soit obligé de se servir de son nez pour le trouver en lui disant : cherche ! cherche !

L'élève ne manquera certainement pas de le rencontrer et de le saisir avec avidité.

Le dresseur recommencera la même manœuvre sur le côté gauche, répétant d'abord le mot : allez ! puis : cherche ! cherche ! nombre de fois pour bien les lui graver dans la mémoire.

Il continuera ainsi jusqu'à ce que l'élève manifeste un vif empressement à obéir au commandement de la parole ou du sifflet, et au signe du bras droit, pour aller à droite, et du bras gauche, pour aller à gauche.

Cet exercice, bien simple et bien facile, a une très grande importance, en ce sens qu'il fait comprendre qu'au mot : cherche ! est attaché un certain attrait à son adresse.

Cette leçon, répétée pendant quelques jours, fera prendre à l'élève l'habitude de quêter à courte distance et en croisant le terrain en tous sens, ayant le plus souvent la tête tournée du côté du chasseur pour voir si, dans ses gestes et mouvements, il n'y aurait pas encore l'annonce de quelque nouvelle et agréable surprise.

Lorsque le dresseur jugera que le chien a bien compris et exécute parfaitement les manœuvres que je viens d'indiquer, il devra prendre alors ses dispositions pour mener l'élève aux enclos giboyeux en perdreaux, faisandeaux et cailles, pour le faire déclarer.

De la quête du gibier

Le mois d'août, alors que la récolte des céréales est levée, est le plus convenable pour dresser les jeunes chiens et leur apprendre à quêter et à arrêter.

Le gibier, à cette époque, n'est pas effrayé ; il piète lentement, facilitant ainsi les leçons et les débuts de l'élève.

Le dresseur qui n'a pas de gibier sous la main, comme cela arrive le plus souvent, et qui est obligé d'aller à la découverte, devra partir au point du jour pour se rendre, avec son chien, dans des champs clos attenant à une habitation, afin de se conformer aux lois et règlements sur la police de la chasse.

A cette heure-là, le gibier cherche sa nourriture ; les émanations qu'il laisse après lui, et qui se répandent dans l'air, rendent sa rencontre facile.

Tous les chasseurs devront se pénétrer de ce principe, que le *vent est le plus puissant auxiliaire du chien,* et qu'il lui permet de développer tous ses instincts et toutes les ressources de ses facultés olfactives. C'est en lui donnant le vent qu'on l'habituera à quêter la tête haute, en croisant le terrain de droite à gauche devant le chasseur ; c'est aussi la manière la plus brillante et la plus profitable.

Je sais très bien qu'il n'est pas toujours facile de prendre le vent. Il faut, dans certains cas, se résoudre à mettre le chien derrière soi.

Revenons maintenant à la quête du chien portant soit la tête haute, soit la tête horizontale, soit le nez bas.

Comme mes collègues en Saint-Hubert de la Grande-Bretagne, j'ai toujours remarqué que les Pointers qui ont les facultés olfactives le plus développées, portaient le nez haut en quêtant et en arrêtant. Mais Dieu me garde de poser cette opinion comme un axiome invariable chez tous les chiens, ainsi que l'ont fait certains auteurs, peu expérimentés de la chasse, il est vrai, attendu que la finesse du nez est un don de la nature et peut se rencontrer aussi bien chez le chien qui porte la tête horizontalement ou en ligne droite à l'épine dorsale que chez celui qui la porte plus haut, comme le Lévrier, par exemple, qui quête des yeux. Ce n'est qu'à l'œuvre, et en présence des difficultés sérieuses, que l'on peut apprécier et désigner celui qui est le mieux favorisé.

Il est du reste des gibiers, tels que la caille, le lapin et la bécasse surtout, qui nécessitent pour ainsi dire un changement de manière, et obligent le chien à chercher près de terre les émanations du gibier, si fugitives par certains temps. Aussi, pour que le Pointer ne prenne pas cette habitude, nos voisins les Anglais ne tirent pas ces trois sortes de gibier. Mais renversons les rôles, et admettons, pour un instant, que ces chiens qui quêtent et arrêtent le nez haut, aient affaire à un chasseur qui ne tire que la caille, le lapin et la bécasse : *il est certain* qu'à la longue ils finiront par porter la tête plus ou moins haute dans leur quête et dans leur arrêt.

Faudra-t-il conclure que ces chiens, proclamés champions, dans leur jeunesse, pour leurs qualités exceptionnelles, les ont perdues en deux ou trois années, plus ou moins, parce que leurs allures ont changé ?

Évidemment non, puisqu'ils les reprendraient s'ils étaient remis au faisan et au perdreau.

Il est donc difficile d'exprimer une opinion exacte sur ce chef.

Toutefois il est une chose incontestable : c'est que le chien qui quête et arrête la tête haute, est plus *brillant* dans ses manières que les autres. J'ai toujours remarqué également qu'il arrêtait à de plus grandes distances et recherchait de préférence les gibiers aux fortes émanations, tels que perdreaux et faisans.

J'avais récemment deux chiennes Pointers de quinze mois, dont j'ai déjà parlé, l'une ayant la peau et le poil très fins, l'autre l'ayant, ainsi que le poil, un peu rude. Il me serait difficile de me prononcer sur celle qui a le meilleur nez ; je vais mettre le lecteur juge de la question ; je lui donnerai ensuite mon opinion.

La première, Ben. arrête la tête haute dans la plus complète immobilité, se grandissant fièrement, le regard dans la direction du gibier. Elle est admirable.

La seconde, Shot, quête et arrête la tête moins haute ; elle est très sûre et très ferme dans ses arrêts.

Si Shot aperçoit Ben à l'arrêt, elle s'arrête, puis s'avance doucement et passe toujours devant sa camarade, éventant en tous sens, et fait souvent plusieurs pas en avant sans en reconnaître ; mais aussitôt frappée par les émanations du gibier, elle se couche en Lévrier, les pattes de devant allongées, la tête haute ! Elle attend immobile la présence du chasseur ; dans cette position elle est charmante.

Au mot : Allez ! Shot se relève, coule quelques pas, puis arrête.

Ben n'a pas bougé : toujours fière, elle suit la marche du gibier qu'elle indique des yeux et par un jeu de narines des plus expressifs.

Le gibier est là !.... Une compagnie de perdreaux s'envole ; au coup de fusil, il en tombe un, mais il est démonté ; les deux chiennes attendent pour aller à sa recherche.

« Apporte, Ben ! »

Elle part et arrive à l'endroit où elle a vu tomber l'oiseau. Elle cherche, évente et suit son passage, trente mètres environ, portant toujours haut la tête, puis s'arrête près d'une haie dans laquelle le perdreau est entré sans doute..... Elle essaye de pénétrer, mais elle ressort bien vite, sentant trop vivement les épines apparemment.

Shot suit derrière les talons; je la ramène au point de départ; l'ordre : cherche ! apporte ! lui est donné.

Elle prend aussitôt la piste du perdreau démonté, la suit pas à pas, arrive à la haie, y pénètre. Apporte ! Apporte ! répétons-nous. Elle s'enfonce, suit toujours la voie sagement et avec opiniâtreté.

Le perdreau, gêné sans doute par la blessure de son aile pendante, est sorti de la haie ; Shot est toujours sur ses traces : elle descend dans un petit fossé dans lequel l'eau coule, elle le suit 20 à 25 mètres à peu près, puis elle entre dans un labourage où elle perd sa piste ; elle fait tour et retour en tous sens ; tout à coup elle pointe l'arrêt..... Au mot : Allez ! elle avance et le perdreau lui saute au nez.

Je prononce vivement le mot: Tout beau ! la chienne s'arrête et voit courir l'oiseau devant elle sans bouger..... Mais bien qu'elle soit confirmée dans les principes de l'arrêt, j'ai cru prudent de la priver de la satisfaction de prendre le perdreau démonté. Je lui tire donc un coup de fusil pour l'achever.

J'ordonne à Shot : Apporte ! et la gentille chienne s'empresse d'exécuter l'ordre. Elle saisit l'oiseau et me le rapporte parfaitement.

Si c'est Shot qui tombe à l'arrêt la première, Ben en l'apercevant arrête immédiatement, de confiance. Et si le gibier marchant, Shot avance, Ben la suit, mais à distance, marquant parfaitement l'arrêt et indiquant par ses allures la direction dans laquelle se trouve la pièce.

Évidemment Ben est mieux douée pour la puissance du nez, de même que Shot est mieux favorisée comme instinct pour suivre la piste du gibier et retrouver une pièce blessée.

Maintenant que j'ai dépeint les qualités et les imperfections des deux chiennes, laquelle, ami lecteur, choisiriez-vous ?

Je suis persuadé qu'à qualités égales, pour la beauté des formes, la fermeté de l'arrêt et l'intelligence, vous prendriez Shot.

Vous auriez raison, comme chasseur français, parce que vous tueriez beaucoup plus de gibier avec elle qu'avec Ben, et vous perdriez beaucoup moins de pièces blessées, ce qui est très appréciable, car il faut compter, en moyenne, le cinquième de celles qui tombent sous les coups de fusil.

Mais moi, chasseur et éleveur, je choisirais Ben,

pour deux raisons : La première, pour en tirer race ; la seconde, parce que je parviendrai à la longue, en la maintenant sur la voie, à lui faire piéter le gibier ; et encore, parce que j'adore les manières élégantes du chien à l'arrêt, coulant le gibier sans hésitation. J'ajouterai aussi que j'ai été séduit par un arrêt de Ben que j'ai toujours présent à la mémoire et devant les yeux. Un mur, d'une hauteur de 1^m 30 à peu près, séparait deux héritages. Shot était à l'arrêt dans l'un ; Ben, qui quêtait dans l'autre, et était un peu en retard, arrive à toutes jambes ; elle bondit sur le mur, aperçoit sa sœur, et y reste clouée, raidie, immobile, dans une de ces poses dont le pinceau d'un peintre habile pourrait seul faire ressortir la beauté.

Comment oublier un aussi ravissant tableau ?

De la quête horizontale

Ainsi que je viens de l'expliquer, les chiens qui quêtent la tête haute ont ordinairement conscience de la puissance de leur nez. S'ils cherchent dans l'air les effluves que peut leur apporter le vent, c'est que cette manière de procéder permet à leurs facultés olfactives de distinguer, à des distances plus ou moins rapprochées, le gibier qui peut se trouver devant eux.

Lorsqu'à cette précieuse et rare qualité, se joint

la beauté des formes et des allures, les chiens approchent alors de la perfection et peuvent être considérés comme exceptionnels.

Mais, comme la nature donne rarement tous les avantages au même sujet, le Pointer, dont la race en est le plus fréquemment douée à un degré éminent, craint généralement les épines, les ajoncs, le froid et l'eau.

Quoi qu'il en soit, et malgré ses imperfections, c'est encore, à mes yeux, le chien qui convient le mieux à un chasseur jeune et ardent.

Les Setters portent, ordinairement, la tête horizontalement en quêtant, et bien qu'énergiques dans leurs allures, leur quête est moins rapide que celle du Pointer. Ils ramassent mieux les pièces de gibier isolées et blotties.

De la quête le nez bas

Le Braque français, tel qu'il est aujourd'hui, quête ordinairement le nez près de terre ; il semble avoir été créé pour chasser la caille. Il est très collé à la piste et la suit invariablement et avec opiniâtreté. Il quête au trot, près du chasseur, et souvent sous le canon du fusil.

Un grand nombre de ces chiens nasillent, c'est-à-dire se collent le nez à terre pour flairer la piste du gibier, comme le chien truffier pour découvrir le savoureux cryptogame. Ils mettent un temps infini à s'y reconnaître. Ils contractent ce défaut en chassant la caille qui, après la première remise, ne fait que tourner et retourner en tous sens, dans un espace restreint, pour embrouiller le chien et le dépister.

Ce chien convient aux personnes qui craignent la marche.

DE L'ARRÊT

Avant de traiter la question de l'arrêt, je crois devoir entrer dans diverses explications pour que le dresseur puisse voir de combien de précautions il doit s'entourer pour obtenir du jeune chien l'arrêt dans toute sa beauté et sa perfection.

L'arrêt se produit, chez le chien, d'une manière plus ou moins instantanée, suivant que les facultés olfactives des sujets sont plus ou moins développées, et aussi suivant la pureté de leur race. Plus le nez est fin, plus généralement l'arrêt est prompt et ferme.

Il est des chiens, tels que les Pointers, qui, à la rencontre du gibier, tombent instantanément à l'arrêt dans la plus complète immobilité.

Si les Anglais, nos maîtres, attachent tant d'importance à l'arrêt chez les chiens, c'est parce qu'ils savent très bien que c'est la clef de la chasse.

Est-il rien, en effet, de plus joli, aux yeux d'un vrai chasseur, que la pose élégante d'un beau chien arrêtant le gibier solidement et sûrement, le corps raidi, la tête haute, les yeux étincelants, les narines ouvertes, buvant l'air. Coulant ensuite avec prudence lorsque le gibier marche, et n'avançant que suivi du chasseur. Et s'arrêtant au moment propice pour le lui faire tirer!... Dans ces conditions, quel guide charmant! Ah! Comme nos voisins ont raison de chercher, dans la possession du chien de grande race, un des plus grands agréments de la vie à la campagne !

Leurs soins pour se le procurer et pour perfectionner ses instincts de chasse sont minutieux et infinis !

Les gardes ont ordre de n'élever que des perdreaux gris et des faisans, parce que ces gibiers tiennent mieux l'arrêt que les autres devant le chien.

A l'époque de la chasse en primeur, ils ne tirent ni le lièvre, ni la caille, pour ne pas fausser l'arrêt de leur Pointer, et aussi par crainte qu'il ne poursuive le premier.

Par toutes ces précautions étudiées et calculées, ils parviennent, le plus souvent, à obtenir la perfection de l'arrêt. Mais il arrive parfois que cette qualité si recherchée, si appréciée, dégénère et se change en défaut capital... Le chien reste cloué à la même place, comme rivé au sol, ne sachant ni remuer, ni avancer, l'intelligence frappée d'inertie... Dans ces cas-là, le chasseur est fort embarrassé. Il se voit dans la fâcheuse nécessité de marcher un peu au hasard à la découverte du gibier qui, dans les couverts, fuit au bruit des pas et part, tantôt devant, tantôt derrière, à droite ou à gauche, et donne presque toujours un mauvais tir..., d'autres fois, il ne part pas du tout...

Il est alors nécessaire de remédier, par une judicieuse sélection, à cet état de choses.

Il faut autant que possible ne pas donner occasion à l'élève de faire des fautes! C'est un point essentiel que le dresseur ne doit pas perdre de vue. Aussi, je ne saurais trop recommander au dresseur d'éviter, autant que possible, de faire chasser au jeune chien la caille au champ d'exercice, de même à l'ouverture de la chasse, par crainte qu'il ne contracte l'habitude d'arrêter le gibier de *trop près!* Ce qui le rendrait imprudent.

Les cailleteaux tiennent beaucoup, ordinairement, dans les prairies artificielles ; ils attendent souvent que le chien leur mette le nez dessus, pour partir. Quelquefois même, ils se laissent prendre, ce qui serait, si cela arrivait, une très mauvaise leçon pour l'élève, et dont il se souviendrait par la suite. Ce serait un malheur s'il en mangeait un, car ce gibier a, paraît-il, le goût très prononcé de revenons-y... et allons-y... gaiement!... Ce qui me rappelle la chienne d'un de mes amis, qui avalait toutes les cailles tuées au fourré, avec une dextérité telle que le chasseur ne s'en apercevait pas! Puis elle les cherchait avec la plus vive ardeur!...

Le lièvre est un gibier de choix pour le chasseur, mais très dangereux pour l'éducation du jeune chien, toujours porté à le poursuivre! Une faute de cette nature pourrait en entraîner d'autres et lui faire perdre toute retenue pour marquer l'arrêt aux premiers indices révélateurs d'un bouquin. Il faut donc corriger vertement l'élève, s'il la commettait à ses débuts, et éviter, surtout s'il était blessé, qu'il s'en empare : ce qui frapperait vivement son imagination et le porterait, par la suite, à l'arrêter de près... Si ce cas se présentait, il faudrait que le chasseur le ramenât au point de départ et lui donnât, à l'aide de la laisse, des saccades de collier de force, pour lui faire comprendre sa faute !

Le lapin est encore un gibier plus détestable, plus pernicieux pour le jeune chien : il «chatonne» à son nez ; il l'entraîne et le fait emporter en déboulant sous ses pattes.

Il faut donc avoir soin d'éviter les endroits dans lesquels peut se trouver ce gibier séducteur et perfide.

Dans le cas où le chasseur n'aurait pas le choix du pays, et où, par des considérations indépendantes de sa volonté, il serait contraint de chasser là où se trouveraient lièvres, lapins, champs de fougères, de bruyères, taillis, etc., il devrait faire mettre son chien derrière lui pour ne pas l'exposer à commettre des fautes graves, et ne point avoir l'occasion de faire partir le gibier à l'insu de son maître. Il pourrait finir par y prendre plaisir, ce qui aurait de déplorables conséquences.

Le chasseur-dresseur ne devra pas passer une seule faute à l'élève, et il le corrigera là où il l'aura commise. Il aura soin de lui apprendre à se coucher au départ du lièvre comme au vol des perdreaux, faisans et cailles, etc.

Le perdreau gris et le faisandeau sont le gibier le plus convenable pour faire déclarer un jeune chien.

La saison la plus propice pour apprendre à l'élève à arrêter et couler le gibier, est le mois d'août, alors que les petits perdreaux tiennent et piètent lentement devant le chien. Les débuts du chien et les leçons du maître en seront rendus plus faciles.

Ce n'est qu'à ces conditions que le chien deviendra docile et savant.

Ces explications données, je vais passer aux principes de quête et d'arrêt préparatoires qui s'enchaînent.

Ici, le point important est de faire prendre au jeune chien l'*habitude* de l'arrêt et de l'obéissance. Une fois ces principes bien ancrés, alors, comme au cheval bien mis, on lui rendra la main...

La beauté, la fermeté de l'arrêt dépendent en grande partie de la finesse du nez du chien !

Ils sont bien rares les chiens qui sont particulièrement favorisés sous ce rapport ! Et lorsque l'intelligence de la chasse vient s'unir à cette précieuse qualité, l'animal doit être classé dans la catégorie des chiens hors ligne.

La finesse du nez se manifeste de différentes manières.

Le jeune chien spécialement doué doit, à ses débuts, marquer l'arrêt sur tout ce qui frappe son odorat. Dans la suite, il apprendra par la pratique à distinguer le genre de bête qu'il faut ou ne faut pas arrêter. Le chasseur peut être rassuré sous ce rapport! l'intelligence de l'élève ne sera pas longtemps en retard. Lorsqu'il aura vu tomber, à son arrêt, sous le fusil, perdreaux et faisans, il ne s'attachera pas plus aux petits oiseaux que le chasseur lui-même.

Le chien doué d'un bon nez ne doit jamais faire de faux arrêts prolongés.

Dans l'incertitude, en mauvaise terre, lorsqu'une émanation quelconque le frappe, il doit s'empresser, tout en éventant avec prudence, d'en chercher la cause, arrêter s'il y a lieu, sinon passer outre !

Instinctivement, il doit toujours arrêter à bonne distance, ne jamais avancer sans le chasseur, et suivre sagement la piste du gibier lorsqu'il le coule dans les couverts, sans jamais s'emporter !

Il doit débrouiller, également, sans hésitation et d'assurance, toutes les ruses du gibier. C'est à l'époque de la chasse en primeur, pendant les fortes chaleurs, dans les terrains sablonneux, dénudés et rocailleux, que les qualités du nez et de l'intelligence se distinguent.

Avec l'âge, l'instinct de la chasse se développe chez le chien bien dirigé. La finesse du nez ne s'acquiert pas, mais l'expérience de la chasse apprend à en faire le meilleur usage. Elle se perd ordinairement en partie dans la vieillesse, mais la ruse y supplée, ce qui contre-balance l'affaiblissement de cette faculté. Tant qu'il conserve son **jarret et l'ouïe,** un chien peut rendre de grands services.

Du faux Arrêt

Le chien qui, après une année de chasse, fait de faux arrêts, représente un être qui a de mauvais yeux, voit mal les objets qui s'offrent à sa vue et ne peut les distinguer : C'est un défaut capital !

Je comprends l'hésitation chez le chien, mais elle doit se manifester par des signes apparents. L'arrêt incertain doit se distinguer de l'arrêt sûr.

Rien n'est désagréable et énervant comme le chien qui se met souvent à l'arrêt et devant lequel on ne trouve rien ! Et si, à ce défaut, vient se joindre celui de couler le gibier, lorsqu'il le rencontre, jusqu'à ce qu'il ait *le nez dessus et le fasse partir, même en bonne terre, sans l'arrêter,* c'est le complément de toutes les imperfections réunies, et l'absence de l'intuition de la chasse. Il ne faut pas hésiter à réformer un tel auxiliaire, ou même encore à le détruire, de crainte que son espèce ne se propage.

Arrivons maintenant au champ d'exercice, et notons que tous les mots et signaux employés dans le cours du dressage préparatoire, vont trouver leur application.

Il est des pièces de gibier qui, à l'arrêt du chien, restent blotties, comme fascinées.

D'autres qui marchent plus ou moins vite dans les couverts.

Il s'agit maintenant d'apprendre au chien à arrêter et à rester ferme à l'arrêt dans le premier cas, et à couler prudemment dans le second.

Dans ce but, le dresseur, après avoir eu soin, comme pour la quête, de donner le vent au chien, pour lui faciliter la découverte du gibier, marchera de droite à gauche et de gauche à droite, pour l'entraîner à l'imiter et à battre le terrain en croisant l'espace devant lui.

S'il se met à l'arrêt, le dresseur s'arrêtera court et restera immobile.

Quelques instants après, il avancera doucement, à grands pas, sans mot dire ? Aussitôt près de lui, il restera immobile, aussi longtemps que la patience le lui permettra ! Un quart d'heure et plus, s'il le peut ! Car le chien, porté, naturellement, dans l'action de chasse, à faire les volontés de son maître, cherche souvent dans son regard, dans ses gestes et son attitude, la règle de sa conduite.

Le fait est si vrai que, si le dresseur agissant de manière différente, se précipite en courant en avant du chien pour faire partir le gibier, il peut être assuré qu'à la troisième leçon l'élève l'imitera parfaitement et forcera l'arrêt.

Une attitude sévère est donc toujours de rigueur, soit au moment de l'arrêt du chien, soit au départ du gibier, afin de lui enseigner le calme et principalement le respect du gibier.

Le dresseur avancera ensuite avec les plus grandes précautions dans la direction du gibier indiquée par les yeux du chien ! Il s'arrêtera court au vol des oiseaux, en levant le bras armé de la baguette pour le faire aplatir. Il attendra quelques minutes avant de le relever de sa consigne.

Ces premières leçons ont donc une importance capitale pour faire prendre l'habitude à l'élève de rester ferme à l'arrêt et de se coucher au départ du gibier.

Avec le temps et la pratique, le dresseur obtiendra l'arrêt dans toute sa perfection ; je lui en donne l'assurance positive.

Je pourrais citer de nombreux exemples frappants ; mais cela pourrait m'entraîner trop loin ; je me bornerai à en citer un des plus saillants, qui a eu pour témoins des personnes dignes de foi, lesquelles pourraient certifier la parfaite exactitude du fait, s'il était nécessaire.

En 1862, j'avais élevé un Pointer, Tim, que j'avais dressé en perfection. Cette même année, je fus passer le mois de mars avec M. L. C..., à son pavillon des Chamignioux, forêt de Tronçais (Allier), pour clore la chasse à courre, et profiter, en même temps, du passage de la bécasse ; dans ce but, j'avais amené mon fidèle et brave Tim. Cette année-là, le passage de ce beau et délicieux gibier fut abondant, aussi le chassâmes-nous avec beaucoup de succès et dans les plus agréables conditions.

Certain jour peu propice pour la chasse à courre, nous reçûmes, à notre lever, un invitation à déjeuner de notre ami M. le Marquis de Beaucaire, avec lequel nous chassions journellement. Nous nous empressâmes de répondre à son appel, et nous nous mîmes aussitôt en route pour le Point-du-Jour, résidence de notre camarade en Saint-Hubert, distante de cinq kilomètres des Chamignioux.

Le piqueur de M. C..., Babillot, devait venir dans le cours de la journée nous porter nos dépêches et prendre les ordres de son maître.

Babillot m'avait prié, le matin, de lui permettre de prendre mon chien Tim, pour essayer de tuer une bécasse dans le trajet des Chamignioux au Point-du-Jour, ce que j'avais accordé, mais avec une certaine appréhension.

Sur les deux heures du soir, Babillot arrive au Point-du-Jour, mais sans chien.

« Qu'avez-vous fait de Tim ? » lui demandai-je très vivement.

— Monsieur, Tic doit être à l'arrêt, car je l'ai perdu à peu près à moitié chemin ; je l'ai bien appelé : Tic ! Tic !... Mais pas de Tic ! Après avoir bien attendu, et craignant d'être en retard pour les lettres que mon maître m'avait chargé de lui apporter, pensant, d'autre part, que *Tic* viendrait me rejoindre, j'ai continué mon chemin. Il a trouvé une bécasse, sans

doute, et il est à l'arrêt ! Je vais repartir de suite
pour le retrouver. »

Je ne puis dire combien je fus contrarié, en voyant
l'indifférence de Babillot, et tous mes regrets de lui
avoir confié un aussi excellent animal !... Je me serais
mis immédiatement en route pour le chercher si
j'avais pu savoir l'endroit où il avait disparu aux
yeux du chasseur ! Mais force fut de me contraindre.

Après trois grands quarts d'heure passés soit à
attendre les ordres du maître, soit à se désaltérer, le
piqueur reprend son contre-pied, et se met en quête
du chien. Après une grande heure de marche et de
recherches en tout sens, il l'aperçoit à l'arrêt.

Il avance..., la bécasse part..., il la tire, et la tue,
heureusement !...

Babillot a apprécié que cet excellent chien était
resté à l'arrêt deux heures et demie, au moins.

Au bois, le fait est rare.

Tel est le résultat, pour la solidité de l'arrêt, sur
une pièce de gibier blottie, du système de dressage
que j'indique.

Je vais passer, maintenant, au gibier qui marche à
l'arrêt du chien.

*
* *

S'il piète lentement, tout ira bien, le chien modé-
rera de lui-même son allure !

Mais si le gibier fuit rapidement, la difficulté est

de pouvoir maîtriser le jeune chien, de l'empêcher de s'animer et de s'emporter.

Ma recommandation, avant de traiter ces deux questions, est que le dresseur devra s'étudier à inspirer à la fois la crainte et la confiance à l'élève par le *parfait à propos* des commandements, appels et signaux.

Voici donc notre jeune chien à l'arrêt, dans un champ de luzerne. Le dresseur doit s'approcher de lui et, après un instant d'arrêt, lui dire : *Allez ! Doucement !* et pour l'engager à avancer il fera un pas en avant en lui disant : *A moi ! à moi !* pour le faire obéir, car le Pointer à l'arrêt ferme ne se départ pas toujours facilement de son immobilité ; puis il le caressera.

L'instinct de suivre la piste du gibier est naturel chez le chien, aussi s'empressera-t-il d'obéir s'il s'aperçoit qu'il fuit devant lui.

Il continuera sa marche très lentement, près de l'élève, jusqu'au départ du gibier.

A ce moment-là, le dresseur étendra vivement le bras, armé de la baguette, pour faire coucher le chien.

Quelques instants après cet acte de soumission, il lui fera reprendre sa quête.

Cette leçon est très essentielle, parce qu'il faut apprendre au chien à couler sagement et à rester froid au départ du gibier.

La grande affaire est donc de pouvoir combattre

l'animation de l'élève, que produisent invariablement les senteurs du gibier, et qui l'excitent à s'emporter ! La bonne éducation peut seule modérer son ardeur, et le maintenir dans la voie de la prudence et de la soumission.

Le dresseur ne devra passer d'une manœuvre à l'autre que lorsque l'élève exécutera parfaitement les précédentes.

S'il tient à faire coucher le chien au coup de fusil, il aura recours à un aide, et fera tirer un coup de pistolet au départ de chaque pièce de gibier. A ce moment, armé de la baguette, il lui criera : *Terre !* en levant le bras.

Au bout de quelques jours, il lèvera le bras seulement et, plus tard, le chien s'aplatira de lui-même au bruit du coup de fusil.

Règle générale : il ne faut jamais pousser le chien à faire partir le gibier.

Ce soin appartient au chasseur.

Pour bien faire comprendre au lecteur l'importance de ces exercices, je vais citer l'exemple d'une jeune chienne que je possédais en 1878. C'était au mois d'octobre, Mouse n'avait alors que quinze mois, et n'avait chassé que deux ou trois fois au plus, vu l'état intéressant dans lequel elle se trouvait auparavant.

Le temps était couvert, le terrain humide et engageant ; je pris donc mon fusil et fus faire une promenade en plaine, accompagné d'un jeune chasseur dont je ne tardai pas à me séparer dans la crainte que son chien ne fût pas d'un bon exemple pour ma chienne.

Peu après Mouse évente du gibier de très loin et coule la piste assez vivement. Ne pouvant parvenir à la suivre, je lui fais entendre le petit sifflement : *Psit*, afin d'attirer son attention. Elle tourne la tête, je lève la main, elle tombe aplatie.

Ce qui me permet de l'approcher et par conséquent de la maîtriser.

Mais les perdrix qui étaient déjà fort loin, et nous avaient sans doute aperçus, filaient rapidement et prenaient beaucoup d'avance.

Au mot : *Allez !* Mouse repart, en reprenant sa voie. Elle se remet à couler sagement d'abord, mais, peu à peu, elle s'anime et recommence à gagner du terrain sur son maître.

A un nouveau sifflement, elle s'arrête encore, mais, cette fois, sans tourner la tête.

(Pour éviter de recevoir un nouvel ordre, qui contrarie sans doute son entrain).

Je prononce alors le mot : *Terre !*

Elle se couche aussitôt.

Je l'approche de nouveau, comme la première fois, et lui commande de repartir : *Allez !*

Elle reprend sa piste et continue de la suivre, 100 ou 150 mètres environ, paraissant ne plus s'inquiéter du chasseur. Mais les mêmes appels et signaux viennent, chaque fois que ce fait se renouvelle, calmer son ardeur et la rappeler à la soumission !

Ces manœuvres ont duré une grande demi-heure sur un parcours de 5 à 600 mètres environ.

C'étaient évidemment des perdrix rouges,— gibier très coureur. — Mouse finit par se mettre à l'arrêt ferme.

Les perdrix, fatiguées de marcher, s'étaient remises dans un fossé couvert d'herbes blanches et d'ajoncs... Elles partent !... Je suis assez heureux pour en abattre une, malgré la distance qui me séparait d'elles !

La chienne l'a vue tomber. Elle attend, dans l'immobilité la plus complète, l'ordre d'aller la chercher.

Après une demi-minute d'un silence absolu, le mot : Apporte ! est prononcé.

Mouse part rapidement pour aller chercher l'oiseau.

Au moment de le prendre, le mot : *Tout beau !* se fait entendre.

La chienne s'arrête court, la tête tournée de manière à voir la perdrix et le maître.

Au commandement : Apporte ! elle la saisit et me l'apporte délicatement.

Au mot : Assis ! elle s'asseoit.

A celui : Donne ! elle la dépose dans ma main, exempte de coups de dents, pas même une plume brisée !

Ah ! si l'éducation du chien d'arrêt est difficile et pénible, combien est grand le plaisir du chasseur, de recueillir le fruit de ses soins et de ses peines, en voyant tous ses ordres si parfaitement obéis.

Le charme du coup de fusil arrive comme complément, et couronne gaîment alors les manœuvres du chasseur et du chien.

Quelques instants après, en allant à la remise des perdrix, le hasard me fait rencontrer mon compagnon de chasse. Ma chienne, à ce moment-là, était de nouveau à l'arrêt. Son chien arrive précipitamment, passe devant Mouse, et se met à filer le gibier, sans marquer l'arrêt un seul instant, et sans s'occuper du chasseur !... Ce que voyant et prévoyant ce qui allait arriver... j'appelle ma chienne très énergiquement, et la fais mettre derrière moi, pour qu'elle ne soit pas témoin d'un très mauvais exemple.

En effet ! le chien continue de couler grand train la piste du gibier, et va tomber, en plein, au milieu d'une nombreuse compagnie de perdreaux qui partent les uns après les autres, dans toutes les directions !...

Après les avoir bien regardés, Azor fait un ou deux demi-tours et va rejoindre son maître, qui parut trouver la chose toute naturelle !...

Mouse appartient à M. B..., un des meilleurs fusils de Paris, et bien que j'en sois séparé depuis longtemps et que la chienne ait peu chassé, peut-être, je m'engage à lui faire faire tout ce que je dis et écris la concernant, car le fond de l'éducation se retrouve toujours et invariablement.

*
* *

Je vais terminer ce chapitre par quelques recommandations importantes :

Je crois de mon devoir de faire observer que, la première année de chasse d'un chien, le chasseur-dresseur
ne doit jamais hésiter à faire le sacrifice de son plaisir
pour donner de bonnes leçons à son élève ! Ne pas
tirer, par exemple, une pièce de gibier que l'élève
aurait fait partir dans de mauvaises conditions,
c'est-à-dire contre les règles et les principes de
chasse : un lièvre, par exemple, qu'il n'aurait pas
arrêté et qu'il poursuivrait, une perdrix qu'il aurait
fait partir, en l'approchant trop près, et sans l'arrêter ; éviter de le faire chasser avec des chiens mal
dressés, parce que les mauvais exemples sont
contagieux ! n'avoir, en un mot, d'autre préoccupation que de dresser son chien dans la perfection.

MANŒUVRES DÉLOYALES DE CERTAINS MARCHANDS
DE CHIENS

On prétend que, pour réaliser la vente d'un cheval, personne n'hésiterait à tromper même son propre père.

Je veux, pour l'honneur de la race humaine, espérer qu'il s'est glissé de l'exagération dans ce brocart, mais toujours est-il que si le commerce des chevaux ne se pique pas de loyauté très scrupuleuse, on peut en dire autant du commerce des chiens.

Les chasseurs me permettront donc de leur apporter quelques révélations à cet égard.

C'est, d'ordinaire, dans le voisinage des grandes villes et des stations balnéaires que l'industrie de tromper son semblable, sur la vente des chiens, se donne carrière.

Le marchand, accompagné de ses chiens, d'apparence, généralement, assez agréable, cherche à raccoler un amateur naïf, et ne recule pas devant les hâbleries les plus pyramidales sur le mérite de ses élèves, pour l'amener à en faire l'acquisition.

Le prix fixé, l'épreuve est toujours remise, sous un prétexte quelconque, à trois ou quatre jours. Pendant ce délai, notre homme, aidé d'un compère, passe une corde de retenue au collier de force de la bête et la mène dans un canton giboyeux. Il lui apprend ainsi à couler sagement le gibier. Quand il la voit disposée à s'élancer, il lui crie : Tout beau ! avec force intonations de colère et gestes de menace, et, si la tentation est la plus forte, il la maltraite de telle sorte qu'elle en conserve, pour quelques jours, le plus cuisant souvenir.

Après quelques instants de repos, la scène recommence et se renouvelle jusqu'à ce que la crainte du châtiment ait produit l'effet désiré. Le jour de l'essai, les gestes suffisent pour assurer l'obéissance. Et, quinze jours après, quand il s'agit d'entrer en chasse, le naïf baigneur découvre enfin qu'il a payé très cher la plus remarquable des rosses.

D'autres marchands, plus habiles, prennent le masque d'une tout autre honorabilité. Ils ont un certain train de maison, ils ne parlent que de leurs relations avec les grands seigneurs du Royaume-Uni, se targuent d'avoir composé des traités de dressage, — où rien n'est d'eux, si ce n'est la signature, — et prétendent n'élever et ne dresser des chiens que pour le pur *amour de l'art*. L'encombrement fait ensuite qu'ils doivent en céder quelques-uns. *Mais ils n'en font point commerce ;* c'est un service qu'ils daignent rendre à leurs contemporains. Leurs chiens sont d'ailleurs dressés d'après les méthodes les plus savantes de l'Angleterre : ils arrêtent superbement à patron, et s'aplatissent admirablement au départ du gibier ou au simple signal de la main. La démonstration en est du reste incontestable. On réunit l'élève à deux autres chiens et on gagne la campagne. Tout se passe en effet à merveille : arrêt à patron splendide dès qu'un autre chien a trouvé le gibier ; aplatissement instantané dès que le moment en est venu. L'amateur est ravi.

Ce n'est pourtant qu'un simple leurre.

Il ne faut acheter un jeune chien qu'après l'avoir vu travailler seul, parce que, autrement, on ne saura jamais s'il a du nez, s'il sait quêter, trouver le gibier, l'arrêter sûrement et le couler, en un mot, s'il est bien doué et convenablement dressé. Le négociant véreux, caché sous la peau du prétendu gentleman, ne s'en est d'ailleurs pas autrement occupé. Il a appris à son élève à arrêter à patron et à se coucher : c'est tout ce qu'il fallait pour en assurer la vente, et il n'a pas pris souci d'autre chose.

S'agit-il de vendre des chiots ? C'est alors une autre ruse.

On montre à l'amateur leurs prétendus parents, qui sont, en effet, superbes. On les fait travailler, et ils se montrent excellents. On fait enfin miroiter un pédigree sans égal, où tous les champions de la Grande-Bretagne se sont donné rendez-vous : et des chiots d'une telle origine ne peuvent démériter ! Il les achète donc un prix exorbitant. En réalité, ce sont des enfants d'adoption qui ne se croiront pas obligés de soutenir l'honneur du personnage qu'on leur fait jouer. Plus tard, ils auront à leur tour des descendants auxquels on attribuera, de bonne foi, peut-être, un pédigree absolument trompeur.

Rien n'empêche, d'ailleurs, que le chien vendu n'ait été réellement inscrit sur les contrôles du Kennel-Club. C'est si facile et si peu dispendieux ! Moyennant 5 schellings pour un premier chien, et 2 schellings 6 deniers pour les autres, on peut faire inscrire au *calendar* d'abord, ensuite au stud book, le nom d'un chien quelconque, sans justification de la pureté du sang, et ceux de ses parents, *s'ils sont connus* (if known). Encore fait-on remise de cette redevance aux souscripteurs d'un volume du stud book. L'administration du Kennel-Club se réserve seulement le droit de refuser l'inscription de leurs chiens à ceux qui seraient convaincus d'avoir commis des fraudes dans leurs déclarations.

Quelquefois enfin, comme dans les magasins d'épicerie, on sacrifie quelques articles ; on cède à bas prix un chien passable, pour vendre ensuite très cher plusieurs chiens médiocres ou sans valeur.

Et maintenant, mes chers confrères en Saint-Hubert, vous êtes avertis, et, si vous êtes trompés, ne vous en prenez qu'à vous-mêmes.

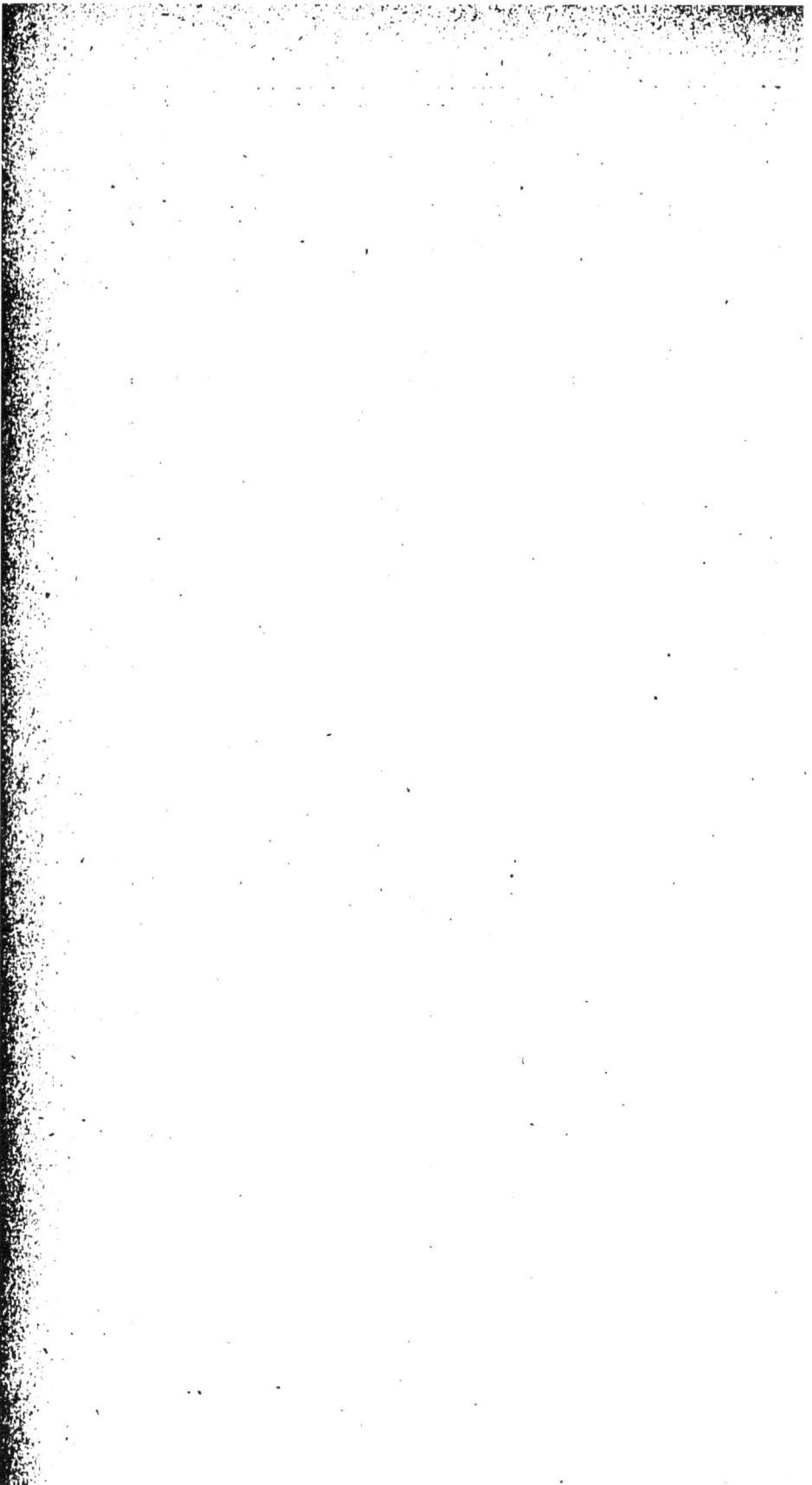

TROISIÈME PARTIE

LE GIBIER

SES MŒURS, SA CONSERVATION, SA REPRODUCTION

Conseils aux jeunes chasseurs

Le mois de septembre approche, un arrêté préfectoral, qui fait bondir les cœurs à l'égal de la fanfare des clairons, a donné le signal de la levée en masse des légionnaires de saint Hubert ; j'ai donc à peine le temps, jeunes conscrits, de vous donner quelques conseils stratégiques pour votre première et prochaine campagne.

Le jour de l'ouverture des hostilités, plus d'un, parmi vos camarades, fera parler la poudre dès les premières lueurs du crépuscule du matin. Poudre jetée au vent, gibier affolé par l'aubade : tel sera le résultat certain de cette ardeur inconsidérée. Mais, avant que ne soit venue, sous le soleil de midi, l'heure du sommeil dans les couverts, — l'heure des surprises, l'heure du massacre des innocents, — traînant le pied, tirant la langue, la queue pendante, le feutre humilié, l'apprenti Nemrod et son serviteur, tous deux fourbus, gagneront, en geignant, l'auberge voisine, où les attendent les quolibets réservés aux « bredouillards ». Ce n'est pas un tel exemple que vous suivrez, mes jeunes camarades. Pour engager l'action, vous attendrez que la rosée, qui ôte le nez au chien, soit ressuyée, et vous serez encore pleins de force et d'entrain quand « les enfants perdus » dessineront leur mouvement de retraite. Au lieu de vous adjoindre à des groupes inexpérimentés et bruyants, vous vous réunirez à un seul ami, dont vous avez antérieurement éprouvé le cœur et la prudence : « *rien ne se fait bien qu'à deux* », et vous aurez soin de vous mettre en règle avec le principe de l'*ordre dispersé,* qui est le pivot et le fondement de la tactique moderne. Pareils à l'Indien des Pampas, vous prendrez toujours soigneusement le vent ; vous marcherez en silence ; vous guiderez sans bruit votre bon compagnon ; par-dessus tout, vous resterez de sang-froid en toute occurrence ; et, le soir venu, vous ne devrez qu'à l'enthousiasme de la victoire, de ne pas faiblir sous le poids de vos trophées !

Si beau que vous soit promis le triomphe, souffrez que je profite, cependant, des quelques instants qui nous restent avant le grand jour, pour vous fournir quelques renseignements complémentaires sur le caractère et les habitudes des troupes contre lesquelles vous allez guerroyer. Hélas ! c'est le fruit de mes trop nombreuses campagnes.

Le Lièvre

Malgré les progrès de ce qu'on appelle les sciences économico-sociales, nous n'avons pas tous, *encore*, cent mille livres de rentes. Puisque des barbes vénérables l'affirment, sans aucun doute cela se verra quelque jour ; mais, en attendant, « *peu de gens que le ciel chérit et gratifie* » disposent d'un vautrait ou d'un équipage à cerfs. Ne nous plaignons pas trop, néanmoins, car nous avons le lièvre, et, avec ce charmant animal et deux modestes briquets, nous pouvons goûter les charmes d'une chasse que de grands veneurs devant l'Éternel ont proclamée la plus difficile et la plus intéressante de toutes. *Si le lièvre n'existait pas, il faudrait l'inventer.*

Dans mon livre intitulé : « *Les grands veneurs de l'époque* », j'ai décrit les ruses de cet intéressant quadrupède pour échapper à ses ennemis, les chiens courants : je ne m'occuperai donc ici de ses habitudes qu'au point de vue de la chasse au chien d'arrêt.

Pour que l'homme, ce destructeur frénétique, n'ait pas encore fait entièrement le vide autour de lui, il faut que dame Nature ait été mère bien prévoyante pour toutes les pauvres créatures qui excitent sa convoitise insatiable. Et, de fait, elle a entassé des trésors de ruses dans des cervelles qui paraissent bien creuses et bien vides aux mauvais observateurs.

Sous la pression de la nécessité de défendre son existence, à chaque instant menacée, il n'est si sotte bête, d'après le jugement commun, qui ne trouve des expédients admirables. Le lièvre en est un frappant exemple.

Là où le péril est absent, il égale en quiétude un philosophe épicurien : consacrant la nuit au repos, et les jours de soleil, au bonheur de se laisser vivre. On le trouve, alors, un peu partout. Mais que l'ennemi ait fait incursion dans ses cantonnements, et ses habitudes sont aussitôt du tout au tout changées. Il se condamne, désormais, à ne pourvoir à ses besoins que pendant les crépuscules du matin et du soir, et les heures des nuits argentées par les pâles rayons de la lune, sont les seules où il donne craintivement carrière à cet instinct des galantes aventures qui a dompté Hercule, perdu Holopherne et Samson, et qui n'épargne pas les simples lièvres... Le jour venu, il tremble, non de froid mais de peur, blotti dans un sillon, sur le revers d'un fossé, au milieu d'une touffe d'herbe dont la couleur se confond avec la sienne.

Au moindre bruit, à la moindre apparence de danger, au rêve de l'ombre d'un ennemi, il se hâte de prendre le large. Poltron ! dit le chasseur, furieux de ne pouvoir donner la parole à son escopette. Poltron ! dirait aussi de lui, probablement, le lièvre, si les rôles étaient renversés ; si l'homme n'avait d'autre défense que ses longues et maladroites

jambes ; si le lièvre disposait de fusils Choke-Bored ;
et si le chien mettait à son service et son instinct de
la chasse et la finesse de son nez.

Mais notre bon compagnon a fait un pacte invio-
lable avec la fidélité. Que n'en peut-on dire autant de
la race humaine ! Certes, il est des amis dont l'œil
restera franc, le cœur chaud, la main loyale ; mais
qu'ils sont rares et difficiles à distinguer au milieu
de cette cohue de flatteurs dont les protestations
sont sans fin, et qui n'attend pas toujours la confir-
mation de la fièvre pour vous traiter en lépreux et
en pestiféré ! Le chien ne connaîtra jamais ces
défaillances, il ne trahira pas.

Quant au lièvre, il semble assez raisonnable de ne
pas trop nous troubler la cervelle de l'éventualité
d'une revanche. La science moderne qui est infaillible, comme chacun sait, et qui ne peut ni se
tromper, ni tromper personne, ne voit d'ailleurs pas
de raisons sérieuses de croire à ce péril. Elle qui a
tout transformé, même le *transformisme*, et a
découvert que nous ne sommes autre chose que de
vieux singes, — ce qui se reconnaît d'ailleurs, avec
toute certitude, aux grimaces et aux gambades de
ceux de nos congénères que nous appelons des
« *sauteurs* », — ne se dit pas autorisée à prévoir
que les lièvres puissent, un jour, se transformer en
des foudres de guerre. Le premier singe et la première
guenon parvenus se sont hâtés, paraît-il, de tirer, derrière eux, l'échelle. Grâces leur en soient mille fois ren-

dues, car, de cette façon, nous pourrons, jusqu'à la consommation des siècles, avec la permission toutefois de MM. les braconniers et colleteurs, continuer à aimer le lièvre..., même autrement qu'en civet et à la broche !

Le lièvre, surtout le mâle, est le gibier qui tient le plus mal à l'arrêt. Gîté dès le point du jour, il est froid quand vous entrez en chasse ; le peu de fumet qu'il exhale force le chien à arrêter de très près, et pour l'ordinaire, quand le sentiment lui en arrive, à moins que ce ne soit un petit levreau, la bête est déjà partie.

On reconnaît que le chien arrête un lièvre, à son immobilité, à la hauteur de sa tête, et à sa queue très raidie et un peu arquée à son extrémité. Il n'y a pourtant pas de règle absolue : les chiens contractent des habitudes qui dépendent de leur tempérament, de leur ardeur et de la manière dont ils ont été dressés. Au bout de peu de temps, le maître ne doit plus s'y tromper ; il doit savoir, au premier coup d'œil, ce qui est au nez de sa bête.

A l'ouverture de la chasse. le précieux quadrupède se rencontre en tous lieux, mais de préférence dans les couverts, s'il fait chaud, et dans les terrains secs et pierreux, si le temps est à la pluie. Il est à remarquer qu'il ne se tient jamais au milieu d'un vaste champ de trèfle ou de luzerne, mais à une quinzaine de mètres, au plus, des bordures. Il fait

de même au bois, sauf pendant les froids rigoureux.
Devenu très défiant après les premières fusillades, il
se remet dans les fourrés, parmi les ronces, et sur
les revers des fossés. Un peu plus tard, il gagne les
bois et les vignes. Vers le 15 octobre, quand les
feuilles, les glands et les faînes commencent à
tomber, le bruit l'épouvante et il se gîte en plaine.
Il se tient alors, de préférence, dans les blés verts
bien levés et les vieux guérets. S'il fait du vent ou
s'il pleut abondamment, il fréquente les fossés
bordés de haies et les excavations des carrières. C'est
l'époque où on en détruit le plus au chien d'arrêt.
Quand surviennent les premières gelées blanches,
il descend volontiers sur le bord des ruisseaux
garnis d'herbes et de ronces. Si le vent souffle, avec
force, du midi ou du nord, pendant plusieurs jours
consécutifs, le premier jour il se met à l'abri,
puis ensuite il élit domicile en plein champ, en
prenant soin toutefois que son poil ne soit pas pris
à rebours. Pendant les tempêtes, il gagne les
bas-fonds. Pendant l'hiver et les froids vifs, il faut
le chercher au milieu des bois ainsi que dans les
fossés recouverts de haies fourrées. Dans les
plaines découvertes et unies, il se cache parmi
les mottes des labours, dont la couleur se rapproche
de celle de son pelage. Il choisit alors de préférence
son « home » à une quinzaine de mètres des
bordures. On le trouve aussi, assez fréquemment
— surtout la hase — dans les jardins attenant aux

habitations. Pendant les premiers jours qui suivent la chute de la neige, il ne remue pas. Plus tard, il se décide à chercher sa nourriture en grattant la neige. Si elle persiste, il émigre vers les plaines, à la recherche de climats plus cléments. Si elle est très abondante, il se creuse, dans son épaisseur, des tunnels qu'un œil exercé peut seul découvrir. La neige permet aussi de juger des ruses incroyables qu'il met, chaque jour, en œuvre, pour rendre plus difficile la découverte de son gîte : il va, vient, mêle ses voies à plusieurs reprises, et, après quelques bonds, il reste blotti sur place. Il est bon de savoir que, souvent, alors, si le chien n'en a pas le sentiment, il se laissera frôler, sans faire un mouvement, par le pied du chasseur, sauf à déguerpir lorsque ce dernier l'aura dépassé de quelques pas. Il est donc bon de s'arrêter de temps à autre, et de regarder attentivement autour de soi en frappant du pied : le lièvre effrayé se met aussitôt sur pattes.

Après une belle gelée blanche, les paysans reconnaissent, de très loin, le gîte d'un lièvre, à une légère buée qui s'élève de son corps ; mais il faut pour cela un œil très exercé. Il est, d'ailleurs, certains sites qui, à première vue, doivent être considérés comme leur étant particulièrement agréables. C'est, en premier lieu, la mi-côte des collines peu escarpées, orientées au levant et offrant des bouquets de chardons, de genêts, de bruyères et d'herbes folles. Quand on trouve une *forme* de lièvre, il faut, si elle

est fraîche, l'examiner attentivement. Si on n'y remarque pas la trace que ses ongles laissent fortement
imprimée, quand la bête est partie d'*effroi*, il faut
se tenir sur ses gardes. L'occasion va peut-être s'offrir de placer le plus beau coup de fusil que l'on
puisse se promettre dans la chasse en plaine au chien
d'arrêt.

La Perdrix

Je n'ai jamais observé, sans un vif intérêt, ma
grande amie, mademoiselle Renée, qui n'a pas
encore vu trois printemps, s'absorber dans son
rôle de « petite mère ». La ravissante blondi-
nette, planant au-dessus de la réalité, tour à tour
gronde « sa fille », la caresse, la choie, l'allaite ou
l'endort; et, attendrissante de vérité, elle joue ce
rôle, qu'elle n'a pas appris, en incomparable artiste.
Tous les glaçons de son bon petit cœur, — si jamais
il s'y en est trouvé, — fondent aux simples ardeurs
de cette maternité fictive, et, par une sorte de douce
et mystérieuse révélation de ses destinées dans la
vie, elle murmure, d'instinct et sans une fausse note,
cette poétique cantilène qui n'a de sens qu'entre les
vraies mères et le fruit de leurs entrailles..., jusqu'à
l'instant où, lasse de son rêve, elle redevient, à son
tour, l'enfant, qui n'est pas toujours sans tempérer,
par des épreuves, la joie de son père et les secrets

orgueils maternels. Pendant ce temps, les garçons, ses frères, estiment n'avoir pas perdu leur journée que si, du matin jusqu'au soir, ils n'ont cessé de se gourmander, de vociférer et de saccager tout ce qui leur est tombé sous la main. Je demeure donc convaincu que ce qu'il y a de meilleur dans l'homme, c'est la femme, et que ce qu'il y a de meilleur dans la femme, c'est la mère.

La perdrix, elle aussi, est une tendre mère. Seule, parmi tous les animaux, elle sait, quoique sans défense, s'offrir au péril pour le salut de sa couvée. Quelques-uns, cependant, qui me taxent de sentimentalisme, refusent leur admiration à cet admirable effort de l'instinct. Ils n'y voient, — comme dans les actes humains, du reste, — que le produit inconscient et fatal du fonctionnement des cellules cérébrales, et ils pensent que là où notre intéressant oiseau se montre supérieur, c'est encore..... aux choux ou rôti.

Je ne vous soupçonne pas, mes chers camarades, d'être sensibles à des considérations si « cuisinières » : c'est donc par pur amour de l'art de la chasse que nous allons, si vous le voulez bien, étudier, de compagnie, le chemin le plus court de son sillon à votre carnassière.

On trouve, en France, deux variétés de perdrix : la perdrix grise et la perdrix rouge. Leurs habitudes sont assez différentes pour qu'il y ait intérêt à ne pas les confondre.

La perdrix grise habite les plaines, et, quand on en lève une compagnie, il est difficile de la diviser. La perdrix rouge, au contraire, se plaît dans les lieux accidentés et couverts ; elle se perche quelquefois ; les individus qui composent une famille partent rarement en même temps, et, d'ordinaire, ils se séparent dès le second vol. Cependant la perdrix qui a souvent vu le feu, contracte de nouvelles habitudes. Le matin, aussitôt qu'elle a mangé, elle se remet dans un taillis ou une vigne, et n'en sort plus que vers le soir. La pluie, en tombant sur les feuilles et par terre, l'inquiète et la fait sortir en piétant. Les braconniers mettent souvent à profit cette occasion pour se placer à bon vent, les affûter derrière une haie, et, d'un seul coup de fusil, en détruire un grand nombre.

Elle est généralement très « casanière ». Si elle n'est pas trop inquiétée, la compagnie demeure presque tous les jours dans le champ où elle a pris naissance, et se trouve vers les mêmes heures aux mêmes endroits. Quand on la lève, elle accomplit presque toujours la même manœuvre de retraite. Le père et la mère guident les perdreaux par leurs cris de rappel. Si ces derniers sont trop jeunes pour prendre l'essor, la mère se dévoue pour attirer le danger sur elle. Elle vole à quelques pas, en faisant la blessée ; se laisse approcher ; repart encore ; et fait si bien que sa couvée, courant et se culbutant, gagne un couvert protecteur.

L'une des ruses de la perdrix la plus difficile à

déjouer — surtout par la chaleur et la sécheresse, et après un premier vol — consiste à courir à pied, fort vite et fort loin de l'endroit où l'on croit qu'elle s'est remise. Le fumet abandonné, sur le sol, par ses pattes, est alors si léger que les meilleurs chiens demeurent souvent fort embarrassés pour la suivre et la rejoindre. Je puis citer de ce fait un exemple assez remarquable.

Par une de ces chaleurs écrasantes qui marquent, parfois, le commencement de septembre, je levai une compagnie de perdreaux gris, que je vis distinctement se remettre auprès d'un vieux chêne, dans un jeune taillis. J'étais accompagné de mon excellent Pointer Pitt, dont le flair était véritablement merveilleux, et je pensai que je n'aurais pas grand'-peine à en faire un ample butin. J'arrive près de l'arbre qui m'avait servi de repère et je me mets en quête, mais, à ma grande surprise, mon chien ne peut parvenir à prendre connaissance du gibier. Je persistai, néanmoins, pendant deux grandes heures, à fouiller minutieusement le terrain, et je commençais à croire à une méprise de ma vue, quand, tout près du grand chêne, mon pied, accrochant une ronce, agita la cépée voisine. Toute la compagnie, qui s'y trouvait cachée, s'en échappa avec un tel bruit d'ailes et de cris d'effarement que, surpris, je n'eus pas le temps de saluer son départ des deux charges de mon fusil.

Revenu de mon étonnement, j'examinai leur

cachette. C'était une touffe d'herbes sèches, au centre de laquelle les perdreaux s'étaient si bien blottis, les uns contre les autres, que la place occupée par eux tous n'excédait pas de beaucoup, en dimension, le nid où ils avaient pris naissance. Vingt fois, j'avais dû, pour ainsi dire, les toucher du pied ; vingt fois mon chien avait failli marcher sur eux. Sans la frayeur résultant d'un fait absolument fortuit, leur ruse aurait pu obtenir le plus complet des succès.

Je résolus de leur faire payer cher ma déconvenue et me mis de nouveau à leur recherche. En général, une compagnie de perdreaux disséminée dans un taillis, offre au chasseur une belle occasion de brûler de la poudre. Mes chances de faire plus ample connaissance avec ceux qui venaient de m'échapper se doublèrent, bientôt, par la rencontre d'un ami accompagné d'un excellent chien. Néanmoins, pendant deux grandes heures, nos efforts réunis furent vains. Découragé, mon ami me laissa seul, mais plus opiniâtrement résolu que jamais à obtenir une éclatante revanche. Enfin je les retrouvai sur le bord du bois, et, après les avoir divisés, je les suivis, de remise en remise, avec tant de persévérance, que deux ou trois survivants furent seuls à pouvoir raconter les désastres de leur famille. Cependant leur poursuite n'avait cessé d'être exceptionnellement difficile. Leur ruse principale étant de se poser ostensiblement au milieu du taillis, puis de courir rapidement jusqu'aux lisières, et même de sortir en

plaine, mon chien se trouvait ainsi aux prises avec
des difficultés fort grandes. Je dois ajouter que, le
soir, éclata un violent orage suivi de plusieurs jours
de grandes pluies ; ce qui me donna l'explication du
peu de ressources que, ce jour-là, contrairement à
l'ordinaire, Pitt avait trouvé dans la finesse de son
nez. En effet, tout changement notable du temps est
précédé de variations sensibles dans les pressions
atmosphériques. A l'approche de la pluie et surtout
de l'orage, la pression diminue : dès lors, les gaz que
contient la terre s'élèvent, emportant avec eux les
effluves du gibier. Les pressions croissantes, qui
signalent l'approche du beau temps, les font, au
contraire, redescendre et les fixent, pour ainsi dire,
contre le sol. C'est pour ce motif que les chiens
chassent généralement bien par le vent de l'est et
celui du nord, et qu'ils sont moins brillants par les
vents de l'ouest et du midi. Les premiers, en effet,
accompagnent généralement le beau temps, et des
pressions atmosphériques assez fortes ; les seconds,
au contraire, précèdent de peu la pluie ou l'orage,
et, par conséquent, de sensibles dépressions baro-
métriques ; d'où le proverbe :

> Par vent du nord, tout chien dehors ;
> Par vent du midi, tout chien au chenil.

Il est de toute évidence, pourtant, qu'il ne faut pas
prendre cette règle trop à la lettre, puisque, même

par vent d'ouest, le baromètre peut monter ; et qu'il peut descendre par le vent du nord et de l'est. Telle est l'explication scientifique de faits souvent constatés ; car il n'est pas un chasseur qui n'ait vu les meilleurs chiens tantôt faire preuve d'une puissance de flair admirable, et tantôt montrer, sous ce rapport, plus que de la médiocrité. L'organe est resté le même ; les conditions dans lesquelles il s'exerce sont seules changées.

Les conditions atmosphériques ne sont pas, d'ailleurs, non plus sans influences sur la façon dont se comporte le gibier ; mais pour des raisons différentes. L'animal vivant à l'état sauvage est doué par la nature d'un instinct merveilleux ; il devine à l'avance, par exemple, le changement de temps, et il agit en conséquence. C'est ainsi qu'à l'approche des longues pluies, de la neige et des mauvais temps, les perdreaux tiennent moins bien à l'arrêt, parce qu'en prévision d'un jeûne prochain, ils se montrent plus âpres au gagnage. Le temps où ils se laissent le mieux arrêter, sont les journées chaudes, surtout pendant les heures où ils se livrent à la sieste ; c'est-à-dire, en général, de dix heures à midi et de deux à quatre heures du soir. Plus tôt, plus tard et dans l'intervalle, étant en quête de leur nourriture, ils s'effarouchent plus facilement. Il en est de même quand le vent est vif et incite au mouvement. Néanmoins, par des vents très violents ou des froids rigoureux, on les approche, souvent, de très près, parce qu'ils se tiennent blottis les uns contre les autres, derrière un abri qu'il leur coûte d'abandonner. Par la pluie, quand leurs plumes sont mouillées, ils se montrent encore plus enclins qu'à l'ordinaire à jouer des jambes. Au contraire, s'il fait un beau soleil, après une gelée blanche, ils sont si heureux de pouvoir se dédommager des désagréments de la nuit, qu'ils ont peine à se décider à partir. C'est le moment où la perdrix rouge, beaucoup plus sauvage et plus *coureuse* que la grise, tient le mieux à l'arrêt. Les perdreaux isolés tiennent aussi beaucoup mieux que lorsqu'ils sont réunis, parce que les plus peureux de la compagnie déterminent toujours, en partant, le départ de tous les autres. C'est pour ce motif qu'il faut poursuivre à outrance, afin de la diviser, toute compagnie dont on a fait la rencontre.

A l'ouverture de la chasse, aussitôt le soleil levé, les perdreaux se trouvent dans les chaumes, en quête de grains de blé échappés des gerbes, qui leur offrent, pour ce déjeuner, une abondante nourriture. Plus tard, quand l'ardeur du soleil devient gênante, ils gagnent les prairies naturelles et artificielles, les betteraves, les pommes de terre, les vignes, les lisières de bois ou tout autre couvert. Vers quatre heures, ils retournent à leur garde-manger, c'est-à-dire, aux champs de chaumes. Le coucher du soleil les trouve ordinairement réunis dans le champ qui les a vu naître. Ils ne se plaisent complètement que dans les endroits où se trouvent réunis de l'eau, des prés et des terres labourées. Ils prospèrent beaucoup mieux dans les terres légères, sablonneuses ou calcaires, que dans les terres humides et fortes.

A l'automne, quand les grains de blé échappés à la récolte deviennent rares, ils se mettent en quête de leur provende dans les champs nouvellement ensemencés ; c'est là qu'il faut se mettre à leur recherche. Quand cette ressource leur fait défaut, ils s'attaquent aux jeunes pousses de blé. On dit alors qu'ils *ont piqué le vert*, et ils deviennent très farouches. Par les grands vents, ils cherchent les lieux abrités. Quand ils sont trop souvent inquiétés, ils cessent de faire entendre les cris de rappel qui, à la fin d'une belle journée de chasse, se répondant dans toutes les directions à la fois, font un concert si agréablement écouté par l'oreille de tout vrai chasseur.

La Caille

A ne considérer que les formes extérieures de la caille, on la prendrait pour une variété plus petite de la perdrix. Elles sont néanmoins de mœurs fort différentes.

La caille, c'est la nomade, la bohémienne, la zingara, la gitana, la gypsy la tzigane de la tribu des gallinacés. Les océans et leurs tempêtes, les montagnes et leurs sommets neigeux, ne peuvent faire obstacle à ses pérégrinations immenses. Elle n'a pas de patrie; le bien-être est sa seule loi. Elle accourt au butin quand le soleil du printemps recommence à dorer le doux pays de France; mais bien qu'elle lui doive les tendres souvenirs de ses amours et de son berceau, elle ne tarde guère à l'abandonner. Dès l'approche des premières brumes automnales, d'un cœur léger, d'une aile allègre, elle s'en va demander aux rives africaines ce que nous n'avons plus à lui offrir : ciel clément et table abondante.

Jamais l'homme, on le sait, ne s'est montré ingrat; jamais la bonne fortune d'autrui n'a piqué sa jalousie; jamais il n'a trouvé le feu de son âtre d'autant plus doux que la tempête et la froidure sévissaient, au dehors, plus cruellement contre ses frères. Notre indignation est donc légitime. De plus, la caille fait défection quand les hostilités sont ouvertes, c'est une transfuge. Fusillez donc à outrance et sans merci, mes chers camarades : ce sont là les lois de la guerre!

La tâche est d'ailleurs facile, car il n'est pas de gibier qui, mieux que notre « déserteuse », tienne à l'arrêt, et vole avec plus de lenteur et de régularité. Elle était, autrefois, d'une abondance extrême. Que de fois il m'est arrivé, « à la fleur de mes ans », — malheureusement, ce n'est pas hier! — « d'encrasser », en quelques heures, mon fusil, au point de le mettre hors d'usage. Je vois encore mon vieux camarade, le comte de Rochefort, arriver, avant huit heures du matin, à un rendez-vous de chasse, avec

un chapelet de quarante cailles que Marcou, son légendaire porte-carnier, présentait avec une modestie
non feinte.

Marcou qui, de son métier, était tisserand, se montrait lui-même le plus habile chasseur de « cailles
vertes » de toute la Limagne. Il se servait des
appeaux avec une étonnante perfection, et, ne sachant pas écrire, il essayait d'établir le dénombre-
ment de ses innombrables victimes en les « cochant »
sur un de ces anciens instruments ds mesurage
qu'on appelait une « aune ». Une certaine année, il
confessa en avoir compté 840. Il avait, d'ailleurs,
formé de dignes élèves dans l'art de la « pipée » en
la personne de ses trois filles. Mais ces dernières, fort
jolies et très appréciées, dédaignaient les cailles, et
portaient ailleurs toutes leurs préférences. Jamais,
de mémoire de tourterelle, on n'entendit concert
plus nourri de joli ramage et de tendres roucoule-
ments que dans cette plaisante volière, qui avait
nom la maison Marcou, et, à la fin, elle devint trop
étroite pour les générations de jeunes « chanterelles »
que, sans y songer, et par amour... de l'art, on
y avait préparé pour l'avenir.

Mais passons et laissons là ces cailles, vertes ou
mûres, plus ou moins correctement coiffées, qui, à
toute heure et en toute saison, plus étourdies que
des alouettes, donnent avec complaisance au miroir,
pour revenir aux autres, à celles dont le commerce
nous doit uniquement charmer.

Le charme de ce commerce, notre bon compagnon le subit comme nous; néanmoins il est prudent de ne pas permettre qu'il s'y livre trop fréquemment et sans retenue. Comme les bipèdes non pennés dont je parlais tout à l'heure, c'est une Circé perfide, cette créature à l'air si naïf et confiant. Sûre des effets de sa magie, elle se hâte si peu de partir qu'elle permet au chien de l'arrêter de trop près; et elle embrouille si diaboliquement ses voies que, pour les démêler et les suivre, il peut finir par contracter l'habitude de porter le nez trop bas, et même de « nasiller », ce qui enlève aux chiens anglais leur supériorité principale.

A l'ouverture de la chasse, les cailles se trouvent un peu partout, mais principalement dans les chaumes de blé et d'avoine, surtout s'ils sont semés de jeunes trèfles de l'année. Quand on chasse dans un pays légèrement accidenté, il faut les chasser sur la déclivité des côtes. Vers le 20 septembre, elles se réfugient souvent dans les pommes de terre, les vignes, les haies. Quand un chien arrête, à sa queue qui est un peu relevée, à la direction de son nez qui indique une distance communément moindre de trois mètres, vous reconnaîtrez une caille. Beaucoup de chiens, surtout les Setters, se couchent quand il s'agit d'une caille, et, si elle a couru, ils suivent sa piste en se traînant sur le ventre. Quand elle part, il faut la laisser filer et ne tirer qu'à une quinzaine de pas, puis, qu'on ait tué ou non, demeurer quelques instants sur ses gardes, parce que, très fréquemment, une seconde se lève presqu'aussitôt après la première.

Pendant les années chaudes et sèches, les cailles quittent les plaines pour les montagnes plus ou moins escarpées. On en rencontre alors très peu dans les cantons où elles se plaisent beaucoup d'ordinaire.

Vers le 25 septembre, presque toutes sont parties. On ne rencontre plus alors que quelques cailleteaux trop faibles, ou quelques sujets trop obèses, pour effectuer leur migration. C'est, d'ailleurs, pour l'espèce entière, une redoutable épreuve, car elle devient victime, sur les deux bords de la Méditerranée, d'embûches et de massacres qui tendent à une véritable destruction. C'est par centaines de mille qu'on les prend aux filets. Au printemps de 1884, on n'a pas expédié de Marseille, à destination de la Suisse et de l'Angleterre, moins de 7,800 caisses plombées contenant 100 cailles, en moyenne. Quelle précieuse ressource n'auraient pas été pour la chasse ces 780,000 oiseaux et leur progéniture, si nos lois, trop imprévoyantes, avaient rendu leur capture impossible !

Heureux le jour où ne se verront plus de tels actes de brigandage ! Les chasseurs de tous les pays intéressés devraient se liguer pour qu'il ne tarde pas davantage à luire.

La Bécasse

Bête comme une bécasse est bientôt dit; j'estime pourtant que nous calomnions gravement notre dame au grand rostre et aux longs pieds, quand nous décorons de son nom les sujets les moins remarquables, sous le rapport de l'esprit, du sexe auquel nous devons notre portière. En fait, elle est très rusée et très habile à dérouter ses ennemis.

Il est, d'ailleurs, à remarquer que notre espèce semble avoir, pour les oiseaux, un penchant qui ne les oblige pas à beaucoup de reconnaissance. Il n'est pas jusqu'à leurs noms dont elle ne fasse un regrettable abus. A la vérité, « mon colibri » est une expression d'amitié tendre ; et le maître chanteur de nos bois ne peut s'indigner de voir madame Adelina Patti appelée « un rossignol ». Mais le butor, le perroquet, la pie, le geai, l'étourneau, le serin, la buse et le coucou, et tant d'autres, sans compter le dindon et l'oison, n'ont rien fait pour devenir les parrains des infirmités humaines. Quand on dit de certains hommes : c'est un coq ; et de certaines femmes : c'est une grue, l'insulte, pour ces malheureux porte-plumes, est aussi gratuite que sanglante. Ainsi la bécasse peut, sans chercher beaucoup, se trouver plus d'un compagnon d'infortune ; et après tout, elle eût pu tomber plus mal encore. Tel est, certainement, l'avis du déplorable scombéroïdien dont la réputation est si diffamée, que tous les flots des océans, au sein desquels il vit, n'en sauraient laver les souillures, et que, ne pouvant plus le nommer sans indécence, on a pris un nom d'homme pour lui constituer un synonyme. Elle a donc, en définitive, matière à sérieuse consolation.

Il est peu de sports qui passionnent autant ceux en qui flambe le feu sacré de l'amour de la chasse, que la recherche de cette étrangère, sous bois, où, contrairement à la jeune fille du poète, elle se cache sérieusement et avec le désir sincère de ne pas être vue. Elle sait, à la vérité, que le madrigal ne serait pas de galanterie sans conséquence. C'est au cœur qu'elle est visée, et une bécasse a le droit de tenir à son cœur, tout autant qu'une jolie femme.

On pratique cette chasse dans les taillis un peu humides et traversés de ruisseaux, à l'automne et au printemps, alors qu'elle est de passage chez nous, fuyant, tour à tour, les froidures du pôle et les soleils brûlants de l'équateur.

Pour pouvoir s'y livrer avec succès, il est essentiel d'avoir un chien très sage et bien collé à la voie; autrement il serait vite en défaut, car elle excelle à mêler ses voies et à piéter rapidement et au loin. Souvent elle part à dix pas derrière le chasseur, alors qu'il la croyait en avant. Le chasseur doit suivre son chien, en se tenant à deux ou trois mètres sur le côté, et, lorsqu'il le voit à l'arrêt ferme, chercher à se placer dans la direction indiquée par ses narines, qui aspirent avidement, avec l'air, le fumet du gibier. Si, près de là, existe un vide, assurément la bécasse y passera en partant. Attention, donc, de ce côté ! Si, au contraire, il suivait son chien quand il coule la bécasse courant avec vitesse, elle prendrait son vol dès qu'elle trouverait un gros arbre ou un massif de branches qui la cache, à la fois, aux yeux de ses deux ennemis.

Beaucoup de chasseurs mettent un grelot au collier de leur chien, afin de suivre plus facilement la direction de sa quête. C'est une excellente chose, qui n'a que l'inconvénient de faire partir les bécasses de plus loin, quand, après les avoir levées une première fois, on retrouve leur remise. Pour mon compte, je ne m'en sers pas toujours, et je l'enlève souvent au chien, dans le cours de la chasse, quand les bécasses sont nombreuses.

La bécasse, après avoir été levée, se remise presque toujours sur la lisière d'un taillis, et, souvent, par un brusque retour, très près de l'endroit d'où elle est partie. Il ne faut pas y aller immédiatement, parce qu'elle ne tient pas si elle n'a pas eu le temps de se rassurer. Il faut attendre une dizaine de minutes avant de rechercher à la relever, et quêter ailleurs pendant ce temps-là.

Les premières bécasses arrivent généralement dans les premiers jours de novembre, et il y a presque toujours un fort passage vers le commencement de décembre. Elles précèdent les mauvais temps qui nous viennent du nord. Quand on voit arriver des oiseaux de passage, tels que vanneaux, pluviers, bécassines, canards sauvages, on doit espérer trouver également des bécasses. La nouvelle et la pleine lune sont le temps le plus favorable du mois. Par les temps doux, les belles journées sont préférables à la brume et à la pluie. Les bécasses se trouvent alors surtout dans les grandes haies qui bordent les prairies, dans les buissons qui avoisinent les ruisseaux, et dans les petits taillis. Quand le froid est plus vif, elles se remettent dans les grands bois. Au printemps, elles repassent dès que la chaleur se fait sentir dans le midi.

Plusieurs écrivains ont prétendu que le Pointer ne convient pas pour faire cette chasse. C'est une erreur. M. L. P., propriétaire des quatre Pointers dont j'ai parlé plus haut, est, incontestablement, un chasseur de bécasses émérite. C'est sa chasse favorite. Il l'a pratiquée avec des Braques, des Épagneuls, des Setters de toutes les nations. Depuis qu'il a essayé les Pointers, il ne veut plus se servir d'autres chiens.

A peu près tous les chiens anglais que j'ai possédés ont eu cette aptitude à un très haut degré. J'en ai encore en ce moment qui peuvent en fournir la preuve.

Je termine ce chapitre par une répartie assez gaie.

Je chassais un jour la bécasse avec un mien ami, bon vivant et de beaucoup d'esprit, mais tireur peu habile et chasseur peu aguerri contre les épines des fourrés. Après une heure de quête environ, mon chien tombe à l'arrêt !... la bécasse part et passe du côté de mon ami... Pan ! pan ! Il la manque bravement de ses deux coups.

Pour le consoler, je lui propose d'aller à la remise, en lui faisant espérer qu'il sera plus heureux.

A la remise, s'écrie-t-il, jamais ! jamais je ne tire une bécasse au second vol !

— Je ne te comprends pas

— C'est bien simple ; elle s'est vidée de peur ; elle n'est bonne que pour des goujats !

Le Canard sauvage (Chasse en Yole)

Il est des femmes -- disent les mauvaises langues — qui adorent les blonds, raffolent des bruns, et ont encore le cœur assez large pour être irrésistiblement éprises des châtains. C'est, de tous points, inadmissible, et je soupçonne de la paternité de cette boutade quelque Narcisse grisonnant et inapprécié. On ne parle pas corde dans la maison des pendus. C'est chez les malheureux qu'il est question du Pactole. Dans tous les cas, et à tort ou à raison, je proteste. Il ne faut pas se susciter d'ennemis qu'on ne puisse atteindre, sans lâcheté, même avec une

rose, et je passe à l'actif des « Galantins », — je veux
dire à leur platonicisme involontaire — le privilège
de l'électisme en fait de couleurs et de goûts. Avec
eux, au moins, je suis en repos : je n'ai pas affaire
au « bouillant » Achille. Si son Eminence leur
Sérénissime Fatuité a le délire, elle n'est pas prompte
aux querelles, et leur cas, tout pathologique qu'il
soit, me sert à expliquer comment un vrai chasseur
peut, suivant les circonstances, préférer un genre de
chasse et pourtant les aimer passionnément tous.

Pendant longtemps, ma chasse favorite, à moi, a
été la chasse au canard sauvage, en yole, c'est-à-
dire dans un bateau minuscule. Il n'est pas de
chasse au fusil qui offre plus d'imprévu. A l'émotion
des belles et rares captures, se joint, parfois, celle
d'un danger sérieux affronté. Le cœur y bat son
plein de vie saine et mâle.

Il y a une trentaine d'années, il existait encore
dans le centre de la France, spécialement dans les
départements du Cher, de l'Indre, de la Nièvre et de
l'Allier, un grand nombre de vastes étangs sur
lesquels vivaient de nombreuses bandes de canards
sauvages. Quand la rigueur de l'hiver en glaçait la
surface, toute la gent aquatique devait, nécessairement, gagner les grands cours d'eau voisins. A
certains endroits, les rives de l'Allier en étaient
littéralement couvertes. Pourtant, les approcher à
pied était absolument impossible. Le canard sauvage
a la vue si perçante qu'il voit de très loin le chasseur ;

et sa défiance est si éveillée, qu'il y a toujours quelque sentinelle avancée pour donner l'alerte à l'approche du moindre péril. Avoir en vue de si belles proies et ne pouvoir les atteindre, c'était le supplice de Tantale. Je mis ma cervelle en travail pour inventer quelque stratagème. Le résultat de mes méditations acharnées fut la construction d'un petit bateau de 3 mètres de longueur, sur 90 centimètres de large et 33 centimètres d'élévation, que je fis peindre couleur d'eau.

Dès que la rivière charriait des glaçons, je m'embarquais. Une corde, fixée à l'avant, était attachée, par l'autre bout, à une grosse pierre qui, glissant sur le sable du fond, modérait la vitesse de la descente et maintenait l'embarcation droite dans le courant. Couché à plat ventre et vêtu de blanc, je restais sans mouvement jusqu'au moment favorable pour tirer.

Mes débuts ne furent pas sans me donner quelques satisfactions. Il m'arriva d'approcher à 25 et 30 mètres des bandes de canards, et d'abattre trois ou quatre pièces de mes deux coups de fusil. Mais de quel travail étaient payés de si maigres succès, quand il me fallait ensuite hâler mon bateau à la remonte ! J'en fus bientôt découragé et me replongeai dans la recherche de quelque chose de plus pratique.

La trop courte portée de nos armes et le poids excessif de mon bateau étaient les écueils contre lesquels j'avais échoué. Je les tournai de la façon suivante :

M. Pontdeveaux, le fabricant d'armes de chasse le plus en renom de Saint-Etienne, voulut bien, sur ma demande, me faire confectionner une canardière du calibre 2, étoffée de manière à pouvoir supporter une très forte charge de poudre et de plomb ; puis je fis faire, à Moulins, quatre petites yoles : deux en bois de chêne très sec et les deux autres en tôle. C'étaient de vraies coquilles de noix, si légères que je pouvais les mettre au chemin de fer comme de simples colis, mais d'un équilibre si instable que je crus prudent de m'exercer à leur manœuvre pendant les beaux jours de l'été. Tomber à l'eau, en cette saison, était sans conséquence ; plus tard c'eût été différent. A force d'exercice, je parvins à conserver mon équilibre soit qu'il s'agit de les faire pirouetter sur place, de les diriger dans un sens quelconque ou de remonter le courant.

Le problème était résolu, et, pendant vingt-cinq hivers, je fis sur l'Allier des chasses magnifiques. Je tuais, chaque année, des quantités énormes de canards sauvages et d'autres oiseaux aquatiques parfois très rares. J'abattis, un jour, quatre cygnes d'un seul coup de canardière. Leur blanche dépouille peut encore se voir chez trois de mes amis.

Quand la rivière charriait des glaçons, je franchissais, ordinairement, en trois étapes, la distance, d'environ trente lieues, qui sépare Port-Picot, près Maringes (Puy-de-Dôme), de Bessay (Allier). Arrivé à Bessay, je remontais, avec ma yole, par le chemin de fer, à Saint-Germain-des-Fossés, et consacrais un quatrième jour à refaire, une seconde fois, ma troisième étape.

Partant dès l'aube, muni de ma canardière, d'un fusil double et d'une longue-vue de marine, droit ou à genoux dans ma yole, je cherchais à découvrir les bandes de canards qui se trouvaient en aval. Aussitôt que l'une d'elles était en vue, bien avant d'être aperçu par elle, je me couchais de mon long sur le fond de ma barque, la canardière à l'épaule, le pied passé dans l'anneau du gouvernail, et, sans bruit, je réglais ma marche de façon à prendre de file le groupe le plus compact des oiseaux. Les vedettes, la tête à demi-cachée sous l'aile, mais les yeux ouverts, me laissaient passer sans défiance, se contentant, à mon approche, de faire un pas ou deux sur la glace en poussant quelques couac ! couac ! puis elles reprenaient leur première attitude. Arrivé à 60 ou 70 mètres, je lâchais le coup de canardière. La place restait souvent noire de victimes !... Il fallait alors se hâter de ramasser les morts et d'achever les blessés qui, nageant sous les glaçons, ne sortaient de l'eau que l'extrémité de leur bec. Mais pas un faux mouvement !... sinon un « bain frais » est préparé pour le chasseur. J'attérissais enfin à l'endroit le plus favorable afin de recharger ma canardière et « d'arrimer » mes victimes le long de chaque bord, de manière à ne pas détruire l'équilibre de ma légère embarcation ; puis je repartais à la découverte.

De telles expéditions, on peut le croire, ne s'ache-
vaient pas toutes sans péripéties assez dramatiques.

Un jour d'hiver, en 1859, je descendais l'Allier, en
amont de Vichy-les-Bains. Après avoir fait un superbe coup de canardière sur des harles siffleurs et
ramassé les morts, j'avais abordé, en toute hâte, pour
achever les blessés qui étaient venus chercher un
refuge sur la rive, me bornant à sortir ma yole à
moitié de l'eau, sans « l'amarrer ». Je recueille deux
ou trois canards, puis, craignant de perdre un temps
précieux, je reviens à ma yole ; mais, cruelle surprise !... Elle n'y était plus !... Les glaçons, en la
heurtant, l'avaient déprise et entraînée. En regar-
dant attentivement, je l'aperçois à 150 mètres déjà,
au milieu des glaces... et j'y avais laissé ma longue-
vue et mes précieuses armes !... Croyant le tout
perdu, j'en étais désespéré.

Cependant, il n'est pas dans ma nature, tant qu'il
y a quelque chose à tenter, de me croiser les bras en
face du malheur, et de me lamenter inutilement. Je
me rappelai qu'à St-Yorre, c'est-à-dire à deux ou
trois kilomètres en aval, il y avait une barque de
passeur, et pensai qu'avec l'aide du batelier, je
pourrais, peut-être, saisir mon esquif au passage.
Ranimé par cette espérance, je m'élançai, au pas de
course, dans cette direction. Je m'étais tellement
surmené que je ne pus, en arrivant, prononcer une
seule parole. Mais le brave homme comprit ma
pantomime effarée. Bien que n'étant plus jeune, il

me prêta généreusement un concours qui n'était pas sans offrir de sérieux dangers.

La barque se manœuvrait par un « va-et-vient » établi, d'un bord à l'autre, à l'aide d'un câble. Nous unissons donc nos forces sur la corde tendue pour arriver à l'endroit du courant où devait passer ma pauvre yole, que je voyais, d'un air inquiet, rapidement descendre. Mais les glaçons, serrés les uns contre les autres, paralysaient nos efforts, et, par leurs chocs répétés, menaçaient même de défoncer la barque.

Malgré les obstacles, nous approchions pourtant du but et je renaissais à l'espoir..... une seconde encore et ma yole allait passer à ma portée..... mais, ô cruelle déception ! Un énorme glaçon vient se placer entre nous et, la heurtant, la fait dévier de plusieurs mètres.

Je me sentis frappé au cœur de ce coup inattendu. Alors, comme transporté, sans réflexion. ne tenant plus compte d'aucun péril, je saute follement sur le glaçon, d'un bond qui l'effleure à peine, et je tombe à plat dans ma yole en poussant un cri d'immense soulagement.

J'étais dans ma chère yole ! Je touchais mes armes et je venais d'échapper à un très grand danger ! J'en remerciai Dieu dans mon cœur ; puis, comme si rien ne me fût advenu, tant la jeunesse est insouciante, je me mis à ramer de toutes mes forces, en chantant gaîment :

> Et vogue la nacelle .
> Qui porte mes amours, etc.

J'étais, le soir, à Saint-Germain-des-Fossés, où m'attendait un de mes excellents amis. Tout en causant, à notre aise, canards, canardière, yole, pêche, chevaux et chiens, nous choquâmes plus d'une fois nos verres remplis de la liqueur pétillante et mousseuse de Moët et Chandon, en l'honneur des événements de la journée et de nos succès futurs.

Le lendemain, je reprenais le cours de mes expéditions, et, d'un seul coup de canardière, je tuais seize canards. Le bulletin de la journée portait 58 victimes, que mon ami L... reçut dans un sac, à ma descente de wagon. Son enthousiasme fut tel qu'il tint à le porter lui-même, jusqu'à sa maison, sur ses robustes épaules.

Le temps s'étant maintenu au froid pendant les jours suivants, je fis encore, dans les mêmes cantonnements, plusieurs chasses magnifiques. Sans compter un nombre respectable de canards, je parvins, un jour, à tuer trois oies sauvages. Un autre jour, j'anéantis toute une bande de sarcelles. Les chasseurs des environs, dont la curiosité était éveillée par les formidables détonations de ma canardière, et par le bruit de mes succès, venaient souvent me visiter. Je leur montrais ma yole, et, non sans malice, je vantais ses qualités nautiques et leur offrais d'essayer de la manœuvrer. Je me sentais très fier quand

leur mine déconfite disait, avec éloquence, et leur étonnement de me voir assez téméraire pour me confier à
cette coquille, et leur éloignement de se laisser gagner par l'exemple. Avant la fin de la semaine, je
faillis payer chèrement la puérilité de cet orgueil.

Un matin, en traversant le port de Billy, le pon-
tonnier me dit : Prenez garde en descendant ! Passez
« en galerne », car, hier, M. Albert Platrier, de Ville-
neuve, s'étant engagé, après vous, « en mer », a
été entraîné par des glaces ; son bateau s'est tourné
en travers sur des piquets ; l'eau est entrée dedans,
et il a coulé à fond, lui aussi !.....

— Il n'a pas crié au feu ?

— Ah ! ah ! ah ! Je ne crois pas !

— Est-il sorti du bouillon ?

— Oh ! oui. Mais il a eu bien du mal ! Il est allé
se mettre au lit, au domaine voisin, pendant que ses
vêtements séchaient.

— Alors tout va bien ! Il ne s'en sent plus, sans
doute ? Tant mieux !

Et je m'éloignai sans plus y penser. Quelques
heures après, j'étais moi-même exposé aux plus
grands périls. Cette néfaste journée restera, à jamais, gravée dans mes souvenirs.

En arrivant au pont de Choiseuil, près Varennes,
la rivière, fort grande avant les froids, s'était brusquement retirée. Sur les bords, les glaçons amoncelés
formaient d'épaisses banquises. Bientôt le lit de la
rivière se réduisit à un étroit chenal, dans lequel se

précipitait un courant impétueux, et je me trouvai irrésistiblement emporté le long de ces glaciers sous lesquels, par suite du retrait des eaux, s'offraient des excavations béantes. Vingt fois je crus que ma yole allait s'y engouffrer, et chaque effort surhumain qui me tirait encore une fois d'affaire, me semblait le dernier qu'une fatigue accablante me permit de tenter. Impossible d'aborder, personne en vue, et, toujours, à droite et à gauche, des murs de glace ou des gouffres ; sans compter les glaçons libres qui, en heurtant mon frêle esquif, menaçaient de m'engloutir !

On peut juger de mon anxiété. Pourtant il m'était réservé, ce jour-là, des angoisses encore plus poignantes.

Je continuais à descendre ainsi, malgré moi, le courant, quand, non loin de Chateldeneuve, j'aperçois tout à coup, à 200 mètres devant moi, la rivière barrée par une ligne d'une teinte blanchâtre uniforme. La rivière était prise ! Je me crus, sincèrement, voué à une mort affreuse. En vain je m'efforce désespérément de remonter le courant à forces de rames ; il m'entraîne avec une rapidité croissante. Vaincu, anéanti, je me jette au fond de ma barque, en recommandant mon âme à Dieu..... J'approche..... le fracas des glaces annonce que l'instant fatal est arrivé..., j'attends le choc en fermant les yeux..... Une secousse violente soulève ma yole, qui s'affaisse aussitôt en oscillant sur elle-même, et je crois me sentir descendre dans les noires profondeurs du gouffre !..... Un cri d'horreur s'échappe, malgré moi, de mes lèvres ! mais, contre toute attente, la yole se relève. Je regarde alors et je m'aperçois que plusieurs glaçons, en enserrant ma barque, l'ont miraculeusement protégée !

Mais, derrière moi, les glaces, rapidement, s'accumulent et se soudent.

Je suis prisonnier.

Maintenant que je suis condamné à l'immobilité, les morsures du froid sont cruelles.

Et la nuit approche rapidement.

Que faire ? que devenir ?

Personne pour me venir en aide !

Il ne me reste qu'un espoir, c'est que la glace devienne assez solide pour me permettre de sortir de cette horrible situation avant que je sois tué par le froid.

J'attends pendant deux grandes heures. A la fin, ne pouvant plus résister à l'engourdissement du sommeil fatal qui s'empare de moi, je saisis mes armes, et, au milieu de l'obscurité, je m'élance, de toute ma vitesse, dans la direction présumée de la rive. La glace criait et se fendait effroyablement sous mes pas ; plus d'une fois j'y enfonçai jusqu'à mi-jambe ; j'y serais certainement resté si je n'avais eu soin, à chaque chute, de placer, à plat, ma canardière sur la surface de la glace, et de m'en faire un soutien.

Enfin j'atteignis la terre ferme, et commençai seulement à respirer. Le danger était passé ; néanmoins je n'étais pas encore entièrement aux termes de mes épreuves. Il me fallait trouver une maison et je devais errer à l'aventure, me heurtant, à chaque pas, aux obstacles de toute nature d'une marche à travers champs, dans la neige, par une nuit obscure. Au bout d'une heure, le hasard me conduisit à un domaine. Les chiens voulaient me dévorer ; j'eus grand'peine à défendre mes mollets contre leurs incisives. Leurs maîtres, heureusement, vinrent à mon secours. Apprenant que j'étais un chasseur égaré, ils voulurent bien me donner un guide pour me conduire à l'auberge la plus voisine.

Le lendemain, à l'aide de haches et de cordes, je parvins à dégager ma yole. Je la fis transporter à la gare d'Hauterive, en me promettant bien que la leçon me porterait profit, et que la rivière ne me verrait plus dans des circonstances aussi périlleuses.

Et j'ai tenu ma promesse... à peu près comme les marins accomplissent, quand ils n'ont plus peur, le vœu fait durant la tourmente.

Du Colletage

Le colletage a fait, depuis quelques années, des progrès tellement effrayants, que si des mesures efficaces et rigoureuses ne sont promptement prises, la destruction complète du petit gibier est certaine et ne saurait tarder.

Le colletage, dans le centre de la France, se pratique sur une vaste échelle et avec une très grande habileté.

Voici comment opèrent les hommes des champs : Les gens de ferme, les jeunes garçons principalement, tendent tous des collets aux faisans, perdreaux, lièvres, bécasses, etc.

Après la levée de la récolte, s'ils remarquent un champ de paille d'avoine, de blé noir, fréquentés par les faisans, perdreaux, etc., ils répandent du grain dans les sillons pour y attirer le gibier, puis y placent, retenus par de petits piquets, de nombreux collets faits de quatre crins. Il n'est pas rare qu'une compagnie s'y prenne tout entière.

Il n'est pas un seul héritage qui tour à tour ne soit colleté.

Ce colletage de tous les jours, dans tous les champs, produit des effets désastreux, même avant l'ouverture de la chasse. Le gibier qui échappe est pris, à l'époque des semailles, par le même procédé.

Les perdrix rouges sont prises au bois sur les charbonnières ou places à fourneaux.

Pendant le temps de neige, ils se servent de cages, de forme carrée, faites en branches de coudrier, très ingénieusement façonnées, avec lesquelles ils prennent des compagnies entières.

Les filets de toute nature sont très dangereux

pour la destruction du gibier, c'est incontestable, mais leur emploi est rare, tandis que le colletage est incessant. C'est la destruction complète et fatale de la perdrix.

Pour le lièvre, il n'y a pas une haie qui ne soit garnie de collets.

Si les ouvertures sont un peu grandes, ils passent une tige de bois en travers, garnissent les côtés d'épines, placent ensuite le collet au milieu, après l'avoir fait flamber au papier, pour lui enlever l'odeur de la main de l'homme.

Il en est qui sont si habiles, qu'ils prennent, au moyen de piquets, le lièvre aussi bien en plein bois que sur les lisières.

Le prix du gibier a atteint un chiffre tellement élevé aujourd'hui, qu'il a excité toutes les convoitises, et que les uns collètent par intérêt, les autres pour le *bec*. Tous, en présence de l'impunité, s'en occupent : aussi la destruction marche rapidement. Il y aurait donc urgence à prendre, le plus promptement possible, les mesures les plus rigoureuses pour en arrêter les effets.

A tous les moyens de destruction que je signale, vient encore se joindre, chaque printemps, le fléau dévastateur de la fauchaison des prairies artificielles. Je puis citer des faits désolants pour les chasseurs. Autrefois, dans la Limagne d'Auvergne, plaine si fertile et si étendue, chaque chasseur levait facilement, dans sa journée de chasse, dix à douze compagnies de perdreaux, et des cailles à chaque pas. Actuellement, dix chasseurs ne lèveraient pas une compagnie en quinze jours de chasse. Tout a été détruit par les prairies artificielles.

Dans la Nièvre, un fermier des plus dignes de foi m'a affirmé que, dans la propriété qu'il faisait valoir, d'une étendue de 180 hectares, on avait détruit, le même printemps, dans les trèfles et luzernes, 63 nids de perdreaux et 18 nids de faisans.

Dans une propriété voisine, 33 nids de cailles et 12 nids de perdreaux avaient eu le même sort.

Ce fléau a tout détruit dans ce département et dans les départements voisins.

Pour y obvier, je ne vois d'autre moyen que d'avoir recours à l'élevage du gibier, dont je vais parler dans le chapitre suivant.

De l'Élevage du gibier, du Faisan

En présence de la destruction du gibier par les causes que je viens d'énumérer, il faut absolument que tous les chasseurs indistinctement s'occupent de l'élevage du gibier, sinon il faudra mettre le fusil au crochet... et le laisser au repos... Mais comme il serait par trop triste d'en arriver à cette extrémité, je vais traiter la question de l'élevage du gibier : question capitale qui peut tout sauver encore, avec quelques soins et un peu de bon vouloir.

Je fournirai d'abord des renseignements sur l'élevage du faisan avec les poules mères et avec des poules de basse-cour, puis sur l'élevage des perdreaux, des cailleteaux et des faisandeaux par l'incubation artificielle. Ce dernier moyen est employé par tous les grands propriétaires et chasseurs des environs de Paris.

De l'Élevage du Faisan

Le faisan est incontestablement le plus beau des oiseaux de nos climats ; mais, il est stupide et sans défiance, facile à prendre et à tuer. Il faut donc avoir des gardes habiles et vigilants pour le défendre de ses ennemis à quatre pattes aussi bien que de ceux à *deux* pieds. Ces derniers ne sont pas les moins dangereux. Ils lui font une guerre incessante et acharnée, surtout par les temps pluvieux, et à la brune, qui est le moment où il se perche, et où il est le plus facile de l'approcher.

Ma première recommandation est de lui préparer à l'avance, près des jeunes taillis, une nourriture abondante qui lui convienne, telle que sarrasin, betteraves, avoine, froment, et verdure près d'un cours d'eau. Dans ces conditions, l'éleveur peut être assuré de voir non seulement ses élèves réussir, mais encore d'attirer ceux des voisins.

En ce qui concerne l'élevage, rien n'est plus

simple et plus facile, avec des gardes ou des gen
intelligents et soigneux.

L'éleveur fera faire, pour trente faisans, un parallé
logramme en planches de 4 mètres de long su
chaque côté, et de 1^m,30 de haut, connu à Pari:
sous le nom de parquet.

On sablera l'intérieur avec du menu gravier, et o
plantera au milieu une perche ayant à peu prè:
33 centimètres de circonférence et une hauteur d
2 mètres. On placera des chevilles en bois, d
distance en distance, pour faire percher le co
faisan.

On mettra, aux quatre coins du parallélogramme,
une petite planche en appentis recouverte de genêts,
de manière que les quatre faisanes puissent se
cacher dessous et y être tranquilles pour pondre.

Un coq faisan, âgé de 2 à 3 ans, suffit parfaitement
pour quatre poules.

On couvrira ensuite le parquet avec un filet en
grosse ficelle ou en toile métallique, pour que les
oiseaux ne puissent s'envoler : on ménagera de
petites ouvertures et une porte mobile : les unes pour
laisser sortir et entrer les petits faisandeaux, l'autre
pour permettre à l'éleveur de pénétrer au besoin
dans l'intérieur.

On multipliera ces parquets autant qu'on le voudra
et suivant la quantité d'élèves qu'on pourra faire.

Pendant la ponte et même bien avant, le garde
aura eu soin de s'informer et de prendre note de

toutes les fourmilières qu'on lui aura indiquées, ou qu'il aura pu rencontrer lui-même dans ses tournées, afin de pouvoir les retrouver facilement pour en récolter les œufs et les donner chaque jour aux faisandeaux après l'éclosion.

Lorsque les poules faisanes auront achevé leur ponte, on les lâchera avec le coq, afin d'avoir deux couvées par faisane : car, aussitôt en liberté, elles en feront une nouvelle que, naturellement, elles mèneront elles-mêmes.

Quant aux œufs de la première ponte des quatre faisanes, l'éleveur les fera couver par des poules ordinaires, qu'il placera dans des paniers d'osier recouverts d'un couvercle mobile, à l'extrémité duquel sera pratiquée une ouverture pour laisser passer la tête seulement et maintenir le corps.

Tous les matins, on donnera aux couveuses un quart d'heure de liberté pour manger, puis on les réintégrera dans leurs paniers jusqu'à l'éclosion des faisandeaux. La durée de l'incubation est de 20 à 25 jours.

Aussitôt nés, le garde aura soin de les placer dans un endroit sec et au midi, près de son habitation, tel que parc, jardin, cour, de manière à pouvoir les surveiller attentivement.

Pour éviter que la poule ne tue les poussins, en voulant leur apprendre à chercher leur nourriture en grattant, il la placera dans une petite niche faite en terre et gazon, ayant la forme d'une coquille de noix creuse, d'une hauteur de 55 centimètres, sur 30 de large et 40 de profondeur, de façon à lui permettre de se mouvoir mais non de gratter. L'ouverture sera fermée par des barreaux en bois fixes, à l'exception de celui du milieu, qui sera mobile. Ils seront espacés de manière que les petits faisandeaux puissent entrer et sortir à volonté.

Vingt-quatre heures après l'éclosion, on leur donnera, trois fois par jour, des œufs de fourmis, parce que c'est l'aliment qu'ils digèrent le mieux, mais en petite quantité les premières fois. Au bout de quelques jours, on commencera à mêler des larves de fourmis avec des œufs de poule cuits et durcis, hachés avec de la salade et de la mie de pain rassis, et on donnera de la verdure à discrétion.

La proportion, pour 30 à 35 faisandeaux ou perdreaux, est de 750 grammes, ou une livre et demie de pain émietté et 3 œufs durcis. On donnera, entre les trois repas, un litre à peu près de larves de fourmis chaque jour. On augmentera la ration à mesure que les élèves grandiront.

Chaque fois que le garde leur apportera à manger, il les appellera en sifflottant doucement, et ils ne tarderont pas à obéir.

Il devra prendre toutes les précautions possibles, pour les préserver de l'eau et de l'humidité, car elles leur sont nuisibles.

L'exercice et la liberté leur sont très nécessaires ; c'est une condition de réussite.

Le garde chargé de la récolte des larves de fourmis devra la faire avant neuf heures du matin, car, passé cette heure-là, les mères les remontent et les dispersent dans la fourmilière. Il devra prendre grand soin d'enlever le dessus des fourmilières, chaque fois qu'il les visitera, après avoir pris les larves. Il mettra à la place un tout petit fagot fait de branchages très minces et de feuilles mortes, de manière à pouvoir boucher le vide, et faciliter, par ce moyen, le travail réparateur des fourmis. Il recouvrira ensuite le tout avec les matières qui s'y trouvaient auparavant. Trois semaines après, les mêmes fourmilières pourront être visitées de nouveau ; elles contiendront la même quantité de fourmis que la première fois, et naturellement le garde opérera de la même manière.

D'après une note du Dr Jouanes, on pourrait remplacer, jusqu'à un certain point, les œufs de fourmis par du cœur de bœuf cuit, finement haché, des jaunes d'œufs cuits durs et de la mie de pain rassis.

La maison Lefaucheux, rue Vivienne, 37, Paris, est dépositaire d'un aliment qui réussit très bien également, pour élever et nourrir les faisans, les perdrix et autres volatiles. Une récompense a été décernée à l'inventeur, M. Jouanes-Chambertin, à l'Exposition de 1878, pour son *spanish meal aromatic cagar excelsior*.

On peut donner encore, dans le cas où les œufs de fourmis feraient défaut, de la fibrine de volaille, qui se vend à Paris, rue Caumartin, n° 36, sous le nom de *Sprat-patent*. Cette pâtée est composée avec de la farine de maïs et de la viande hachée.

Les grands éleveurs, en France, font usage de ces aliments pour leurs faisans et perdreaux, et ils s'en trouvent très bien. Les chasseurs peuvent donc avoir pleine et entière confiance dans ces indications, qui, puisées aux meilleures sources, ont reçu la consécration de l'expérience. J'indiquerai, aux chapitres suivants, d'autres systèmes d'alimentation qui, paraît-il, sont d'un merveilleux effet pour tous ces intéressants volatiles. L'important est de leur donner la nourriture à propos, très proprement et très régulièrement.

Dans ces conditions, les faisandeaux s'élèveront parfaitement et sans s'apercevoir de la maladie à laquelle ils sont sujets à l'âge de trois mois : crise de la mue, qui en fait périr parfois un grand nombre, lorsqu'ils ont été mal soignés.

Il faudra, à ce moment-là, leur donner une nourriture très substantielle, composée d'une pâtée de mie de pain bouillie dans du lait avec des œufs durs, du bœuf ou cœur de bœuf bouilli et haché très menu, saupoudrée d'une cuillerée à café de poudre *corroborante de Mille*, pour quinze faisans, tous les jours, jusqu'à ce que les oiseaux aient achevé leur transformation.

Si la diarrhée apparaissait chez les élèves, il faudrait leur donner une prise de poudre carminative avec la pâtée de cœur de bœuf bouilli et pilé, *sans sel*.

Lorsqu'on voudra lâcher les faisans, on les transportera dans un endroit sûr, et préparé à l'avance près d'un bois taillis, dans lequel ils puissent se réfugier en cas de danger, et à côté, trouver à vivre facilement et abondamment.

Comme on le voit, l'élevage du faisan est bien simple et bien facile ; il ne demande que des soins et de la régularité, pour l'alimentation des élèves. Je ne saurais donc assez recommander aux chasseurs de travailler ardemment à la multiplication de ce charmant gibier, pour avoir plus tard le plaisir de le chasser, et de l'abattre à coup de fusil.

Élevage du gibier par les Couveuses artificielles

L'incubation et l'élevage du gibier à plumes par les mères ou par de petites poules, est le procédé le plus naturel, et on doit penser qu'il doit donner les meilleurs résultats ; néanmoins les Couveuses artificielles sont appelées à rendre les plus grands services pour le repeuplement des chasses. Elles ont le précieux avantage d'être toujours prêtes à recevoir les œufs de perdrix, de caille ou de faisan, qu'on trouve dans les champs à l'époque des fauchaisons. Ces appareils sont déjà employés sur de nombreux terrains de chasse et réussissent à merveille. Parmi les nombreux systèmes qui se disputent la faveur des amateurs, celui que je recommande particulièrement, est le système Voitellier. Il est simple, commode ; assure une température régulière : la distribue également à tous les œufs ; répartit à volonté, d'une manière lente et constante, l'humidité nécessaire ; fournit l'air respirable sans refroidissement et peut être confié à toutes les mains. Une bonne poule couveuse aurait peine à faire aussi bien.

La source de chaleur employée est l'eau chaude. C'est, de toutes, la meilleure et la plus pratique, pour cette raison que l'eau éloignée de tout générateur de chaleur ne peut, dans les réservoirs entourés de corps isolants qui la contiennent, que maintenir sa température, sans faire subir aux œufs un excès de chaleur. Or, l'excès de chaleur est le plus grand, on pourrait dire le seul écueil de l'incubation artificielle ; et, à ce point de vue, le chauffage au moyen d'une lampe ou d'un foyer de calorique quelconque, si modéré, si perfectionné qu'il soit, n'égalera jamais le chauffage par renouvellement d'eau.

Le degré de chaleur de l'eau introduite dans le réservoir ne peut que diminuer d'heure en heure progressivement. La Couveuse peut donc être abandonnée à elle-même pendant un temps connu, puisque le refroidissement de l'eau s'opère toujours dans le même laps de temps. Avec tout autre système, il peut se produire des coups de chaleur.

Le défaut d'un grand nombre de systèmes, est de produire la chaleur au-dessous des œufs. C'est absolument contraire à la nature. Quand l'œuf est sous la mère, il ne reçoit la chaleur que par la moitié de ses surfaces, tandis qu'il est desséché de tous côtés à la fois, quand il est plongé, de toutes parts, dans une atmosphère également chaude. Toutes ces imitations sont donc désastreuses dans la pratique, et le public n'est plus dupe, aujourd'hui, des réclames bruyantes qu'on leur a faites.

La Couveuse Voitellier repose donc sur le seul bon système qui existe. Elle est tellement simple qu'on peut la confier aux mains les moins intelligentes et les moins expérimentées, sans crainte de détérioration ou d'insuccès. C'est aussi la seule qui permette d'assister au travail si intéressant de l'éclosion, et de surveiller, sans déranger la couvée, la marche de la température. Son prix est d'ailleurs abordable pour tout le monde ; sa construction des plus soignées. Je l'ai vu fonctionner au grand couvoir de Mantes et à Paris, près du Théâtre-Français, où le public se presse du matin au soir, pour voir de charmants poussins tout nouvellement éclos, aussi gais, aussi bien portants avec leur mère artificielle, que sous la meilleure des poules. Les résultats qu'on en obtient sont si satisfaisants qu'ils égalent, s'ils ne dépassent, ceux que donne l'incubation naturelle elle-même.

La conduite de la Couveuse est d'ailleurs des plus simples. Un peu d'eau chaude à changer matin et

soir, retourner les œufs et les laisser refroidir environ dix minutes. Il n'est pas besoin d'autres soins.
L'éclosion se fait seule le 21e jour. La machine
marche seule, et il suffit de s'en occuper à des heures
réglées à l'avance. C'est une distraction plutôt
qu'une occupation.

Et quels services elle rend aux chasseurs, surtout
au moment où des milliers d'œufs de perdrix sont
perdus par la coupe des récoltes. La Couveuse ne se
refuse jamais à jouer le rôle de mère providentielle,
et il n'est plus à craindre de voir les grandes plaines
dépeuplées. En tout cas, il est toujours facile de les
repeupler rapidement.

Propager les Couveuses artificielles et surtout les
bonnes Couveuses, c'est donc faire œuvre aussi utile
pour la chasse que pour l'agriculture ; c'est travailler,
en même temps, à l'agrément de la vie à la campagne,
et à en adoucir parfois la monotonie. Pour tous ces
motifs, ce livre devait nécessairement leur consacrer
un chapitre spécial.

LA COUVEUSE ARTIFICIELLE ET LES ÉLEVEUSES VOITELLIER

À Mantes (Seine-et-Oise), et à Paris, 4, place du Théâtre-Français

---

Description de la Couveuse Voitellier

La Couveuse Voitellier est, avant tout, un appareil simple et pratique.

La chaleur est donnée par l'eau, renfermée dans un réservoir circulaire placé au-dessus des œufs ; ceux-ci reposent sur un fonds de bois, garni d'une épaisse couche de sable humide, recouvert d'un lit de paille mince. Les œufs n'ont aucun contact avec le métal, et ne reçoivent aucune chaleur, ni dessous, ni sur le côté : ils ne sont chauffés que par les rayons caloriques qui, partant du réservoir circulaire, convergent vers le centre et donnent la même chaleur que la poule quand elle est posée sur son nid.

Par suite de la forme circulaire, la chaleur est exactement la même sur tous les points. Dix thermomètres placés sur toute l'étendue du diamètre marquent juste le même degré.

La paroi extérieure du réservoir est garnie d'un

épaisse couche de sciure de bois (un des corps les plus mauvais conducteurs de la chaleur).

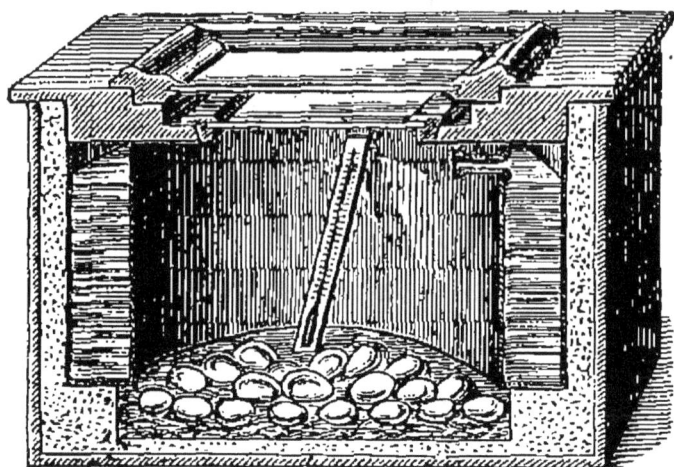

Coupe de la Couveuse Voitellier

L'eau chaude est ainsi maintenue pendant 12 heures à la même température, sans qu'il soit possible de constater au thermomètre plus de 1°5/10 de déperdition pendant ce laps de temps. Encore cette légère déperdition ne se fait-elle sentir que vers la dixième ou onzième heure. Une faible addition d'eau bouillante, toutes les douze heures, suffit pour entretenir une température parfaitement régulière.

Le thermomètre régulateur est placé au milieu des œufs, dans la position verticale. La Couveuse n'est fermée que par deux châssis vitrés superposés. Cette fermeture permet de contrôler à chaque instant le thermomètre, sans ouvrir et sans perdre aucune partie du calorique.

Par suite de ces dispositions, les œufs se trouvent placés dans des conditions absolument identiques à l'incubation naturelle. Ils ont la chaleur en dessus et une fraîcheur relative en dessous.

Tous les œufs de la Couveuse étant soumis à une température égale, il est inutile de les changer de place pendant tout le cours de la couvée; il suffit seulement de les retourner, matin et soir, comme le fait une poule quand elle rentre à son nid après avoir mangé. — Cette opération est très simplifiée par l'emploi des Casiers tourne-œufs. ·

Les conditions de température régulière, d'aération et de chaleur humide sont réunies et la vapeur dégagée de temps en temps à l'intérieur de la Couveuse, remplace, pour les œufs, la transpiration de la poule en incubation.

Ce contrôle permanent de la température peut se faire sans déranger l'économie de la machine, par suite de la transparence des châssis. On a enfin l'agrément de pouvoir suivre toutes les phases de l'éclosion sans ouvrir la Couveuse. — Un des principaux avantages, c'est que le thermomètre, instrument des plus délicats, est placé dans la position verticale, la seule qui lui permette de fonctionner avec précision.

La Couveuse, ainsi construite, est une boîte carrée, peu encombrante, solide, sans ornements et sans aucun accessoire qui puisse être désorganisé ou même cassé par le manque de soins.

La *Sécheuse*, pour recevoir les poussins après

l'éclosion, est une boîte séparée de la Couveuse. légère, peu encombrante, où les poussins sont faciles à soigner pendant les deux premiers jours.

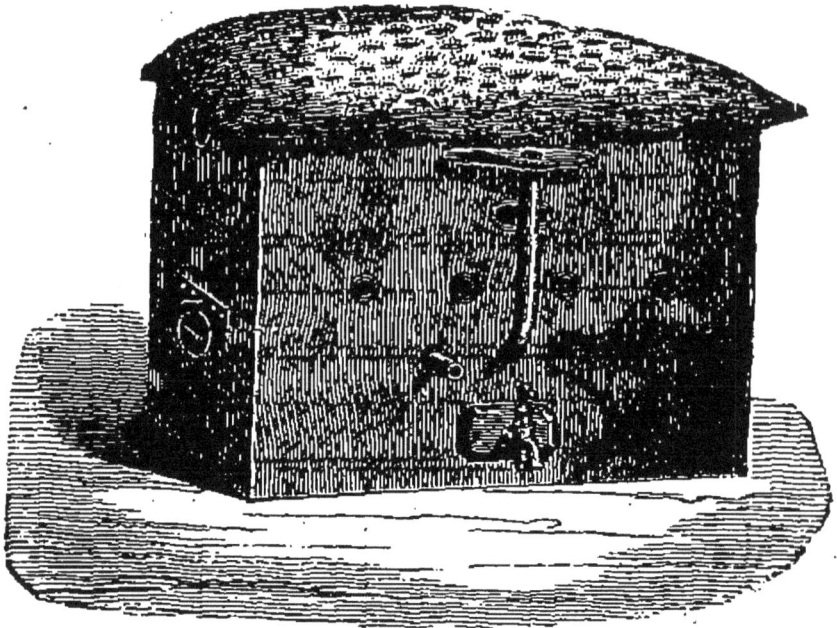

Sécheuse Voitellier

Elle est munie d'un réservoir d'eau chaude qui donne aux poussins une chaleur douce, mais moins élevée que dans la Couveuse ; des bouches placées sur le devant, amènent directement l'air extérieur auquel ils doivent s'habituer.

La Sécheuse est couverte d'un léger édredon, sous lequel les poussins reposent aussi mollement que sous la poule. C'est cependant un asile de courte durée, surtout en été. Le séjour en hiver s'y prolonge un peu plus, mais aussitôt que les poussins sont assez forts pour courir seuls et manger, ils doivent être mis en liberté sous la Mère.

La *Mère* ou Eleveuse est également légère et facile à transporter. Elle a l'avantage de pouvoir se démonter entièrement, ce qui permet un nettoyage simple et facile.

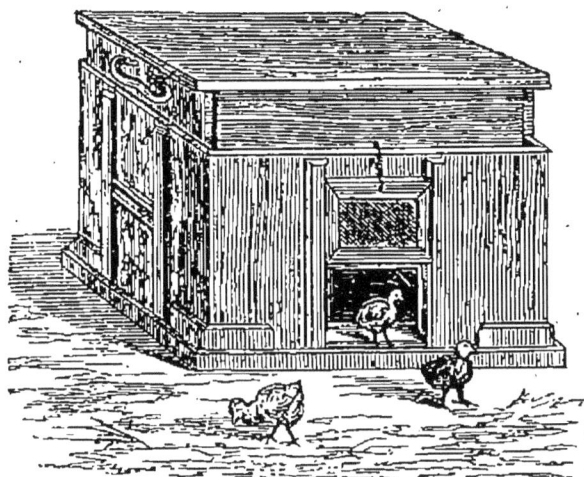

Éleveuse artificielle Voitellier

Elle est composée de trois parties : la première est un plancher mobile sur lequel reposent les poussins ; la deuxième partie est l'entourage en bois qui retient les poulets sur le plancher. Cet entourage est muni de trois portes dont une grillée pour laisser pénétrer l'air ; la troisième est la partie principale ; c'est un réservoir en zinc, encadré dans une boîte en bois, le dessus et les côtés sont garnis d'une épaisse couche de sciure de bois, pour empêcher la déperdition de la chaleur, et le dessous est recouvert d'un velours doux et soyeux.

Les poulets, en passant par les petites portes,

viennent se réfugier sous ce velours, qui, touchant aux parois de la chaudière remplie d'eau bouillante, est constamment chaud, et leur transmet une douce chaleur, tout en lissant leur duvet aussi bien que l'aile maternelle.

Du Thermo-Siphon

Pour les personnes qui éprouvent quelques difficultés à se procurer de l'eau bouillante, la température peut être entretenue au moyen d'un *Thermo-Siphon* d'un nouveau système, très perfectionné, qui se chauffe au gaz, au pétrole, à l'essence, au méthylène, ou au moyen de tout autre produit combustible. La surveillance et l'entretien de ce Thermo-Siphon sont des plus simples et demandent à peine quelques minutes par jour.

Le Thermo-Siphon est le même pour tous les numéros de Couveuses. Toute Couveuse à Thermo-Siphon peut, sans la moindre modification, fonctionner au renouvellement de l'eau ; il suffit d'interrompre, au moyen des robinets d'arrêt, la circulation de l'eau.

Un des principaux avantages du THERMO-SIPHON VOITELLIER est d'être muni de robinets d'arrêt qui permettent, quand il ne chauffe pas, d'interrompre la circulation de l'eau. Cet avantage est considérable en ce sens que la circulation étant interrompue après le chauffage, l'eau ne vient plus se refroidir au con-

Thermo-Siphon Voitellier

tact de l'air extérieur à travers les minces parois du
Thermo-Siphon qui ne peuvent être entourées de
corps isolants.

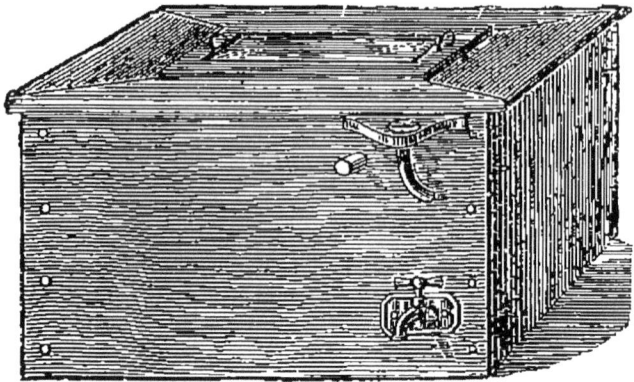

Couveuse Voitellier

Cet arrêt permet d'employer moins de combustible
qu'autrefois et de maintenir, une bien plus grande
régularité de chaleur.

Les Couveuses à Thermo-Siphon sont livrées avec
des instructions spéciales ornées de figures expli-
catives, indiquant la manière de fixer le Thermo-
Siphon sur la Couveuse, d'y adapter la lampe et de
régler la flamme et la température. Enfin, ces instructions sont tellement claires et précises, qu'elles
permettent à la personne la plus inexpérimentée,
n'ayant jamais vu une Couveuse, de la conduire tout
de suite avec la plus grande régularité et d'obtenir
le maximum d'éclosions.

Pour qu'on ne puisse avoir l'ombre d'une hésitation, quand on se trouve pour la première fois en

résence d'une Couveuse à Thermo-Siphon, nous allons énumérer, dans tous les détails les plus minutieux, la manière de procéder.

Le Thermo-Siphon est une sorte de casserole à double fond communiquant par deux tuyaux, avec le réservoir à eau de la Couveuse. L'eau qui se trouve dans cette casserolle sous laquelle est immédiatement placé le verre de la lampe, se chauffe comme si elle était sur un réchaud ordinaire. L'eau chaude étant plus légère que l'eau froide, se place d'elle-même, au fur et à mesure qu'elle s'échauffe, au sommet du récipient, et, cherchant à monter toujours, elle se présente forcément à la seule issue qu'elle trouve libre et suit le cours du tuyau supérieur qui la reconduit dans le réservoir. La place vide qu'elle a laissée dans la casserole en s'enfuyant, est aussitôt prise par l'eau plus froide, et par conséquent plus lourde, qui trouve accès par le tuyau du bas. Il s'établit ainsi une circulation régulière et constante, formant un mouvement de rotation, par suite duquel la totalité de l'eau du réservoir vient passer au-dessus de la lampe et s'y réchauffer. De sorte que, la flamme de la lampe étant toujours la même, la température de l'eau reste constante et régulière. Le Thermo-Siphon, appareil distinct de la Couveuse, s'adapte à celle-ci au moyen de raccords. En recevant la Couveuse, il faut donc commencer par visser les raccords du Thermo-Siphon sur ceux de la Couveuse et les serrer légèrement au moyen d'une clef anglaise ou de fortes pinces. La plupart des raccords ne se composent que d'une simple bague en cuivre avec pas de vis à l'intérieur d'autres, en plus de cette bague, possèdent un robinet d'arrêt. L'utilité de ce robinet n'est que secondaire et ne se manifeste que dans le cas où, pour une raison ou pour une autre, on voudrait supprimer la lampe et conduire la Couveuse avec renouvellement d'eau chaude matin et soir. Si donc il existe aux raccords des robinets d'arrêt, le premier soin, après avoir serré les pas de vis, est d'ouvrir ces robinets, c'est-à-dire de placer la clef en long, dans le sens des tuyaux. En maintenant les robinets fermés, une fois la lampe allumée, on s'exposerait à mener l'eau à l'ébullition dans le Thermo-Siphon sans que celle-ci puisse s'échapper dans le réservoir et à le faire éclater ou tout au moins dessouder par la pression de la vapeur.

Le Thermo-Siphon étant vissé et les robinets étant ouverts, on emplit d'eau, par le tuyau de droite, le réservoir de la Couveuse. Si l'on a de l'eau chaude à sa disposition il est préférable d'employer, pour cet emplissage, de l'eau à 50° ou moitié eau froide et moitié eau bouillante ; cela évite d'attendre 48 heures qu'il faudrait à la petite lampe pour échauffer toute cette masse d'eau, et l'on obtient immédiatement la température de 40° dans l'étuve, que la lampe devra maintenir pendant toute la couvée.

La partie la plus délicate de la conduite, consiste dans la manière de *faire* la lampe. Il est essentiel que la mèche soit coupée excessivement ronde et que le brûleur soit tenu très propre à l'intérieur et à l'extérieur. Pour tenir bien ronde une mèche de lampe à pétrole, il ne faut pas la couper avec des ciseaux, mais brosser seulement la partie carbonisée, soit avec une petite brosse, soit avec un chiffon. Ces soins de propreté étant observés, comme on doit du reste le faire pour toute lampe d'appartement, il faut chaque matin, au moment où on allume la lampe après l'avoir *faite*, tenir la mèche très basse. Toute lampe à pétrole tend toujours à monter peu de temps après avoir été allumée, surtout dans un Thermo-Siphon où la chaleur ambiante rend le pétrole plus combustible. Quinze ou vingt minutes après que la lampe a été allumée, tout est suffisamment échauffé pour que la flamme ait atteint son niveau normal et qu'il n'y ait plus à redouter qu'elle ne file. La flamme étant à hauteur moyenne d'éclairage, comme on la tiendrait dans un appartement, il n'y a plus à s'en occuper pendant 24 heures.

Le bec de lampe étant proportionné à la capacité du réservoir de la Couveuse, il n'y a jamais à craindre ni défaut, ni excès de chaleur, et la température de la Couveuse se maintient aussi régulière qu'avec les régulateurs automatiques les plus sensibles et les plus perfectionnés.

La lampe chauffant sans interruption, on serait tenté de croire que la température de l'eau doit finir à la longue par s'élever. Cela se produirait évidemment s'il n'y avait des causes régulières de déperdition de chaleur qui établissent la compensation.

Matin et soir, la Couveuse doit être ouverte pour laisser refroidir les œufs. Chaque casier plein d'œufs est extrait de la Couveuse et reste à l'air libre pendant 10 à 12 minutes en hiver et 15 à 20 minutes en été. Il n'y a pas à craindre d'assez longs refroidissements, surtout au début de l'incubation. Une poule qui commence à couver ne montre que fort peu d'assiduité les premiers jours et quitte parfois son nid pendant une demi-heure.

On est donc sûr que l'excès de chaleur, qui pourrait être produit par la poussée constante de la lampe, ne sert qu'à réparer la perte faite toutes les douze heures par l'ouverture de la Couveuse, et, quand la température est bien réglée dès le début, on pourrait aller jusqu'à la fin de la couvée sans consulter le thermomètre. Cependant celui-ci est toujours là sous les yeux, placé au milieu des œufs, facile à consulter à travers les châssis vitrés, sans qu'il soit besoin d'ouvrir, et si, par hasard, on constatait qu'il a tendance à baisser ou à monter, il n'y aurait qu'à modifier la flamme de la lampe, dans le sens inverse, ou encore à baisser ou à hausser le plateau qui supporte la lampe de façon à éloigner ou à rapprocher le sommet du verre du Thermo-Siphon et à produire ainsi plus ou moins de chaleur.

Le point essentiel, pour mener à bien la couvée, est de maintenir le plus possible la température à

40° en évitant de dépasser ce point. Mieux vaut se tenir au-dessous qu'au-dessus et pourvu que le thermomètre atteigne 40° pendant deux ou trois heures sur douze, peu importe qu'il descende sensiblement au-dessous pendant le reste du temps.

Ceci est le principe ; mais il n'y a aucun danger d'atteindre 41° ou 42°, même 43° et plus, pendant quelques heures ; de même que l'on peut rester plusieurs jours à 38°, surtout au début, sans inconvénient, et descendre jusqu'à 30° et même 25 pendant plusieurs heures. La régularité absolue de la température n'est pas une condition essentielle de l'incubation, mais cependant elle est un de ses grands éléments de succès.

L'idéal est donc, pour obtenir le maximum de réussite, de ne pas saisir les œufs, au moment où on les met dans la Couveuse, par une température trop élevée ; de les maintenir, par exemple, pendant les douze premières heures à 35° et de les monter progressivement jusqu'à 38°, le lendemain d'arriver à 39° et de n'atteindre 40° que le troisième jour et de bien veiller à ne jamais les dépasser.

Mirer les œufs du 5ᵉ au 6ᵉ jour et maintenir toujours humide le sable qui garnit le fond de la couveuse. Il est facile, en sortant les casiers matin et soir, de se rendre compte au toucher si le sable qui est dessous est suffisamment humide. Pour le mouiller on y jette simplement un verre d'eau froide ou chaude, peu importe, et on replace les casiers par-dessus.

Pour mesurer la durée du refroidissement, il n'est pas nécessaire de compter les minutes. La main suffit à l'indiquer. Il faut qu'au toucher, les œufs, sans donner encore une sensation de froid, ne donnent plus une sensation de chaleur. A ce moment, on peut les rentrer. Le dernier jour, au moment du *bêchage*, on les laisse juste le temps de les retourner pour mettre le point *bêché* en dessus.

Des Casiers Tourne-Œufs

Toutes les Couveuses peuvent fonctionner telles qu'elles sont décrites dans les pages précédentes, en

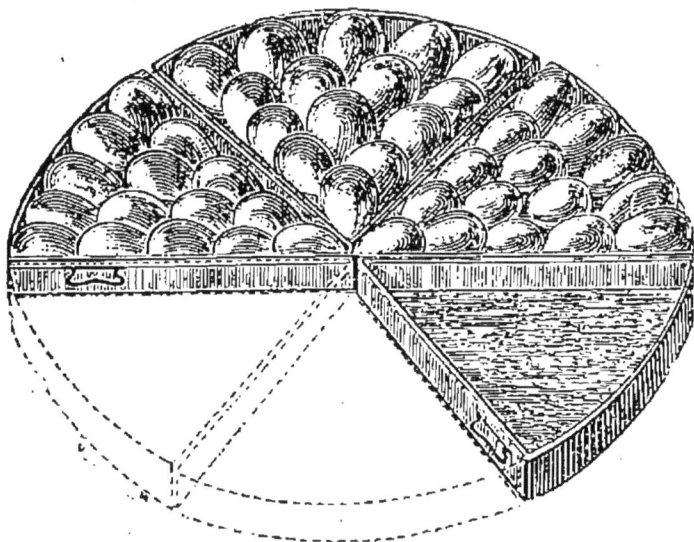

plaçant les œufs sur un lit de paille hachée et en les retournant matin et soir.

Mais il y a là un service pénible et désagréable, qui a été heureusement supprimé par l'invention des Casiers tourne-œufs.

La Couveuse munie de Casiers tourne-œufs contient un peu moins d'œufs, à cause de la place prise par les angles de chaque casier et par les épaisseurs de leurs bords, mais il n'y a pas à hésiter à mettre en incubation quelques œufs de moins, parce que l'emploi des Casiers tourne-œufs assure, avec moins de peine, une meilleure réussite, et un plus grand nombre d'éclosions.

L'application des Casiers tourne-œufs est un des plus heureux perfectionnements qui aient été apportés aux Couveuses depuis leur invention.

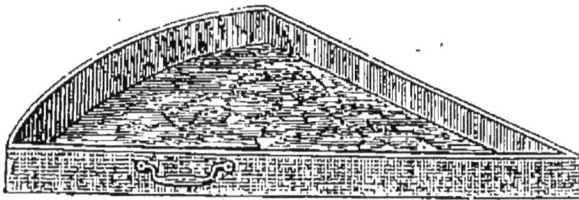

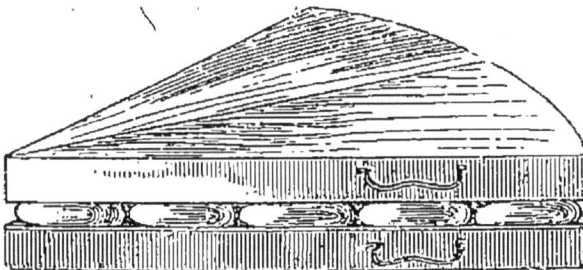

Les Casiers sont d'un usage très pratique pour les personnes qui redoutent de se baisser pour retourner les œufs dans la Couveuse. Matin et soir on sort chaque Casier de la Couveuse et, pour retourner les œufs, on applique un Casier vide sur un autre, puis, prenant les deux entre les mains, et pressant légèrement, on retourne le tout à la fois. Les œufs font chacun un tour égal, sans secousse et sans aucun risque d'être écrasés. Ce système a aussi l'avantage de faire refroidir les œufs hors de la Couveuse, dans un air absolument pur, et d'éviter le refroidissement dans la Couveuse.

De la Supériorité de la Couveuse Voitellier

SUR LES COUVEUSES A TIROIRS ET AUTRES SYSTÈMES ANALOGUES

La comparaison peut être établie à la fois entre ces divers systèmes, tous ces appareils étant absolument identiques dans leur ensemble et n'ayant entre eux que de légères dissemblances.

Les avantages de la Couveuse Voitellier s'indiquent par les points suivants :

Elle donne à tous les œufs une chaleur égale, tandis que dans un tiroir carré les œufs des quatre angles reçoivent moins de chaleur que ceux du centre.

L'aération est plus grande et la chaleur ne provenant pas du métal placé au-dessus de l'œuf, est moins desséchante.

L'humidité est distribuée à volonté, à la fois par le sable humide du fond, et le tuyau de vapeur du dessus, ce qu'il est impossible d'obtenir dans les autres machines.

L'opérateur, si inexpérimenté qu'il soit, peut toujours conduire sa couvée avec certitude, par suite de la faculté de contrôle permanent du thermomètre. Avec les tiroirs, il ne peut agir qu'au hasard ou bien chaque contrôle coûte une déperdition de chaleur considérable très préjudiciable à la couvée.

Le thermomètre, placé dans un tiroir, doit forcément rester dans la position horizontale et finit souvent par donner des indications inexactes. Cet accident est impossible avec la position normale de notre système.

La Couveuse Voitellier est moins encombrante et ne demande pas de place pour le développement des tiroirs. Elle est la seule qui se prête indifféremment à tous les modes de chauffage. et fonctionne aussi bien au renouvellement d'eau chaude qu'au Thermo-Siphon. Le Thermo-Siphon Voitellier est aussi le seul qui, sans modifications, puisse être chauffé au gaz, au pétrole, à l'essence, au calorigène, au méthylène, ou à tout autre combustible.

Toutes les anciennes Couveuses sont montées de façon que, dans le cas d'accident, toute réparation est impossible à une autre personne qu'au fabricant. Le système nouveau, au contraire, est combiné de manière que n'importe qui peut faire une réparation, s'il y a lieu.

La conduite est plus simple et les prix sont moins élevés de plus de 20 0/0.

Enfin des certificats émanant du Jardin d'Acclimatation de Paris, où tous les systèmes ont été essayés, constatent des éclosions de 85 0/0 dans la Couveuse Voitellier. Ce résultat a même été souvent dépassé, nombre de certificats en font foi.

Et comme consécration éclatante de sa supériorité, la Couveuse Voitellier a remporté une *Médaille d'or* à l'Exposition Universelle de 1889.

De l'Ovoscope

APPAREIL A MIRER LES ŒUFS

PERMETTANT DE CONSTATER SI LES ŒUFS SONT FÉCONDÉS APRÈS TROIS JOURS D'INCUBATION. A CE MOMENT LES ŒUFS NE CONTENANT PAS DE GERME PEUVENT ENCORE ÊTRE UTILISÉS POUR LA CONSOMMATION

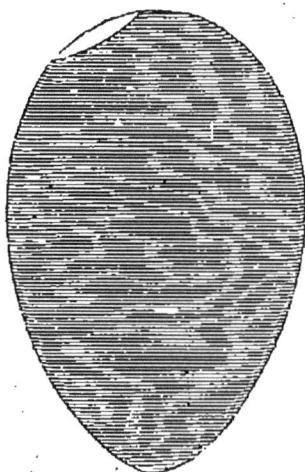

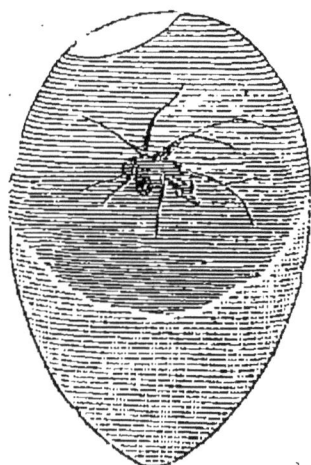

Œuf frais   Œuf vu après 3 jours
                       d'incubation

Pour se servir de l'Ovoscope, il faut opérer le soir ou dans une pièce obscure ; le prendre de la main droite,

le pouce appuyé sur les canelures du coquetier et le tenir verticalement devant une bougie, le plus près possible de la flamme ; placer, avec la main ganche, l'œuf dans le coquetier, le gros bout en l'air, puis, le faire pivoter doucement, en pressant avec le pouce de la main droite. Si l'œuf est fécondé, on devra voir très distinctement, après trois jours d'incubation, le germe affectant la forme d'une araignée rouge. Si l'œuf n'est pas fécondé, et s'il était frais au moment de la mise en couvée, il paraît presque aussi frais que le premier jour.

De la Mère à Lampe

La Mère artificielle la plus pratique, le dernier mot du genre, est incontestablement la Mère à Lampe récemment inventée par MM. Voitellier. Sans diminuer en rien la supériorité sur les appareils similaires de

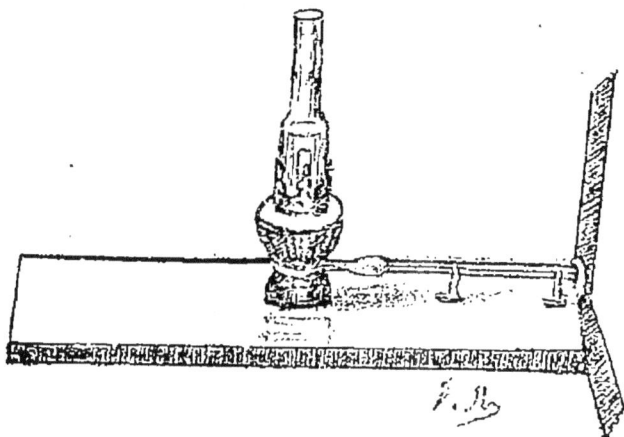

Lampe et son Réservoir

leur Eleveuse à eau chaude, le nouvel appareil leur est préférable, tel le téléphone au télégraphe.

Et nous allons démontrer maintenant que l'élevage des poussins, réputé si difficile, n'est plus qu'une distraction et qu'un jeu, même par les temps les plus rigoureux, et que l'élevage artificiel, pratiqué dans ces conditions, est plus avantageux et plus simple qu'avec les poules reconnues les meilleures couveuses.

Cet appareil si simple, qui donne de tels résultats, est la Mère à Lampe. Nous allons vous la présenter en détail et dans son ensemble :

La Mère à Lampe se compose d'une lampe à pétrole, d'une chaufferette, d'un fond en bois et d'un entourage avec couvercle en zinc.

La première pièce est une petite lampe à pétrole dont le réservoir n'a pas plus de 2 centimètres d'é-

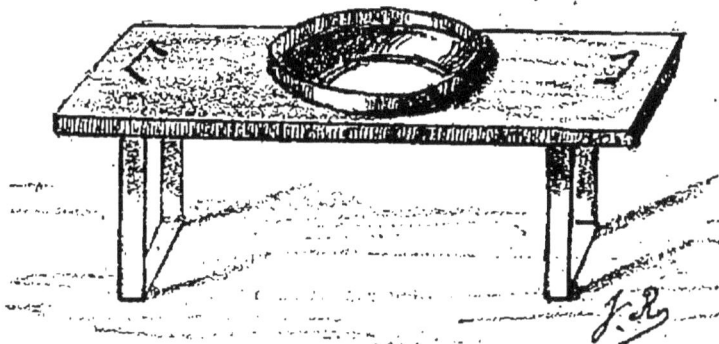

Support de la Lampe

paisseur, mais mesure 0ᵐ10 de large sur 0ᵐ40 de long.

Cette lampe, vu sa forme et ses proportions, peut brûler plus de 30 heures, sans interruption et avec la plus grande régularité ; elle s'adapte à un support spécial qui facilite sa mise en place.

La seconde pièce qui est la pièce capitale, est la chaufferette : c'est une plaque de cuivre de 0ᵐ37 de diamètre à laquelle sont soudés 18 petits bouts de cuivre de 0ᵐ16 de longueur formant une sorte de herse. Le tout est recouvert d'une plaque de métal, laissant place entre elle et la plaque de cuivre à une couche d'air assez épaisse.

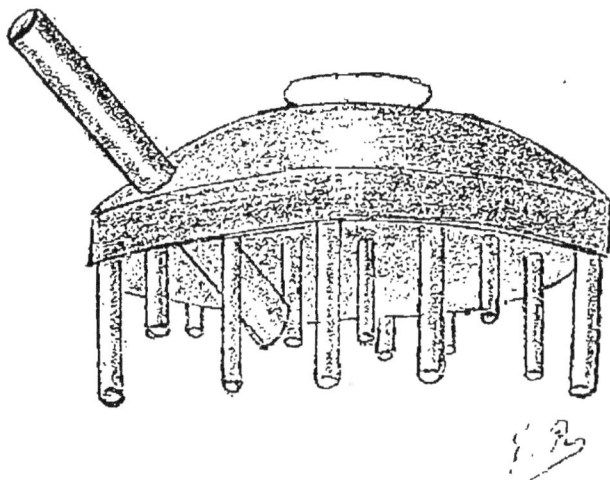

Chaufferette

Au centre de la chaufferette est une petite cheminée dans laquelle vient correspondre le verre de la lampe. Toute la chaleur de la lampe, frappant ainsi la plaque de cuivre à son centre, toute la plaque est vite chaude et, par l'effet de la conductibilité du métal, tous les petits bouts de tubes de cuivre adhérents à la plaque chauffée, deviennent chauds à leur tour. Quelques minutes après l'allumage de la lampe, tous les petits tubes ont une température d'environ 40 degrés. La base des tubes repose sur un fond de bois élevé lui-même sur des pieds, laissant au-dessous une place suffisante pour loger la lampe. Un manchon de tôle perforée protège le verre de la lampe et empêche toute communication entre le dessous, la flamme de la cheminée.

L'excès de chaleur de la lampe, la fumée, si par hasard il s'en produit, s'échappent par la cheminée, correspondant elle-même à un tuyau de tirage pratiqué dans le couvercle ; de sorte qu'il est impossible

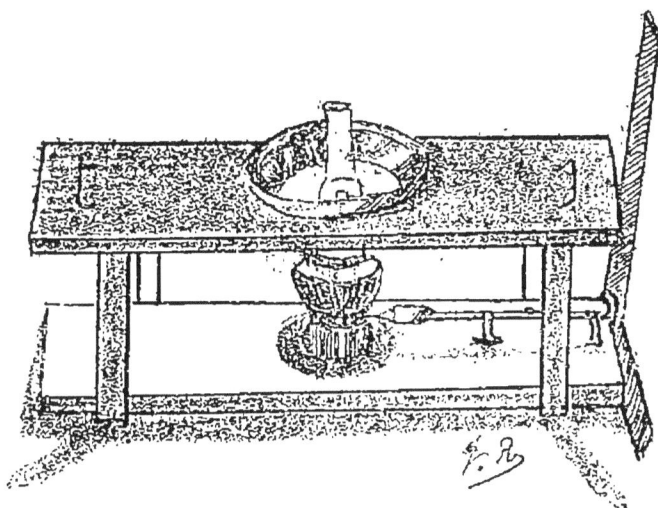

Lampe dans son Support

qu'il se produise à l'intérieur, soit une chaleur trop intense, soit de la fumée, soit même défaut d'aération.

C'est au milieu des tubes de cuivre, constamment chauds et autour du manchon protecteur de la lampe que les poussins viennent se chauffer, comme sous l'aile maternelle. Là, il n'y a aucun danger qu'ils se pressent trop fortement les uns contre les autres ; qu'ils s'écrasent, qu'ils s'étouffent ou que, par le nombre ou la pression, ils ne produisent une chaleur excessive. Entre chaque tube il n'y a place que pour deux poussins, et toute poussée de la foule, d'où qu'elle vienne, est arrêtée par le tube voisin, formant l'office de pilier protecteur. Un couvercle de métal garantit chaufferette et poussins contre les intempéries, et le tout peut passer la nuit dehors par le vent ou par la gelée, sans le moindre inconvénient.

Le point important de toute la combinaison étant la régularité de la lampe, tout a été prévu pour que celle-ci puisse être facilement surveillée et réglée. Dans ce but, un tube de métal traverse la chaufferette, partant du bec même de la lampe et vient aboutir au bord d'un petit châssis vitré, disposé dans le dessus du couvercle. De sorte que l'Éleveuse entière et en fonction, étant posée à terre, on peut, en passant, et sans se baisser, se rendre compte de la hauteur de la flamme de la lampe. La mèche est-elle trop haute ou trop basse, il suffit de pousser ou tirer un petit levier placé, à hauteur de la main, sur le côté externe de l'entourage, pour mettre en mouvement la clé, et monter ou baisser la mèche. Du reste, par suite du niveau constant du pétrole dans le réservoir plat de la lampe, la mèche ne trempant pas plus quand il est plein que quand il est presque vide, l'intensité de la flamme est absolument régulière pendant 24 heures.

Coupe longitudinale de la Mère à Lampe

Sur le devant de l'Éleveuse, et en dehors de la Chaufferette, se trouve un petit promenoir, fermé par une porte grillée, dans lequel les poussins sont à l'aise pour s'ébattre, manger et prendre le frais quand bon leur semble.

En hiver, par les longues nuits, où dès quatre heures de l'après-midi jusqu'à huit heures le lendemain matin, les poussins souffrent de la faim à cause de l'obscurité, le promenoir de l'Éleveuse, qui est toujours éclairé par la lampe, sert en même temps de salle de réfectoire et les poussins y trouvent toujours à manger suivant leurs besoins.

Pour toutes ces raisons, la Mère à Lampe réunit le maximum du confortable.

Avec elle, jamais un poussin plus faible que les autres ne souffre du froid. Il n'a pas besoin d'attendre que ses camarades soient rentrés pour se réchauffer à leur contact ; il n'a qu'à s'appuyer contre son tube de cuivre pour trouver immédiatement une chaleur réconfortante. Par le vent, par la pluie, par la neige, la Mère à Lampe peut rester dehors toute la nuit, les poussins ne se portent que mieux à respirer l'air pur et vif, du moment qu'ils sont suffisamment protégés.

C'est en somme la réunion, au plus haut degré, de tous les éléments d'hygiène, de confortable et d'économie.

Mère à Lampe, couvercle retiré

Mère à Lampe en fonction

Recettes pour empoisonner les Renards

Si on désire des chasses giboyeuses, il ne suffit pas d'élever du gibier ; il faut encore le défendre contre ses ennemis, au premier rang desquels figure le renard. La seule défense possible est de prendre énergiquement l'offensive, et l'arme la meilleure est le poison. Une recette éprouvée est la suivante :

Prendre 500 grammes de graisse de porc ; en faire fondre un quart dans un petit pot neuf ; ajouter deux oignons blancs ; faire bouillir pendant un quart d'heure, puis retirer les oignons ; verser alors le surplus de la graisse dans le pot. Lorsqu'elle sera fondue, y verser 180 grammes de miel blanc, 20 grammes d'iris de Florence en poudre, 38 grammes de fenugrec en poudre. Après avoir fait bouillir le tout, remuer avec une spatule en bois jusqu'à parfait refroidissement, puis recouvrir le pot hermétiquement, afin d'éviter l'évaporation.

Cette composition conserve longtemps ses propriétés.

Lorsqu'on veut prendre les renards, il faut attendre les nuits froides de l'hiver. C'est par un temps sec et froid qu'on réussit le mieux.

Les grands vents, la pluie, l'humidité trop grande de la terre sont des obstacles, car la viande que l'on traîne est bientôt recouverte de terre et de boue. Elle perd alors toutes ses propriétés.

16

Le garde devra prendre un poumon de cheval ou de bœuf, et le placer entre les deux branches d'une perche fourchue, de 1ᵐ60 de long, de façon que la corde qui la retient ne fasse pas approcher la viande trop près du bout du bâton, 20 centimètres de distance environ, afin de pouvoir la faire traîner des deux côtés, alternativement, sur l'herbe.

Les traînées devront se faire sur les endroits gazonnés et les vieux chaumes. Les terres incultes conservent beaucoup mieux l'odeur, ayant avec la viande plus de points de contact.

Avant de commencer sa traînée, le garde prendra une spatule en bois, et frottera le poumon de cheval ou de bœuf, en tout sens, avec la composition ci-dessus. Il fera ensuite griller deux ou trois tranches de pain blanc et les frottera des deux côtés, pendant qu'elles seront chaudes, avec la graisse composée. Il les coupera ensuite par petits morceaux d'un centimètre carré. Il mettra tous ces petits morceaux de pain dans un sac de papier assez large pour pouvoir les prendre facilement. Il les jettera ensuite sur la traînée, de distance en distance.

Le garde aura eu soin de tuer plusieurs moineaux le matin. Il les videra, mettra à la place des entrailles un demi-gramme de strychnine, et bouchera l'ouverture faite au ventre de l'oiseau, avec une boule de graisse composée qu'il fera pénétrer dans l'intérieur, de manière à retenir le poison qui, sans cela, se perdrait.

Les oiseaux seront enveloppés dans un morceau de papier sans odeur, et le garde évitera de les placer dans une poche qui aurait contenu du tabac.

Au commencement de la nuit, il suivra les taillis fréquentés par les renards et les petits sentiers où ils ont l'habitude de passer ; puis, toujours traînant la viande sur les sommets des ornières, autour des touffes d'herbes, il jettera, tous les 30 ou 40 mètres, un petit morceau de pain grillé. Il arrivera ainsi dans un grand champ au milieu duquel il déposera l'oiseau empoisonné, à 300 mètres au moins de tout buisson, haie ou bois.

Il marquera l'endroit où il aura placé l'oiseau avec une baguette quelconque, mise à 2 mètres de distance.

Un arbre, un buisson inquiéterait le renard.

Il pourra placer plusieurs moineaux dans le même champ, et faire d'autres traînées dans des directions différentes, pourvu qu'elles aboutissent toutes au même endroit.

Son appât placé, il traînera encore 50 mètres, puis relèvera sa perche et rentrera chez lui.

Le lendemain, le garde devra se rendre de très grand matin dans le champ où il a déposé ses oiseaux, afin de les relever s'ils n'avaient pas été mangés ; mais s'il ne les trouve pas, il découvrira le ou les renards foudroyés à 50 mètres au plus de ses jalons.

Voici le moyen qu'employait le piégeur de M. le marquis du Bourg, pour prendre les renards au piège :

Il se servait d'un piège allemand — car les pièges français, à palettes, sont trop dangereux pour les animaux domestiques et même pour les personnes. — Il plaçait son piège, comme pour l'oiseau empoisonné, au milieu d'un grand champ éloigné de tout objet qui pût porter ombrage au rusé matois. Il jetait sur sa traînée, tous les 30 mètres, un morceau de pain grillé enduit de graisse préparée, mais avec cette différence qu'avant de le jeter, il répandait une et même plusieurs poignées de balle d'avoine, afin de l'habituer à prendre l'appât au milieu de ces pellicules de grains.

Lorsque la terre n'était pas trop gelée, il attachait le morceau de pain par un fil graissé, à un piquet, pour forcer le renard à tirer pour s'en emparer. Toutes les traînées aboutissaient au piège *recouvert entièrement de balle d'avoine.*

L'appât était, de même, fixé à un tube en fer, qui obligeait l'animal à tirer pour le saisir. Ces pièges sont si bien organisés qu'ils partent avec une prestesse extrême, et le renard est toujours pris par le cou.

Autre appât.

Un autre moyen, qui réussit très bien également, c'est d'empoisonner des taupes avec de la noix vomique pilée qu'on jettera près dans les terriers et endroits fréquentés par les renards, en temps de gelée surtout.

Le chien ne mange pas la taupe ; on peut donc en répandre des quantités sans crainte.

Ce moyen est très usité en Normandie et en Auvergne.

Autre recette.

Voici un autre moyen certain pour attirer et empoisonner les renards en temps de neige :

Tuer un chat et le laisser geler. Le lendemain, le faire griller des deux côtés sur des charbons ardents, puis le traîner sur la neige près du bord des bois et mettre sur la trace un oiseau vivant (pris au trébuchet), ou une souris vivante, attachés par la patte à un objet quelconque, au cou desquels on aura attaché un petit sachet fait avec un boyau de volaille et dans lequel on aura mis un demi-gramme de strychnine. Le premier mouvement du renard, en voyant remuer l'oiseau ou la souris, sera de se jeter dessus et de les dévorer.

Ce moyen est infaillible en temps de neige.

A défaut d'oiseau et de souris, on prendra l'os de la cuisse d'une volaille, dinde ou oie, qu'on sciera aux deux bouts ; on en extraira la moelle qu'on remplacera par de la strychnine ; on bouchera les deux extrémités avec de la cire blanche. On mettra ensuite les os en contact, dans un sac, avec un hareng saur, puis on les placera sur la traînée, en ayant soin de répandre autour des plumes de volaille, pour attirer l'attention du renard.

Ce procédé est foudroyant.

On empoisonne très bien également les renards avec des cuissots de cheval qu'on met sur leur passage, après avoir eu soin de les saupoudrer de strychnine. A l'aide d'une longue corde passant sur une branche, on pourra les relever pendant la journée de crainte d'accidents pour les chiens.

Le renard est l'ennemi du gibier et prélève son existence sur l'agrément du chasseur ; aussi tous les moyens pour le détruire doivent être mis en pratique, en tout temps, sans trêve ni relâche (1).

Conseils aux gardes pour éviter de se faire tuer par les braconniers

J'ai eu l'avantage d'être l'ami de M. Labussière, conservateur des forêts à Moulins (Allier), aujourd'hui en retraite.

M. Labussière m'a raconté bien souvent que le meilleur garde qu'il ait eu sous sa direction était un

---

(1) Dans mon ouvrage de vénerie, *les Grands veneurs de l'époque,* j'indique le moyen d'empoisonner les loups, et j'en garantis le succès.

nommé Audebert, garde-forestier (retraité également), qui était la terreur des délinquants.

Audebert dormait rarement et prenait, chaque année, un grand nombre de braconniers, à la chasse et à l'affût.

En 1857, il fut nommé garde de rivière à Maringues (Puy-de-Dôme).

J'eus occasion de faire sa connaissance en chassant le canard sauvage, en yole. Désireux de connaître sa manière de procéder pour prendre les braconniers, je l'engageai à venir me voir à Ris, petite ville sur les bords de l'Allier, que j'habitais alors. — Au jour convenu, Audebert arriva à la maison et me raconta, en déjeunant, qu'il avait touché, l'année précédente, 740 francs de primes pour prises de braconniers et affûteurs.

Je lui demandai alors comment il s'y prenait pour éviter les vengeances de ces gens-là.

Voici sa réponse : « Jamais je ne vais, dit-il, surprendre un braconnier à l'affût et en position de tirer, car son premier mouvement est toujours d'ajuster le garde et faire feu !

« Avant de prendre un affûteur en flagrant délit, j'étudie d'abord ses habitudes et ses manœuvres ; et lorsque j'ai découvert les endroits où il se poste, je vais me mettre en embuscade *avant* son arrivée. Au moment où il se présente, j'apparais vivement et, au nom de la loi, je déclare procès-verbal ! Toujours et toujours il reste saisi d'effroi ou d'étonnement : il se voit pris et constate que je suis prêt à me servir de mon arme en cas de démonstrations menaçantes de sa part.

« Si c'est un individu redoutable, je constate le délit sans mot dire : je suis ses pas lorsqu'il se retire et je lui déclare procès-verbal à la sortie du bois, en un lieu où je sais qu'il ne pourra tirer sur moi sans crainte d'être vu ou connu. Sans ces précautions, il y a longtemps que je serais mort !

« L'an dernier, j'ai voulu surprendre des maraudeurs qui pêchaient, la nuit, au feu. Brusquement surpris, un d'eux m'a donné un coup de trident qui m'a renversé et crevé un œil. Les deux coups de mon fusil ont raté sur sa poitrine par suite de ma chute dans l'eau !

« Je l'ai fait condamner à six mois de prison, etc. »

Audebert, après avoir été admis à la retraite, a obtenu un bureau de tabac dans une petite ville près d'Issoire (Puy-de-Dôme). Il est encore très vert et pourrait faire un garde instructeur émérite. Il se chargerait volontiers encore, j'en suis persuadé, de prendre les affûteurs et les braconniers les plus redoutables, si une occasion qui lui convienne se présentait.

Le Braconnage

J'ai subi dernièrement une expédition de braconniers désastreuse pour mon gibier. Le lendemain, derrière une haie, à un endroit qui, manifestement, avait servi de campement provisoire à ces larrons, j'ai trouvé une lettre perdue par eux, et dont je copie exactement le texte :

« A Monsieur le Président de la Société contre le Braconnage.

« Monsieur le Président,

« Nous sortons, il faut l'avouer, d'une alarme assez chaude. A la lecture de vos règlements, rédigés comme un Code, surtout en apprenant les primes que vous promettez à vos gardes, nous nous sommes crus condamnés à changer de rôle, et, de traqueurs que nous sommes, à n'être plus que des traqués. Mais beaucoup parmi nous étaient bien vieux dans le métier pour accepter cette révolution radicale dans leur existence.

« D'ailleurs, l'expédition nocturne en forêt et en plaine, ses bonnes fortunes, ses grosses prises qui permettent ensuite de faire bombance à la chaleur du bon soleil, même ses incertitudes, ses insuccès, ses surprises et le danger couru, tout cela fait vivre fortement. Quiconque en a goûté le charme n'y peut plus guère renoncer. Et puis, chacun de nous a cette conviction, d'agir dans l'exercice d'une fonction sociale, en remédiant, quoique sur une échelle modeste, à l'injuste répartition des biens de ce monde. La tête en travaille d'une manière étonnante !

« Plusieurs donc, dans la rage du désespoir, en arrivaient à penser qu'il n'était plus de place ici-bas pour eux, et rêvaient de je ne sais quelles tragiques aventures.

« Notre noble métier, fort heureusement, s'il veut des hommes d'action, exige d'eux, en même temps, l'intelligence, l'observation, le sang-froid et l'expérience.

« Votre grande machine de réglementation, vue de loin, sur ma foi, était terrifiante ; mais, par bonheur, certain soir que les éléments déchaînés nous faisaient des loisirs, un de nos lettrés — un de vos transfuges, peut-être, car notre république, largement ouverte, admet, d'où qu'elles viennent, les recrues de bonne volonté — un de nos lettrés, dis-je, releva, comme par enchantement, nos courages par la lecture d'un petit livre qui ne le quitte guère, et que nous mettons désormais au-dessus des évangiles, bien que nous ne le comprenions pas toujours. Il nous lut notamment ces lignes, que je me suis empressé de copier :

> Le premier qui vit un chameau,
> S'enfuit à cet objet nouveau ;

Le second approcha ; le troisième osa faire
   Un licou pour le dromadaire.

. . . .

   On avait mis des gens au guet
Qui, voyant sur les eaux de loin certain objet,
   Ne purent s'empêcher de dire
   Que c'était un puissant navire.
Quelques moments après, l'objet devint brûlot,
   Et puis nacelle, et puis ballot,
   Enfin bâton flottant sur l'onde.

« La citation était suggestive — comme on dit, je m'en souviens, dans une pièce dont j'ai oublié le titre — et elle ne tombait pas dans l'oreille des sourds. Voyons de près la machine, avons-nous dit d'une seule voix, et cherchons s'il serait possible d'en pratiquer l'enrayage. Et nous avons regardé de près, et nous avons pouffé de rire en songeant à notre venette première — non sans un peu de confusion au fond du cœur, néanmoins, de nous en être laissé imposer, nous, vieux oiseaux de proie, à l'exemple de simples pierrots qu'un vieux chapeau suffit à éloigner des cerises.

« Ce que nous avons vu, en effet, ce sont de nombreux chasseurs, évidemment plus jaloux de leur gibier que de leur femme, même jolie ; mais, en revanche aussi, des gardes plus soucieux, la nuit surtout, de garder leur épouse que le gibier de leur maître. Nous nous sommes approchés si près, qu'au moment du départ pour les rondes de surveillance, nous avons entendu les battements précipités de leur cœur, et la consigne qu'ils recevaient de leur compagne, rappelant la recommandation légendaire de ce brave colonel de gendarmerie : « Mes enfants, nous allons charger ; n'oubliez « pas que vous êtes mariés, pères de famille, et que « vos chevaux vous appartiennent. » Et alors nous avons compris que, loin de trembler, il fallait faire « un licou pour le dromadaire. » La chose a été simple et n'a pas été longue : à la Société contre le Braconnage opposer la Société du Braconnage. Pour cela, dans chaque canton, constituer un Comité particulier comprenant, outre des indicateurs, quelques membres actifs, et se reliant au Comité central de Paris, spécialement chargé de l'unité de direction, de l'approvisionnement en engins perfectionnés, du placement avantageux des produits, de la défense des compagnons et des secours à leur fournir, à eux et à leur famille, s'ils ont la maladresse de se laisser prendre.

« Tout fonctionne actuellement. Des professeurs émérites font aux conscrits des cours de braconnage, auxquels ces derniers se sont d'ailleurs préparés par la lecture instructive du livre : *le Lièvre et le Lapin, et la Manière de piéger,* édité par Mignard et Cⁱᵒ, et qu'on donne en prix aux élèves des lycées, pour qu'ils puissent s'exercer pendant les vacances...

« Aucune propriété giboyeuse n'est ignorée. Les expéditions sont préparées de longue main. Au jour

fixé, des brigades volantes, plus ou moins nombreuses, suivant les cas, partent, par les nuits les
plus obscures, munies de filets de différentes di-
mensions : des compagnons habitant le pays les
guident sur le terrain ; les hommes, munis d'armes
et la figure noircie, sont postés de distance en distance, les filets en mains, pour sentir les secousses
données par le gibier, tandis que les chiens muets
sont lâchés dans la plaine. Lièvres, lapins et che-
vreuils qui sont au gagnage se précipitent alors vers
les haies et les bois ; ils tombent dans le piège, sont
assommés à l'aide de bâtons ou étranglés par des
chiens dressés à ces prises.

« La chasse nocturne des perdreaux n'offre pas
plus de difficulté, et, au mois d'août dernier, en une
séance, nous avons pris 360 perdreaux sur 400
que le propriétaire avait lâchés la veille. La tuerie, en
effet, se poursuit jusqu'au réveil du crépuscule, dont
les premières lueurs voient disparaître la brigade
volante qui, la nuit suivante, peut-être, opérera à
10 ou 15 lieues plus loin. Et que pourraient faire,
en pareil cas, les gardes, même les plus enragés ?
S'ils avancent, on les entoure, et, seuls, par la nuit
noire, au milieu d'hommes armés, ils sentent que
leur vie est entre nos mains s'ils ne nous laissent
opérer en paix, et qu'un faisan ou un mauvais lapin
n'en vaut pas le sacrifice. Ceux-là, on ne les revoit
jamais, car de terribles exemples ont prouvé que nos
menaces ne sont jamais vaines.

« Et que pouvons-nous redouter dans la pire des hypothèses ? L'amende ? Aucun maire n'ose nous refuser un certificat d'indigence, et nous n'avons rien à payer. La prison ? La prison, on nous y fait des rentes, et quelle noce à la sortie !

« Et c'est en partie à la Société contre le Braconnage que nous devons ces bienfaits, car, auparavant, nous étions presque tous isolés, sans soutiens, harcelés, misérables. Ce n'est donc pas d'elle que nous serions tentés de dire : « De loin, c'est quelque chose, et de près, ce n'est rien ». Non, certes, ce n'est pas rien, c'est même une excellente chose ; et le jour où la vertu de l'épargne nous sera venue, je lui voterai une subvention. Et pourquoi pas, puisque cette subvention, nous pourrions facilement la prélever sur les précieux encouragements en espèces sonnantes et trébuchantes que ses membres ont la générosité de nous octroyer, indirectement, c'est vrai, mais non pas à leur insu et sans qu'ils en aient conscience, car toute autre supposition serait offensante pour leur perspicacité. En effet, sans les grands marchands de gibier et les restaurateurs à la mode, que nous approvisionnons toute l'année du gibier le plus rare, le métier serait ingrat, et c'est dans les poches du *high life* que marchands de gibier et restaurateurs puisent l'or, dont une partie — la plus faible, hélas ! — nous permet, à nous aussi, de mener joyeuse vie.

« Il y a donc entre nous une vraie solidarité, et

loin de vouloir la mort de la Société contre le Braconnage, nous déclarons que c'est une invention excellente et digne d'un prix Montyon.

« Veuillez agréer, monsieur le Président, le tribut de reconnaissance qu'a l'honneur de vous présenter votre humble serviteur.

« *Le Président de la Société du Braconnage,*

« J. LEPUTOIS,

« Rue des Terriers-de-Sologne. »

Telle est la lettre que j'ai trouvée, et dont je tiens l'original à votre disposition. Elle est précieuse, mais ne me console pas de mon gibier pris, volé et expédié.

N'y aurait-il rien à faire ? Mon avis serait de créer des lois plus sévères contre les chasses de nuit et par des gens masqués. Mais l'*heureux* temps dans lequel nous vivons ne permet pas d'espérer cette efficace mesure, même pour empêcher la destruction complète du gibier en France, source cependant si précieuse pour l'alimentation publique.

Un journal signalait, dernièrement, l'arrivée à Marseille de soixante mille cailles, au mépris des lois et à la grande indignation de tous. Mais que diriez-vous en apprenant qu'on expédie d'Egypte en Grèce et aussi dans d'autres pays, des tonneaux de jaunes d'œufs de cailles, pour la teinture ?

... Et c'est l'arme au bras que tous envisagent
cette triste situation ! A vous, fervents disciples de
saint Hubert, de réagir en tous pays contre ces cala-
miteux scandales.

Les Fieldtrials

Il me souvient d'avoir écrit, il y a quatre ou cinq
ans, un article fort élogieux sur l'organisation des
Fieldtrials français.

Nous venons de voir — disais-je, en substance —
des Pointers et des Setters nés en France chez des
Français, dressés en France par des Français, con-
duits par des Français sur un terrain français de
concours, réaliser toutes les prouesses qu'on préten-
dait ne voir qu'en des lieux dont le nom est difficile
à prononcer, et qui se trouvent exclusivement situés
de l'autre côté de la Manche.

Ce succès porte son enseignement. Nous devons
nous attacher soigneusement, désormais, à ne plus
copier servilement les Anglais, et à suivre simplement une route parallèle à la leur. Il faut que nous
donnions résolument et définitivement l'empreinte
nationale et, en quelque sorte, leurs lettres de grande
naturalisation, à ces épreuves qui, sous peine de
rester un non-sens, doivent avoir pour but primor-
dial de permettre de distinguer, en vue de leur propagation, les *chiens les mieux doués pour la chasse*

en France, ainsi que les méthodes de dressage les plus propres à les mettre le mieux et le plus sûrement en pleine et complète valeur. N'ayons donc cure des pontifes qui crient anathème sur quiconque se dispense de demander à leurs boutiques l'orientation de ses préférences et la formule de ses admirations ; laissons-les frémir de muette colère sur les ronds de cuir superposés d'où ils laissent tomber leurs perfides oracles ; mais ne commettons plus *l'impardonnable inconséquence de faire juger nos concours par des juges anglais.* Très compétents pour les Fieldtrials anglais, faits dans des conditions toutes différentes, ils ne se sont fait remarquer chez nous que par la désinvolture, la légèreté, la bizarrerie de décisions qui, parfois, ont été cassées par leurs collègues français et ont soulevé des réclamations presque unanimes.

Prenons au contraire, en matière de sport, la résolution de voir avec nos propres yeux, de juger avec notre propre jugement ; sachons mettre en vogue et maintenir ce qui est national, dût en périr le métier, jusqu'ici lucratif, qui consiste à imposer chez nous les traditions d'outre-Manche ou d'outre-Rhin. Nous pouvons d'ailleurs compter sur la haute intelligence et le patriotisme des membres fondateurs des Fieldtrials.

Cette confiance, dont je faisais montre, si je l'avais complètement éprouvée, n'eût pas été sans excuses. Un des premiers, j'avais réclamé des Field-

trials, poussé à leur organisation ; je me sentais
leur égard une certaine part des responsabilités (
leur paternité et je pouvais aussi en subir les ill
sions. J'aurais pu également être assez grisé par l
succès que je venais d'y obtenir pour ne pas bie
discerner l'exacte vérité, car un de mes Pointer
Boy-Dan, avait remporté, à lui seul, en trois jour
un premier et deux seconds prix, et le jury m'ava
décerné le prix de dressage.

Je dois cependant confesser que ma confiance éta
un peu de commande, parce qu'il était évident poi
moi que MM. les organisateurs n'avaient pas poi
objectif de nous émanciper de la tutelle de l'Angl
terre, et qu'ils étaient, au contraire, décidés à
laisser traîner perpétuellement à sa remorqu
pour son plus grand profit et à notre cruel de
triment.

Dénoncer hautement ce parti pris, rien ne m'au
torisait à le faire, et j'aurais risqué de faire croule
dès le premier jour, ce que j'avais appelé de tous me
vœux. Comme on l'a vu, je me bornai donc au
conseils donnés par voie indirecte, en quelque sor
suggestive, et prêtant d'autant mieux à un exame
impartial qu'ils risquaient moins de blesser le
susceptibilités.

Mais ma pénétration, facilement devinée, n'éta
pas faite pour plaire, et j'en ai été récompensé pa
les procédés les plus inqualifiables et les plu
immérités. Voyons pourtant, sans parti pris, si ce qu

s'est passé depuis ce temps a servi de leçon et si nous pouvons espérer un meilleur avenir.

Cette année encore nous avons des Fieldtrials. Mais quel en est le programme ? S'est-on enfin inspiré de l'idée que la préoccupation dominante, absorbante, pour ne pas dire exclusive, devait être de provoquer l'engagement des chiens les mieux doués et les mieux dressés pour la chasse en France ? Point. Les encouragements qu'on leur réserve sont dérisoires. Il n'y a qu'un prix de 2,000 fr. et pour qui le réserve-t-on jalousement ? Pour les Anglais !

Oui, pour les Anglais, sciemment et de parti pris ; car le crédit d'inconscience que l'on peut faire à certaines erreurs a nécessairement des limites. MM. les organisateurs eux-mêmes n'oseraient, d'ailleurs, pas prétendre qu'ils ont pu s'imaginer qu'au point de vue de la grande quête, nous pouvions lutter à armes égales avec nos voisins ; et c'est justement aux épreuves à grande quête qu'ils ont attribué le seul prix un peu important.

Là-bas, en Angleterre, les Fieldtrials sont organisés dans le même esprit et presque sur le même pied que les courses de chevaux. Il n'est presque pas de comté qui n'en ait annuellement plusieurs. On prépare des chiens de Fieldtrials — ou fieldtrialers — comme on prépare des chevaux de courses, c'est-à-dire longuement et d'après des méthodes particulières ; car espérer le succès en dehors d'un dressage et d'un entraînement spéciaux, chacun sait que ce

serait folie. Et pour les chiens comme pour
chevaux, la question de sport se double d'une spé-
lation qui n'est pas sans importance. Sur cent élèv
il ne se trouve pas plus de deux ou trois chiens
pables de vaincre, et les meilleurs, comme les p
mauvais, demeurent des non-valeurs au point de v
de la chasse.

Mais le chien trois fois vainqueur reçoit le titre
champion, et, dès lors, il acquiert lui-même et don
à ses descendants une valeur considérable. Qua
Bang n'en était qu'au début de ses succès,
sportsman en a offert 20,000 francs à M. Sa
Price, son heureux propriétaire. Ce dernier refusa
à tous les points de vue, il fut bien inspiré, car, p
la suite, son chien lui rapporta sans doute beauco
plus que cette somme. En Angleterre, on peut do
tenter la fortune en élevant et en dressant des fiel
trialers ; tandis que le Français qui, n'étant pas po
sesseur d'une très grosse fortune, aurait fait les fra
nécessaires pour être raisonnablement en mesure
disputer aux Anglais l'unique et fameux prix offe
une fois par an, pour la grande quête, pourra
même en cas de succès, se targuer d'une victoi
plus décisive que celle de Pyrrhus. Il n'en fa
drait pas une deuxième pour consommer sa ruine
ses chiens ne pouvant être utilisés pour la chas
seraient pour lui une charge écrasante et sans com
pensation aucune.

Voilà un premier point qui distingue nettemer

la France de l'Angleterre, et qui devrait suffire pour faire rejeter chez nous l'organisation des Fieldtrials à l'anglaise. Ce n'est pas le seul.

Mais, prétend-on, MM. les organisateurs ne sont nullement touchés de ces critiques d'ordre un peu commercial et, désirant *voir*, sans se déranger, une répétition des Fieldtrials anglais et des arrêts étonnants de leurs chiens, ils sont assez grands seigneurs pour se passer cette fantaisie.

Que MM. les organisateurs soient de hauts et puissants seigneurs, nul ne le contestera, et moi moins que tout autre. Pourtant j'ose affirmer que leur fantaisie sera bonne fille si elle se tient pour satisfaite.

Qu'ils ne se fassent aucune illusion : leur *gros prix* de 2.000 francs manquera, hélas ! totalement de prestige et de séduction pour les propriétaires de l'élite des chiens de l'Angleterre, tels que MM. Purcell Levelin, Armstrong, Cannon, Barnett-Lenard, Pilkington, Douglas, Hamilton, Lonsdale, Nicolson et autres. Eussent-ils, d'ailleurs, des velléités de céder par courtoisie aux sollicitations de passer le détroit, qu'ils commenceraient par imposer deux conditions impossibles à remplir. Ils réclameraient d'abord des juges comme ceux qui jugent en Angleterre, c'est-à-dire d'une science spéciale consommée et d'une impartialité au-dessus de toute discussion ; et ensuite qu'on mît devant leurs chiens des perdrix ayant les mœurs de celles de leurs pays.

Pour le coup, leur réclamation paraîtra exorbitante autant qu'incompréhensible : pourtant, n'en déplaise, elle est absolument logique.

Il y a cent ans à peine, comment en France — et ailleurs aussi — chassait-on le plus habituellement la perdrix ? A l'aide d'une sorte « d'épervier » dont on couvrait, au moment psychologique, le « chien couchant » et les oiseaux blottis devant lui. Ce procédé de chasse donnerait-il encore aujourd'hui quelques résultats dans notre pays ? Non, de toute évidence. Le gibier pourchassé et tiraillé, chaque jour, du matin au soir, est devenu inabordable. Il fuit à la moindre alerte et ne se laisse arrêter que rarement et pendant un temps fort court. Obtenez donc que les chiens fassent des arrêts extraordinaires dans ces conditions !

En Angleterre, dans les splendides terres où j'ai suivi nombre de Frieldtrials, on pourrait encore chasser fructueusement, comme jadis, avec un « Setter » et un filet. A ce point de vue encore, entre les deux pays, la différence n'est pas mince.

La fantaisie de grands seigneurs de MM. les organisateurs ne sera donc pas satisfaite : mais l'Angleterre, à défaut des gentlemen que j'ai nommés plus haut, sera représentée par les commerçants que nous connaissons, suivis chacun d'un fieldtrialer — suffisant pour enlever le prix de 2,000 francs, mais qui, là-bas, ne serait peut-être pas classé au deuxième rang — et de plusieurs autres rossards pour la vente.

Les petits « cabots » entretiennent l'amitié.

Et voilà comment MM. les organisateurs, s'ils ne travaillent pas pour le roi de Prusse, travaillent au moins pour nos bons voisins les Anglais.

Il serait peut-être préférable de les voir travailler pour notre vieille et chère France !

Fieldtrials de Fieldtrialers et Fieldtrials de Chiens de chasse

Fieldtrials de Fieldtrialers

La science de la chasse, des croisements, de l'élevage et du dressage représente d'innombrables difficultés. Bien peu, on peut le dire, la possèdent à fond. Beaucoup, cependant, ne doutant de rien, ont entrepris de traiter les questions les plus compliquées sans les avoir étudiées ni pratiquées, s'inspirant de la « note » enseignée par divers auteurs anglais ou français, pour s'en approprier les principes et les professer ensuite, mais avec des expressions différentes, afin de voiler leur compilation. Malheureusement pour eux, le temps et les événements ont révélé leur incompétence et en ont fait bonne justice par le dédain opposé à leurs dernières publications pour corriger les insanités des premières... Avis donc aux banquistes qui, dans l'avenir, seraient tentés de les imiter : la science de la chasse, celle des fieldtrials sont des plus ingrates et des plus complexes ; elles ne s'acquièrent que par une pratique longue et constante ; traiter ces questions sans être ferré, c'est s'exposer à tomber en confusion et en déconsidération aux yeux du monde des chasseurs, qui s'instruit tous les jours et qu'on ne trompe plus aussi facilement.

La question qui nous occupe actuellement, celle des Fieldtrials, a été incomprise et pratiquée jusqu'à ce jour à contre-sens, à rebours, et voici sept ans que cela dure. La chose devient vraiment agaçante, la dérision sur l'ignorance des Français, au-delà du détroit, a assez duré pour y mettre un terme. Il est temps d'éclairer une bonne fois le monde chasseur et lui montrer le côté vicieux de ces épreuves, par ce qui se passe en Angleterre, et le but que se sont proposé d'atteindre nos voisins, en créant les Fieldtrials dans leur pays.

Nous savons tous que de tout temps le chien a été l'objet de leurs soins tout particuliers. Ils ont consacré à l'amélioration des races d'arrêt le temps et l'argent.

M. Fréchon rapporte dans sa brochure, si instructive, sur les chiens anglais, que les sportsmen d'outre-Manche ont voté annuellement la somme de 500,000 francs de prix pour les Fieldtrials et autres concours.

Ils en ont été dédommagés par l'agrément qu'ils en en ont obtenu et par le produit des ventes rémunératrices qu'ils ont réalisées et réalisent tous les jours.

Chaque année, les Anglais élèvent aux quatre coins de la Grande-Bretagne un grand nombre de jeunes chiens d'arrêt dont il faut faire deux catégories distinctes pour que les chasseurs en comprennent bien l'importance et en saisissent bien la différence : La première catégorie concerne les chiens provenant de divers croisements annonçant de bonne tenue les meilleures dispositions et dignes d'être classés au rang des reproducteurs ou *fieldtrialers*.

La 2ᵉ catégorie est destinée à la chasse et à la vente au Tattersall « Martin Lann » de Londres, en juillet de chaque année.

Les éleveurs anglais sont généralement très fiers de leur élevage et, en gens logiques et pratiques, ils ont décidé de faire au printemps de chaque année, d'abord des épreuves dans les champs pour développer les qualités de leurs reproducteurs et pouvoir distinguer les meilleurs : puis des « Derby », c'est-à-dire la réunion de tous les champions en concurrence. Enfin, ils en font le compte rendu savamment décrit dans les journaux de sport, en désignant les noms des vainqueurs et champions les plus remarquables. Cela pour exciter l'attention du monde des chasseurs de tous pays et les attirer à eux.

Pour rendre ces concours aussi brillants que possible et faciliter aux coureurs les moyens de développer et montrer leurs qualités, ils ont simplifié leur programme en ne leur demandant que l'énergie dans l'action et le style de la quête pour trouver le gibier et l'arrêter brillamment, c'est-à-dire quête vertigineuse et arrêt cataleptique (ce qui explique la présence d'un juge ou représentant suivant les coureurs à cheval pour voir et noter tous les incidents de la course).

Mais, pour faire l'application de ces ingénieuses combinaisons, il fallait du gibier qui s'y prête et facilite ces exercices. Ils ont alors travaillé à rendre la perdrix familière en adoucissant ses mœurs par la délivrance de tous ses ennemis et en lui procurant, par ce moyen, la plus parfaite tranquillité. Les lièvres, protégés par les mêmes mesures conservatrices, en ont profité : aussi est-ce plaisir de les voir jouer entre eux en nombre, en plein jour, inconscients du danger.

Les éleveurs apprennent à leurs élèves, dès leur jeune âge, non seulement à ne pas courir le lièvre, mais encore à ne pas l'arrêter, puisque l'arrêt ne compte pas et que la poursuite les fait éliminer.

D'après ce qui précède, on voit que *l'entraînement d'un fieldtrialer n'a aucune analogie avec le dressage d'un chien de chasse*. Il en a d'autant moins que les qualités des uns, dans ces concours, sont comptées fautes aux autres, et les fautes des autres sont comptées bons points aux premiers.

On est donc en droit de dire à nos dirigeants de concours en France, qui s'obstinent à copier les

Anglais quand même et quand même, pour les Fieldtrials à grande quête, que leur pastiche est un incommensurable non-sens et de leur conseiller d'aller à l'école...

Ils apprendront que nous *n'avons rien, absolument rien*, de ce qu'il faut pour faire des Fieldtrials de *fieldtrialers, ou reproducteurs provenant de croisements divers*, puisque nous *n'avons pas d'éleveurs en France qui s'en occupent. Nous n'avons pas non plus les fonds nécessaires pour encourager les croisements, non plus les perdrix familières, se rasant, ne courant pas à la vue des chiens* pour permettre l'immuable fixité d'arrêt des coureurs, ni les héritages entourés de haies impénétrables pour limiter la fougue des *fieldtrialers, ni 10, 12 et 14.000 hectares de terrain* d'épreuve à offrir aux concurrents, *et du gibier toujours nouveau pour égaliser les chances.*

Ma démonstration est donc concluante.

Quant à l'*échelle de points de « Stonehenge »* dont se sont servis nos « gaffeurs » pour les Fieldtrials de Chatenay et autres, elle est faite pour mesurer le service des chiens de chasse comme le grand équatorial de l'Observatoire pour prendre la mesure d'une paire de bottes.

D'où il résulte comme conséquence et conclusion que, toutes les fois que les *mêmes dirigeants feront des Fieldtrials de fieldtrialers, ce sera pour le plus grand bénéfice et satisfaction de nos voisins les An-*

glais et les Belges. Agréable perspective pour les Français... Être dupe et par surcroît être tourné en dérision !... C'est complet !

Fieldtrials de Chiens de chasse

Les Anglais n'ont point créé de *Fieldtrials* de chiens de chasse, parce que les principes des deux institutions sont en complète opposition, et qu'ils nuiraient à l'élevage des reproducteurs « pur sang », si long, si dispendieux à créer. Ils feraient naître en même temps une rivalité. *une concurrence entre champions de fieldtrialers et entre champions de chiens de chasse*, qui tourneraient au détriment des reproducteurs « pur sang », dégoûteraient les éleveurs d'en créer. Le coup porté serait fatal aux deux institutions. Plus de reproducteurs « pur sang », plus de bons chiens de chasse ; plus de bons chiens de chasse, plus de charme en action de chasse pour le chasseur, plus de gloire nationale britannique, plus de profits... c'est la conséquence.

Par ces explications, on voit combien sont logiques nos voisins et combien le sont peu nos dirigeants qui ont créé des Fieldtrials de *fieldtrialers* SANS EN POSSÉDER, pour qui ?... pour les Anglais, comme je viens de le dire.

Les règles et les principes des Fieldtrials des chiens de chasse font un contraste frappant avec ceux des Fieldtrials de *fieldtrialers,* tels que la quête énergique chez les uns et la quête restreinte chez les autres ; pister le gibier même sagement compté faute chez un fieldtrialer, est un bon point pour le chien de chasse. L'arrêt du lièvre, nul pour le fieldtrialer, bon point pour le chien de chasse, ainsi que les qualités lentes pour la quête.

Il existe en Angleterre des « entraîneurs » de field-trialers, mais il n'existe pas de dresseur de chiens de chasse, pour ne pas nuire à la principale institution, « la reproduction ».

La question d'élevage de reproducteurs prime celle de la chasse. Le productif avant l'agrément. Chez nous, c'est le contraire, l'objectif du monde des chasseurs en France, est le chien de chasse bien dressé arrêtant solidement. C'est donc sur ce point qu'il faudrait porter notre attention : les Fieldtrials de chiens de chasse peuvent seuls donner ce résultat, mais à la condition d'être dirigés par des chasseurs pratiques et non par des maîtres gaffeurs gonflés d'orgueil, imbus d'idées et de doctrines fausses, et bien plus préoccupés de favoriser les fervents de leur petite chapelle qu'à faire des concours utiles et des programmes serieux, pratiques et déterminés.

Le dressage en France a fait des progrès, mais il est bien en retard encore, puisque la Société des Field-trials, voyant les concours péricliter de plus en plus, craignant de manquer d'inscriptions, a décidé, au mépris de tous les principes, que la poursuite du lièvre ne serait pas comptée faute...

...Preuve évidente de l'incapacité des dresseurs en général pour empêcher leurs élèves de courir ce gibier, alors cependant que la chose est si facile.

Le défaut le plus commun chez le chien de chasse, et le plus difficile à corriger, est le *pistage* du gibier, l'emballement sur les pistes chaudes. Ce défaut, attribué au Pointer moderne, tiendrait, d'après M. William Arkwright à « l'infusion du sang du *Fox-Hound* », chien courant dans les races d'arrêt.

Je suis parfaitement de son avis. Tous les « Pointers pur-sang » que j'ai possédés, provenant du Pointer « type » *Shot*, importé par le marquis du Bourg, cédé plus tard, par lui, à M. Herler, carrossier à Paris, n'avaient pas ce défaut, non plus les descendants, de même ceux de Dan II, au comte de Beaufort (Belgique). D'où je conclus que, si l'infusion du sang du « Fox-Hound » donne certaines satisfactions à Albion pour ses calculs intéressés, elle en procure beaucoup moins aux chasseurs de chiens d'arrêt, en France, parce que le plus grand défaut d'un chien est de pister et s'emballer sur les pistes, et faire partir le gibier avant l'arrivée du chasseur, et, je le répète, il est le plus difficile à corriger, pas impossible cependant, sans les maltraiter comme le font certains dresseurs ne sachant rien apprendre au chien sans brutalité.

Les Braques pisteurs d'antan étaient précieux pour chasser la caille alors qu'elle était abondante en France ; mais, depuis qu'on l'arrête au passage sur le littoral des mers, on en voit peu ou pas. Le Braque n'a donc plus raison d'être.

Quand on pense que les chasseurs de tous les pays, de toutes les puissances restent inactifs, spectateurs impassibles de ce brigandage, ne profitant qu'à quelques-uns au détriment de tous, on est stupéfié !

Il serait facile cependant de procéder à une législation internationale et la faire accepter par les puissances et états voisins.

Si l'on n'y prend garde, tous les oiseaux migrateurs seront détruits à leur passage au filet.

C'est le perdreau qui remplace ce charmant gibier et fait le fonds de la chasse à l'ouverture, mais dans des conditions bien différentes. Il a les pattes plus longues et s'en sert énergiquement et habilement. Chassé, pourchassé, traqué, fusillé toute l'année, la nuit même au feu, il acquiert par instinct de conservation des ruses diaboliques, déroutant les chiens les mieux stylés, déconcertant les vieux praticiens chasseurs les plus expérimentés.

— J'ai dû renoncer à une chasse dans laquelle les perdreaux ne prennent plus leur essor, toujours en vedette, filent à toute vitesse au moindre signe de danger, ne se laissant jamais approcher.

On ne saurait donc trop recommander aux chasseurs d'élever des perdreaux et faisandeaux, les chasser au chien d'arrêt et se priver de battues qui affolent ce charmant gibier.

Que les chasseurs français sachent bien que les An-

glais, nos maîtres en fait d'expérience, ne chasse
le perdreau qu'en septembre, le faisan qu'à part
d'octobre : il faut croire que ce n'est pas sans raisc
sérieuse.

De ce qui précède, il faut noter que pour avoir
faire de bons chiens on doit se procurer : premié
rement, de bons reproducteurs ; deuxièmement, avo
du gibier, perdrix surtout, tenant l'arrêt. Etudie
ensuite les questions du dressage pour pouvoir le
utiliser, soit pour dresser ses chiens soi-même o
pour savoir se servir de ceux qu'on achète ! Diffé
remment, tout est déception.

Les Croisements des Races Canines

La question des croisements est extrèmement com
pliquée. Pour en faire la théorie, il faudrait, comm
les Anglais, les avoir pratiqués depuis un siècle e
plus, de père en fils, et avoir noté soigneusemen
les *infusions* du sang qui ont donné les meil
leurs résultats. On ne peut donc en parler qu
par induction, d'après les enseignements puisé
dans les meilleurs ouvrages et au cours de no
voyages dans la Grande-Bretagne. En voici le
résumé succinct :

Les croisements ont pour but d'améliorer les races
dégénérées par des unions consanguines prolongée
en leur transmettant les qualités qui leur manquen

par l'*infusion* du sang de certaines espèces qui les possèdent à l'excès.

Prenons comme exemple, dans les races d'arrêt, le chien qui s'immobilise aux moindres émanations du gibier qui le frappent, reste hypnotisé, ne sachant pas se départir de son arrêt : défaut capital. Dans ce cas, on lui *infuse* le sang du Fox-Hound, système actuellement adopté et avoué par les Anglais pour obtenir le Pointer moderne.

Dans une autre espèce, prenons le Terrier, chien poltron à l'attaque des rats. On lui infuse le sang du Bulldog, qui produit au deuxième croisement le Fox-Terrier d'un indomptable courage.

Dans les combats contre des phalanges de rats, ce vaillant chien, violemment attaqué de tous côtés, et cruellement mordu à la partie la plus sensible, les lèvres, ne jettera pas un cri de douleur et combattra jusqu'à la mort.

A l'époque où les loups infestaient la Grande-Bretagne, les Anglais eurent recours au Lévrier d'Irlande, le plus grand, le plus rapide dans son espèce, et, pour en corriger la timidité à l'attaque des fauves, ils lui ont infusé le sang du plus redoutable des Dogues du Nord, d'une force et d'une vigueur telles que quatre hommes ont peine à le contenir, même encapuchonné, lorsqu'il sent son ennemi : l'ours. De cet accouplement est sorti — au quatrième croise-ment — le plus terrible ennemi des loups par sa vitesse et sa force musculaire.

Quelques-uns de ces admirables chiens mesuraient
à l'épaule 0,85 et 90 centimètres. Les poésies celtiques
d'antan comparent la vitesse de ces Lévriers lancés à
la poursuite du gibier, au torrent qui se précipite du
haut d'une montagne ! Au premier choc, ils broyaient
les reins d'un grand loup ! Aussi le pays en a-t-il été
rapidement débarrassé. Depuis leur disparition, l'espèce de ces admirables Lévriers s'est perdue !

Nous avons sous les yeux la traduction de plusieurs
ouvrages anglais, des plus instructifs. Elle nous
apprend que c'est en *infusant* le sang du Lévrier et
de la même façon le courage légendaire du Bulldog
qu'on a obtenu le Fox-Hound, dont les formes en tous
points sont parfaites. Par le même procédé, on a
obtenu le Pointer moderne en lui infusant le sang du
Fox-Hound. L'auteur ajoute : « Le Bulldog est heureusement conformé pour le mélanger avec d'autres
races. Sa lourde charpente, lorsqu'elle est unie aux
formes légères et élégantes, disparaît au quatrième
croisement. » A l'appui de son affirmation, il donne
la reproduction des photographies de plusieurs produits de l'accouplement primitif du Bulldog de pure
race avec un Lévrier du plus beau sang.

Du premier croisement est sorti un produit épais,
grossier, nommé Half-and-Half.

Le second croisement a donné une chienne du nom
de Hécate, représentant quelques légères traces du
Bulldog.

Le troisième croisement, avec Lévrier de belles

ormes, a produit Hécube, à peine distincte du Lévrier.

Le quatrième croisement uni à un chien renommé
Beldamite » a produit « Hystérie », dont les formes
ne laissent rien à désirer et a fourni en public plusieurs courses brillantes.

Que d'enseignements renfermés dans ces quatre
portraits pour ceux qui ignoraient comment on peut
refaire et régénérer les races, et que le sang du Lévrier, du Dogue et du Bulldog joue un rôle régénérateur, l'un pour la vitesse, les autres pour le courage et la force, dans les croisements avec diverses
espèces !

Nous savons maintenant qu'au quatrième croisement il ne reste plus trace des formes primitives du
sujet régénérateur, d'où nous concluons que, s'il en
est ainsi pour le Lévrier avec le Bulldog, il doit en
être de même du Pointer croisé de la même façon.
Cette induction est d'autant mieux fondée qu'elle me
rappelle les recommandations amicales d'un Anglais
avec lequel je chassais au temps de ma jeunesse.
« Ne corrigez jamais le Pointer, disait-il, avec le fouet
ni autrement, parce qu'il *se défend* et vous mordrait
cruellement. » Mais les Pointers de cette époque
étaient bien différents de ceux d'aujourd'hui pour les
formes. La tête était plus large, le front bombé, l'œil
plus brillant, plus vif, le museau plus large, les babines mieux accentuées, le nez brusquement cassé,
la peau très fine, le poil plus court et lustré, le corps
très musclé, le fouet gros à la naissance, court et

mince à l'extrémité. Irréprochables dans tout le
ensemble, très brillants et très fiers à l'arrêt.

Ces types ne se voient plus. C'est bien regrettabl
parce que chez eux l'intelligence était tellemc
développée qu'ils comprenaient à la parole et à
geste tout ce qu'on leur commandait, comme le so
dat le mieux discipliné.

Ce type du quatrième croisement, dénommé « p
sang », diffère beaucoup de celui ayant subi (
nombreux croisements, même par la sélection (
chiens de même espèce appelée « race pure ». Ne pa
confondre.

D'après les détails qui précèdent, on comprendr
pourquoi les pedigree *sont muets sur la désignatio
des reproducteurs étrangers* dont se sont servis (
se servent les Anglais pour refaire et régénérer leur
races d'arrêt. Les désigner serait divulguer leur
procédés. Ils sont bien trop avisés, trop intéressé
pour cela. Pour beaucoup, du reste, l'expérienc
acquise est une fortune.

Mais que devons-nous penser, nous Français, d
ces pedigree si ingénieusement établis sur parche
min, revêtus du sceau des mercantis anglomanisés
seuls détenteurs des races pures, remontant a
temps des Croisades... et sans lesquels aucun chie
n'a de valeur s'il n'est porteur de cet authentiqu
document !... Quel bon billet ont là les chasseurs e
éleveurs français, ainsi qu'on va pouvoir en juger
les Anglais font remonter l'origine du Fox-Hound à

plus de cent cinquante ans, et celle du Lévrier et du Bulldog à plus de deux siècles.

Si on prend pour reproducteur un de ces types pour refaire et régénérer nos races en dégénérescence, on voit tout de suite quel fantastique pedigree on peut fabriquer. Si, au contraire, on supprime l'alliance, on est obligé alors de déclarer dans le pedigree le nom des ancêtres dégénérés, inscrits quand même au Stuck Bock Kennel Club, pour leur donner une valeur apparente !...

Comment reconnaître la supercherie, alors que l'éleveur intéressé, seul, la connaît et la cache soigneusement ? On ne peut donc généralement avoir confiance en ces grimoires incompréhensibles, appliqués le plus souvent à des chiens auxquels ils sont complètement étrangers.

L'inscription des chiens en France, au livre des origines, tel qu'il fonctionne, et le pedigree tel qu'il est présenté, *sans garantie, comme appartenant rien au chien* à inscrire, et sans contrôle possible pour la substitution des ancêtres qu'on lui attribue, est, je le répète, la plus colossale fumisterie sportive du temps présent pour tirer l'argent des naïfs.

Si encore ces inscriptions étaient réduites et taxées à leur valeur réelle, deux francs au plus, qui couvriraient et au delà les frais de publicité, on ne dirait rien ; mais dix francs, c'est, vulgairement parlant, « du carottage » de mauvais aloi.

Si les Anglais ont renoncé au croisement direct

du Pointer avec le Bulldog pour régénérer leur races d'arrêt au point de vue des formes et de l'énergie, c'est parce que les produits demandent un dressage particulier que tous les chasseurs ne sont pas à même de leur donner. L'acquéreur ignorant de leur origine et incapable de les soumettre, aurait de désagréables surprises dont souffrirait la réputation du vendeur..

Après examen sérieux de la question, ils ont été d'avis unanimement de conserver les « purs sang » comme reproducteurs, et ne livrer *au commerce* que les chiens de « *race pure* » provenant de croisement avec le Fox-Hound, après, toutefois, de *nombreux* accouplements entre eux, qui les rendent plus maniables, plus faciles à mener et à dresser. Tel est actuellement l'objectif : faire des chiens « *marchands* » avant tout ! et, chose extrêmement bizarre, c'est que les beaux types d'autrefois, ci-dessus dépeints, qui se faisaient remarquer par la beauté et la distinction de leurs formes, de leur ligne de tête, ne comptent plus ! Le chien de *second ordre* l'emporte sur le chien de *premier* ordre... parce que ce dernier déprécierait les autres... et que ce serait en encourager la propagation à laquelle les Anglais ont renoncé.

Après ces explications, on comprend la difficulté de pouvoir se procurer des reproducteurs « pur sang » pour régénérer nos races d'arrêt Pointer ; vainement les vieux chasseurs, comme nous, qui les ont connus, les réclament.

Ce n'est pas avec les Pointers importés de nos jours que nous pourrons améliorer nos races d'arrêt, attendu que le plus grand nombre mériteraient eux-mêmes d'être régénérés, tellement ils sont éloignés du croisement régénérateur.

Il est une chose qu'il faut admirer chez les Anglais, c'est l'esprit de parfaite entente qui existe entre eux pour se conformer aux engagements contractés dans l'intérêt national : pas un ne s'y soustrait.

La Société des Fieldtrials, en France, pour l'amélioration des races canines, pouvait faire de bonnes choses en encourageant l'élevage si elle eût voulu étudier la question et faire de sérieux sacrifices. Malheureusement, elle ne les a faits qu'à demi, sans paraître en comprendre l'importance.

La première chose à faire était de nommer une commission composée de chasseurs pratiques, d'éleveurs expérimentés, — il n'en manque pas en France, — pour lui indiquer les mesures à prendre afin de régénérer les races et de les créer au besoin. Au lieu de cela, on a accepté pour guides des *Tartarins*, bruyants farceurs imbus de fausses doctrines, et dont les bévues ne se comptent plus, sourds aux plus justes réclamations, aveugles pour tout ce qu'on leur présente pour le bien de l'entreprise. Il s'ensuit qu'on marche de cascade en cascade. Les expositions, de l'avis unanime de la presse sportive, dégénèrent de plus en plus et tournent en marchés et foires à chiens ; les Fieldtrials en comédie grotesque :

qui perd gagne... Si à cette manière d'opérer ne se joignait pas la question « d'argent », les intéressés pourraient s'en moquer un peu. Mais, lorsque l'argent joue un rôle important, il n'est pas permis, sous peine de forfaiture à l'honneur, de tricher au jeu ni dans des concours ayant pour but de rechercher et révéler au monde chasseur les meilleurs reproducteurs, — pour l'amélioration des races canines, *d'après le programme.*

La question est de savoir maintenant si le programme est sincère, ou s'il n'est, comme l'a dit si catégoriquement l'*Aviculteur*, pour les expositions canines, dans son numéro du 28 mai 1892, qu'un « trompe-l'œil » et la *Revue cynégétique* et autres, pour les Fieldtrials ?

L'Élevage des Chiens

7 Mars 1894.

Récemment, l'*Autorité* a publié un article de M. Diguet sur les chiens de chasse. C'est toujours un régal de lire ce qui sort de la plume si alerte et si autorisée de son sympathique collaborateur. Mais précisément à cause du crédit dont il jouit dans les choses du sport, il est peut-être à propos de signaler que manifestement son intention ne doit pas être prise absolument au pied de la lettre, et que, par fan-

taisie d'artiste, il s'est plu à peindre plus noir que
nature.

De toute part, écrit-il en substance, s'étalent les
réclames éhontées de maquignons en chiens qui nous
exploitent en nous donnant des expositions canines
et des Fieldtrials. A quoi bon tout cela ? Chez nous,
actuellement, il n'est plus de gibier ni de bons chiens
à vendre.

Si telle était la vérité, la France, au point de vue
cynégétique, aurait cessé d'être : elle serait morte ;
mais, certainement, M. Diguet, qui sait à quoi s'en
tenir mieux que pas un, ne le croit pas plus que moi.
Il sait qu'elle est seulement malade, bien malade à
la vérité. Et c'est pour cela que, sans me mettre en
désaccord avec lui, je me permets d'indiquer une des
causes de cette maladie. Peut-être se décidera-t-on à
y apporter remède.

Il y a quelque vingt-cinq ou trente ans, deman-
derons-nous d'abord, étions-nous, au point de vue
spécial qui nous occupe, en meilleure situation qu'aujourd'hui ? Franchement, je crois qu'on doit répondre
non. A cette époque, le gibier était déjà rare et même
son élevage sur quelques terres de barons de la fi-
nance était moins communément pratiqué que maintenant. Quant aux chiens, ils ne se disputaient, il est
vrai, aucun prix, dans des expositions ou des épreuves
sur le terrain : les journaux insérant des annonces
qui les concernent n'existaient pas ; les races anglaises étaient à peu près complètement ignorées :

mais les types de quelque valeur, possédés par des chasseurs jaloux de les conserver, étaient aussi bien rares !

Si l'on entend ne pas se laisser éblouir par le prestige qu'exerce presque toujours le temps passé, voilà, je crois, la vérité. On se plaignait bien, du reste, déjà quelque peu ; mais à quelle époque a-t-on jamais cessé de se plaindre ? En somme, on se contentait à peu près de ce qu'on avait, et c'était bien peu de choses.

Mais tout change à l'apparition des chiens venus d'outre-Manche. Si aveugles que beaucoup se fissent, de parti pris, il fallut bien confesser la lumière. Leur supériorité était écrasante : et leurs prix, nécessairement très élevés, n'étaient pas pour nuire à leur prestige, au contraire. C'était cher et, par surcroît, c'était excellent. Il en faut souvent moins pour déterminer le moins select des sportsmen. Si cher que ce fût, le profit, cependant, était-il considérable pour les importateurs et les initiateurs ?

Hélas ! non. Consultez à ce sujet nos distingués sportsmen, MM. Firmin-Didot, Mulard, Coulombel, prince de Salms, en Allemagne, baron van Loo, en Belgique, et vous serez fixés. Je pourrais également montrer les livres d'un mien ami, mon inséparable, qui a payé pour plus de six cents livres sterling, à M. Bishop, le juge anglais aux Fieldtrials français, rien que de 1886 à 1888, pour l'acquisition d'étalons et de lices, parmi lesquels figurent entre autres : Ron-

ging-Aaron, pour 60 liv. st.; Brave Duke of Wellington,
pour 60 liv st.; Princesse Ida, pour 40 liv. st.; Bonnie-
Blue-Boy, puppie d'un an, 40 liv. st.; le pointer Milo,
à M. Lloy de Totenesse, 60 liv. st. Ouvrez maintenant
les chapitres des frais et pertes — Dieu sait si ce dernier chapitre est lourd ! — et dites si, par ce moyen,
on peut se faire autant de rentes qu'en élevant des
lapins.

Leurs sacrifices et leurs efforts méritaient pourtant
de vifs encouragements. Amour-propre à part, ils
tendaient à naturaliser chez nous une industrie dont
le monopole se traduit, pour l'Angleterre, en belles
espèces sonnantes et trébuchantes. Mais on s'y est si
habilement pris que je cherche en vain ce qu'on aurait bien pu inventer de mieux, si on se fût inspiré
du désir de leur imposer un découragement définitif.
C'est ainsi qu'aux Fieldtrials on choisit un juge anglais et un juge belge, et qu'on consacre l'unique
prix de 2,000 francs aux chiens à grande quête de
toute origine, c'est-à-dire, en bon français, à l'exclusive intention de MM. les Anglais.

En effet, pour avoir des chances dans ces sortes
d'épreuves, il faut des chiens dressés en vue de cette
spécialité. Or, en Angleterre, seulement, les Fieldtrials sont assez nombreux et les prix à distribuer
assez importants pour que la spéculation à laquelle
ils donnent lieu puisse être rémunératrice. En
France, elle serait nécessairement ruineuse, parce que
le chien dressé en vue des Fieldtrials, à grande quête,

peut à peine concourir, une fois ou deux par an, et qu'il est peu propre ensuite à être utilisé pour la chasse. C'est donc une non-valeur comme chien de chasse.

Ce qu'il aurait donc fallu, c'était encourager d'une manière spéciale l'élevage français du chien anglais, et son dressage pour la chasse pratique en France ; c'est-à-dire à l'opposé des dresseurs anglais, qui portent leurs élèves sur l'avant-main, porter les nôtres destinés à la chasse sur l'arrière-main : et les faire juger par des juges français, « compétents ». C'est très exactement le contraire qu'on a fait, ce qui n'empêchera pas de continuer d'applaudir le fameux morceau :

Non, non, jamais en France,
Jamais l'Anglais ne régnera !

Comme on doit rire, entre soi, vers les rives de la Tamise, sur la confusion qui se peut faire, dans les régions de la Seine, entre la proie et l'ombre ?

Mais ce n'est pas là la seule cause de découragement, même de ruine, pour ceux de nos compatriotes qui se sont dévoués à la tâche de faire connaître les qualités vraiment supérieures des chiens anglais, et de propager leur élevage. M. Diguet a parlé de maquignons de chiens, de leurs réclames impudentes et de la défiance qu'ils doivent inspirer. Hyperbole à part, il a mis le doigt sur la plaie douloureuse sur laquelle je ne m'expliquerai pas plus longuement.

Je me borne à dire qu'il est aussi des acheteurs sains et saufs — sans mauvais jeux de mots — parmi ceux qui crient le plus fort qu'ils ont été écorchés.

Le chien anglais est incontestablement doué d'une façon merveilleuse, mais c'est le pire des auxiliaires pour la chasse si la perfection de son dressage n'est pas en rapport avec ses aptitudes et son tempérament.

Un homme sensé confierait-il la conduite de la nouvelle locomotive électrique au premier conscrit venu ? Non, n'est-ce pas ! Eh bien, qu'on le sache, car c'est une vérité, le chien de grande race, avec son intelligence exceptionnelle, la finesse extraordinaire de son odorat et sa fermeté à l'arrêt, mais aussi son tempérament de feu, son ardeur inépuisable, est également une machine de précision. On peut en attendre des effets merveilleux, incroyables, mais quand il est dans des mains expérimentées. Or voilà le malheur : c'est que, le conscrit inexpérimenté, c'est invariablement le chasseur notre voisin. Quant à chacun de nous, il est, dans son for intérieur, d'une science impeccable. Et s'il y a insuccès de l'un de nos chiens, c'est toujours la faute du chien.

Qu'on me permette une anecdote à ce sujet :

Cet ami intime, dont j'ai parlé plus haut, cédait, il y a quelques années, « Dick », un excellentissime Red Irish Setter, à M. Bertel, à Rouen, moyennant le prix de 650 fr. On était alors au mois de mars et l'instruction du chien était absolument irréprochable

— fait constaté sur le terrain d'épreuves par M. Bertel et par ses amis. M. Bertel confia « Dick » à son garde, peu au courant, paraît-il, du dressage de haute école, avec recommandation d'en avoir le plus grand soin.

Les soins matériels, je veux le croire, furent irréprochables, mais le défaut de toute direction à la promenade, le vagabondage et l'exemple des mauvaises compagnies portèrent leurs fruits naturels. A l'automne, les amis de M. Bertel, qui avaient été conviés à voir le noble animal renouveler les exploits qu'il avait faits aux essais, furent témoins de la série de fautes les moins pardonnables. Dans sa colère, M. Bertel s'en prit à son vendeur, et, dans sa mauvaise inspiration, somma irrévérencieusement mon ami de remettre le chien dans la bonne voie, le menaçant, pour le cas où sa sommation resterait sans effet, de faire insérer dans les journaux que « Dick », acheté 650 francs à M. X..., était à vendre pour 10 francs.

Mon ami, plein d'indignation, ne fit pas attendre sa réponse, et avisa M. Bertel que l'insertion, s'il la faisait, serait immédiatement suivie de la réclamation de l'animal, par voie d'huissier, moyennant 10 fr., et que 640 francs seraient ensuite adressés au maire de Rouen pour être distribués aux pauvres.

M. Bertel se tint coi, et mon ami en a été aux regrets, car la remise de « Dick » pour le prix de sa vente eût été pour lui une excellente affaire. En quelques chasses il fût redevenu chien modèle sous tous les rapports.

L'histoire de M. Bertel n'est pas unique, bien loin de
là. Ceux qui, comme lui, s'imaginent qu'un chien
dressé n'exige plus aucun soin de surveillance et de
direction, sont légion.

J'ai exposé dans mes traités de dressage comment
se conduit méthodiquement et sûrement l'instruction
d'un chien de grande race, et ce qu'il faut éviter
pour qu'elle ne soit pas compromise ; mais beaucoup
de chasseurs continuent et continueront à ne tenir
compte de rien, et notamment à faire chasser leurs
chiens en compagnie de haridons qui leur donnent
les plus détestables exemples. Et, malgré tout, la
valeur moyenne du chien, au point de vue des
qualités, a progressé.

L'infusion du sang anglais est sensible dans un
grand nombre de sujets, et, si beaucoup de personnes
trouvent que tout est encore au pire, c'est que la vue
des sujets d'élite a eu précisément pour conséquence
de développer leur goût et les rendre plus difficiles.
Si tout à coup on pouvait ressusciter la légion des
chiens d'autrefois, dont le souvenir alimente leurs
regrets, ils verraient combien il faut en rabattre.

Le pessimisme de l'article de M. Diguet, que je ne
cesse pas de considérer comme un de nos maîtres,
m'aura fourni l'occasion de proclamer cette vérité et
je l'en remercie.

Quant au gibier, il y en a encore, mais cette
exécrable mode de *chasse en battues* et le braconnage
l'ont rendu tellement sauvage, qu'il ne se laisse

plus arrêter par le chien, et plus approcher (
chasseur.

J'aurai occasion d'en parler avant peu.

Veuillez agréer, etc.

P. Barreyre.

Des Pedigree

Le *pedigree*, quand il est sincère, est d'une valeu
inappréciable pour l'éleveur : c'est la base essentiell
indispensable de toute amélioration. Sans le *pedigre*
pas de race qui puisse rester pure, pas de croisemen
judicieux possible. Tout est livré au hasard, et comm
le hasard — ainsi que chacun sait — est aveugle, e
le prenant pour guide on ne peut manquer de se ca
ser le cou. Ce sont là des vérités irréfutables ; on v
voir maintenant de quelles déceptions, de quels mé
comptes elles peuvent être la source.

Si le pedigree est si précieux, c'est que l'anima
choisi pour reproducteur tire la plus grande valeu
non de sa perfection et de ses mérites individuels
mais d'une succession ininterrompue d'ancêtres re
marquables aux mêmes titres. En effet, la trans
mission sera d'autant plus certaine dans l'aveni
qu'elle a été plus longtemps constatée dans le passé
C'est dire tout l'intérêt que des gens peu scrupuleu
ont à établir des pedigree de fantaisie. L'abus en de
vint si grand, même en Angleterre, — où pourtan

beaucoup de vieilles familles possèdent un grand nombre de titres d'origine pour leurs chenils remontant à plusieurs siècles et pouvant servir de contrôle, — que la réforme du premier stud-book publié s'imposa quelques années après sa fondation. C'est le Kennel Club, comptant parmi ses membres toutes les sommités de cette classe aristocratique si passionnée, de temps immémorial, pour l'amélioration de toutes les races animales, qui entreprit cette tâche.

Certes, l'œuvre était en bonnes mains ; mais comment parer à tous les artifices de la fraude ? Comment forcer tel industriel, dont la lice s'est mésalliée, à en subir les conséquences pécuniaires ? Comment éviter que tel autre, entraîné par la passion du lucre, ne couvre du même pavillon, je veux dire du même pedigree, dix chiots de parents irréprochables et vingt autres d'une tout autre origine ? (1)

Incontestablement, c'est de toute impossibilité ; de sorte qu'on peut dire : tant vaut l'homme, tant vaut le pedigree.

Et encore, même la sincérité la plus complète admise, reste-t-il à faire une réserve : pour faire inscrire réellement un chien au stud-book du Kennel Club, il en coûte 8 shillings (environ 10 francs), et cette inscription est si peu la preuve de la pureté du sang de la bête que beaucoup y sont inscrites avec cette formule : *pedigree unknown* (ancêtres inconnus.)

---

(1) Ainsi que cela s'est vu en France !

Ainsi donc, même en Angleterre, le pedigree n'a de valeur pour l'éleveur, et même pour l'amateur, qu'autant que, par des renseignements auxquels il croit pouvoir se fier, ce dernier est éclairé sur la valeur d'une longue suite des ancêtres de l'animal dont il souhaite l'acquisition. Si ces renseignements font défaut, le pedigree vaut à ses yeux tout juste les frais de la feuille de papier sur laquelle il est inscrit. Et c'est bien là qu'en sont presque les quatre quarts de nos compatriotes, qui ne possèdent pas en Angleterre des relations sûres, en état de les renseigner. S'ils sont très connaisseurs, ils ne seront pas toujours entièrement trompés sur le chien qu'ils convoitent exclusivement au point de vue de la chasse, parce qu'ils peuvent l'essayer — il y aurait encore beaucoup à dire sur ces essais — et ensuite parce que le chien de bonne origine en porte sur lui-même l'attestation. Mais, pour l'éleveur, c'est tout à fait insuffisant.

Après, longtemps après la fondation du livre des origines ou stud-book du Kennel Club, se constituaient ceux de la Société de Saint-Hubert, en Belgique, et, en France, de la Société centrale de la rue des Mathurins.

Que dire maintenant de ces pedigrees, si pompeusement établis, remontant au temps des Croisades, attribués à des chiens qui leur sont complètement étrangers, si ce n'est que les « faiseurs » qui, pour la plupart, les établissent, excellent dans l'art d'en faire de *toutes les couleurs !*

Et que dire de ceux qui perçoivent 8 shillings en Angleterre et 10 francs en France dans les conditions de scandaleuse facilité ci-dessus expliquées, sinon qu'ils mettent la tromperie à la portée de toutes les bourses ?

A ce compte-là on conçoit qu'on puisse donner des prix de 2,000 francs au profit exclusif des Anglais, ainsi que je l'ai démontré dans un précédent article.

Et maintenant, mes chers confrères, si vous continuez à « prendre le Pirée pour un homme », nul n'aura le droit de me l'imputer à faute ; néanmoins, si cela vous convenait, je n'y verrais, certes, aucun inconvénient personnel.

Les Battues

Comment parler chiens, chasse et gibier, sans dire un mot des battues ? C'est chose impossible, car la souveraine la moins discutée et la plus obéie, dans ce beau pays de France, en même temps que la plus falotte et la plus toquée — j'ai nommé la mode — les couvre actuellement de sa capricante protection.

Un vrai chasseur doit pourtant avoir le courage d'affirmer que la battue n'a rien à voir avec la chasse, et qu'elle en est, au contraire, la négation et l'une des pires ennemies.

J'ai lu quelque part, sous la signature du marquis de Mandat-Grancey, je crois, que, dans une de ces stu-

péfiantes usines du Nouveau-Monde, où l'on s'est
ingénié à transformer le plus expéditivement possible
en montagne de « Corned-beef » le bétail innom-
brable qui sans cesse se presse à ses portes, le premier rôle est rempli par un personnage armé d'une
carabine Winchester à répétition. Grâce à une pratique journalière, son coup d'œil est infaillible, et,
partie du poste élevé qu'il occupe, aucune de ses
balles ne s'égare. Chaque animal, atteint au nœud
vital, s'effondre inerte et est instantanément enlevé
par un treuil à vapeur. A la fin de chaque journée
de travail, le chiffre du tableau est nécessairement
formidable. Fanatiques des battues ! ce boucher,
abstraction faite du côté commercial de sa tâche,
pourrait-il être considéré comme faisant acte de
sportsman ? Par réciprocité, dans certaines battues,
le sportsman ne semble-t-il pas faire œuvre de
boucher ?

Mais que dis-je ? Lisez la magistrale étude récemment publiée dans l'*Autorité,* par M. Charles
Diguet, sur les battues en Angleterre, et dites si,
actuellement, le caractère mercantile ne s'y accuse
pas ouvertement ; si beaucoup de fermes sont autre
chose que d'immenses basses-cours ; si leur création
n'a pas uniquement pour but de substituer à la cul-
ture des céréales, devenue onéreuse pour les terres
de moyenne fertilité de la patrie du libre-échange,
la spéculation plus avantageuse de la production
d'une viande chèrement payée par l'amateur ; et si le

jour de la battue est autre chose qu'un jour de récolte comme un autre, pendant lequel, au lieu de blé et de foin, on enlève lapins, perdreaux et faisans mûrs pour la vente? Dans ce cas, les amis conviés à l'exécution, pouvez-vous soutenir qu'au salaire et à la position sociale près, ils échappent à tout point de comparaison avec l'homme à la carabine Winchester, dont je parlais il y a un instant? Et ne voilà-t-il même pas que, pour ne pas leur permettre de conserver à cet égard la plus petite illusion, on est sur le point de se priver de leur concours, parce que le gibier tué au fusil a une valeur vénale *inférieure?*

En France, certes, nous n'en sommes pas encore là, car la Vieille-Albion, en cela comme en beaucoup d'autres choses, hélas! plus enviables, se maintient jalousement à l'avant-garde : mais déjà nous n'en sommes plus à nous borner aux battues qui se justifient par la nécessité de limiter les dégâts de certains animaux, comme les lapins, malfaisants et trop prolifiques, ou à les voir pratiquer exclusivement par ceux qui ne peuvent pratiquer la vraie chasse, soit par défaut de loisirs suffisants, soit par inaptitude physique.

Autrefois, à de rares exceptions près, qui n'avait pas chassé étant jeune, ne se livrait de sa vie à l'exercice de la chasse. Certes, un bon tireur était apprécié ; mais, s'il n'était doublé d'un vrai chasseur, il ne pouvait prétendre à d'autre grade qu'à celui, peu envié, de simple « fusillo ».

Le *fusil*, la *cuisine,* n'étaient alors que l'accessoire.

On aimait la chasse pour elle-même et on répétait sagement que sa science, loin de pouvoir s'improviser, est longue et difficile à acquérir, et qu'on ne lui doit marchander ni le temps ni les fatigues.

Ce sont, presque partout, aujourd'hui, vieilles maximes reléguées au rang des vieilles lunes. La passion de l'imitation ; la fureur des spéculations de Bourse ; les richesses nées, un matin, d'un caprice de l'aveugle Fortune, et qu'un autre de ses caprices peut emporter avant le soir ; la fureur de jouissance sans frein et immédiate qui en dérive ; la mode, enfin, ont fait légion le nombre, jadis restreint, de ceux qui, à force de massacrer de malheureuses bêtes poussées sans défiance sous leur fusil, sont devenus d'habiles tireurs, et ont l'illusion que c'est là la vraie chasse et qu'ils sont des chasseurs.

Ce ne sont plus seulement les environs de Paris qui sont envahis ; la Sologne elle-même, cette terre promise du gibier, ce pays classique de la chasse au chien d'arrêt, est fortement entamée. On y voit des amateurs de la grande cité louer des chasses aux prix les plus élevés, même sur les propriétés les plus ingrates à cause de leur sol dénudé, de leurs sapinières élaguées ou trop fourrées en hautes bruyères impénétrables. Il faut donc élever sans retard et à grands frais du gibier : lièvres, lapins, perdreaux, faisans ; s'imposer de nouveaux frais pour les déplacements, le séjour, le salaire des gardes, l'achat et l'entretien des chiens ; auxquels s'ajoutent, sans tarder, les indemnités à payer aux fermiers, pour les dégâts aux récoltes, et le coût de la pose, devenue indispensable, de clôtures en grillages.

Quand arrive l'heure de l'ouverture de la chasse, l'impossibilité est absolue — surtout avec le peu de temps dont on dispose — de se procurer une somme de plaisir en rapport avec l'énormité des sacrifices. La chasse, d'ailleurs, combien parmi ces favoris de la fortune, l'apprécient ? Combien sauraient, je ne dis pas dresser un chien d'arrêt, mais seulement le conduire sur le terrain ? Ce qui importe à beaucoup, d'ailleurs, c'est d'éblouir les amis naïfs ; de faire insérer dans les journaux de sports des entrefilets triomphants ; et, s'il est possible, de faire des envieux.

Pour les chasses de moindre importance, si le tableau est trop modeste, le malin marchand de gibier y pourvoira. Le projectile argenté viendra suppléer à l'insuffisance du projectile en plomb, et la rentrée au foyer ne manquera pas d'être triomphale. On aura pourtant la modestie de ne pas faire figurer, à la série des victimes, celle des pauvres rabatteurs atteints par le plomb des imprudents et des « chauds de la gâchette », qui se rencontrent presque toujours à toutes les battues. Aussi les accidents sont-ils fréquents.

Mais les rabatteurs, mis en goût pour la chasse, s'en vengent en devenant d'effrénés braconniers et en ravageant tout, tandis que les grillages font émigrer les lièvres et servent de pièges aux levreaux, aux lapins, aux faisandeaux et aux perdreaux, dès qu'ils sont poursuivis par les chiens de berger.

Voilà les résultats des battues telles que de nombreux amateurs les entendent et les pratiquent. Si, de fréquentes qu'elles sont déjà, elles se généralisent, on peut affirmer sans exagération qu'elles entraîneront la disparition du noble sport qui seul mérite le nom de chasse.

Les chiens étant devenus inutiles, ceux de la race pure qui ont coûté à produire tant de soins, tant de science spéciale et d'argent, disparaîtront en premier lieu. Le goût et le sens de la chasse qui, de tout temps, ont distingué la France, se perdront ensuite ; et, suivant la tendance déjà manifestée en Angleterre, le gibier sauvage lui-même succombera, n'ayant plus d'autre représentant de son espèce que les sujets domestiqués, élevés sur des propriétés devenues d'immenses basses-cours organisées en vue de la spéculation commerciale, et où le gentleman n'aura plus même l'espoir de faire concurrence à l'Américain de la fabrique de « cornedbeef ».

Que le grand saint Hubert daigne écarter ces présages !

JOYEUSETÉS D'ANTAN

Mes vieux amis, les chasseurs d'autrefois ne savaient pas oublier que les Gaulois étaient leurs pères. En leur honneur, je terminerai ce chapitre, qui peut-être a semblé trop long, par un gros éclat de rire.

Suites d'un passage de Bécasses

— Ami, qu'ai-je entrevu, là-bas, sur la lisière du bois, plonger du ciel, vers la terre, par des crochets vertigineux ? Est-ce un oiseau, est-ce une feuille emportée par ces rafales de novembre ?

— Par St-Hubert, comment ton cœur ne l'a-t-il pas deviné ? Eh ! c'est la gente damoiselle au long bec, aux grands pieds, au corsage d'or bruni strié de velours noir ! La neige est apparue dans ses stations d'été voisines de la mer du Nord, et, frileuse, elle retourne aux pays aimés du soleil. Elle voyage à grandes traites, discrètement et la nuit, en aristocratique personne qui redoute la cohue et son tumulte, mais non pas la fatigue et le danger. Avril la reverra, inconséquente et capricieuse, trouvant qu'il ne fait bon vivre que le soir, que les vallons embaumés des senteurs du printemps ne sont beaux qu'aux clartés des premières étoiles ; et que l'écho ne sait redire que les nocturnes à deux voix ; mais, pour l'instant, elle est tout à son voyage, et elle n'apprécie d'autres enivrements que ceux du mouvement et de l'espace !

Ah ! ma jeunesse ! ma jeunesse ! quels souvenirs de vous provoque ce simple événement : L'arrivée des bécasses!... quelle fête c'était, autrefois !

En Bourbonnais, nous n'avions ni « tramways ni railways. » En vingt-quatre heures, dix bons compagnons n'étaient pas dispersés aux quatre vents du ciel. On n'était pas exposé, non plus, à voir dix fâcheux inconnus vous tomber, à la fois, sur la tête, à la manière des aérolithes. On vivait entre soi, tout était en commun. Dans notre cercle, le froid égoïsme, l'âpre ambition, l'immonde cupidité ne comptaient pas de victimes. Nous respections tout ce qui était respectable. L'honneur ainsi que l'amitié, *la vraie et bonne amitié*, avaient un culte. Quand nous étions réunis, tous les cœurs battaient à l'unisson. Tous pour un, un pour tous ! c'était là notre devise. Ah ! certes, nous n'étions pas de tous points irréprochables. La chasse et la table tenaient, peut-être, dans notre vie, une trop large place. Peut-être notre gaîté si franche se montrait-elle un peu gauloise, exempte qu'elle était de toute alliance avec le « Cant » anglais, dont le nom même eût été pour nous une hiéroglyphe. Peut-être, aussi, étions-nous trop enclins à suivre les sentiers menant à ces moulins qui induisent les bonnets en tentation de mémorables envolées !...

Hélas ! le temps est venu de faire amende honorable de toutes ces fredaines. Mais l'homme est ainsi fait que la chose la plus futile suffit souvent à faire jaillir des étincelles du reste de feu qui couve sous la cendre de ses années.

Que celui-là qui n'a jamais péché me jette donc la première pierre, si j'ose raconter une de ces aventures de ma jeunesse qui ne peuvent être entendues que des chasseurs de bécasse seulement, et encore à la condition qu'ils ne soient pas de ceux qui boudent... sur le gibier un peu..... faisandé.

Il y a de cela plus de vingt ans. Le passage des bécasses était magnifique et j'avais été des plus favorisés. Un groupe de mes plus excellents amis l'ayant su, conçut le projet bien naturel de venir prendre sa part de ma bonne aubaine. Un beau matin, je vois donc débarquer, à l'improviste, mes joyeux camarades, qui s'étaient entassés dans deux vastes chars-à-bancs. Leurs premiers mots furent les acclamations en l'honneur du succès de mes chasses ; puis, sans tarder, s'y mêla la note inspirée par de robustes estomacs.

J'étais enchanté de cette visite inattendue ; pourtant, je ne sais quel diable me poussa à jouer à mes amis un tour qui rappelle, mais d'assez loin, le supplice que la colère des dieux d'autrefois infligea au nommé Tantale.

Très hypocritement, j'exagérai donc la modesti
convenable en de telles circonstances. Mes ʼsuccè
leur dis-je, avaient été fort exagérés, et, si j'étai
touché d'une visite témoignant si fort la chaleur d
leurs sentiments..... et de la santé de leurs es
tomacs, je n'étais pas sans inquiétude sur le poin
de savoir si je pourrais dignement leur faire honneur
J'avais fait cadeau, suivant mon habitude, du plu
grand nombre de mes bécasses et il ne m'en restai
guère. Aussi, que ne m'avaient-ils prévenus ! Ils me
connaissaient pourtant bien !..... Enfin ! J'allai
faire le nécessaire pour ne pas les laisser mourir de
faim, espérant que ma cave les dédommagerait en
partie des déceptions que, sans nul doute, leur
réservait mon garde-manger.

Les mines s'allongèrent bien un peu à ces falla-
cieuses paroles. Néanmoins, mes amis acceptèrent
gaiement l'offre d'une promenade en attendant le
déjeuner, et, — après avoir donné rapidement mes
ordres à la cuisine, — nous escaladions bientôt, tous
ensemble, les pentes d'une montagne voisine, du
sommet de laquelle on jouit de l'un des plus beaux
points de vue du Bourbonnais. D'un côté, à perte de
vue, la luxuriante et belle Limagne se mirant
dans ses deux fleuves, la Dore et l'Allier ; à
l'opposé, tantôt sévères, tantôt gracieux et pittoresques, les monts du Forez couronnés de leurs grands
bois de sapins et de hêtres. Le spectacle était admirable. Bientôt pourtant, — la vivacité de l'air aidant,

— les appétits aiguisés réclamèrent un prompt
retour.

On se hâte, on arrive, on se précipite dans la
salle à manger, et chacun avait à peine pris sa
place quand la cuisinière — convenablement stylée
à l'avance — apparaît portant une immense omelette
farcie de truffes... auvergnates.

Contre mauvaise fortune, il fallait faire bon cœur,
et mes braves camarades qui, tant de fois, à la
chasse, avaient affronté les plus rudes fatigues,
pendant de longues journées, presque sans manger
et surtout sans se plaindre, n'étaient pas hommes à
bouder, en cette occurrence, contre les exigences de
leur estomac. L'omelette, d'un seul élan, fut entamée
et engloutie. Une seconde, de même volume, mais
au jambon, sans languir, subit le même sort. Trois
plats de résistance durent encore se succéder pour
éteindre la fougue de ces formidables appétits. Mais
enfin le moment psychologique était arrivé. Un long
plat, sur lequel s'étagent artistement dix-huit
bécasses bien à point, et dont le fumet délicieux eut
mérité les suffrages du prince des gourmets, est
placé triomphalement sur la table !

C'était plaisir à voir et plaisir à sentir.

Un cri d'exaspération s'échappe aussitôt de toutes
les poitrines : C'est une trahison indigne !... une
abominable surprise !!...

Eh ! oui, c'est une surprise, mes bons amis, —
m'écriai-je au comble de la joie du succès de ma

ruse — à chacun la sienne!..... Néanmoins, je
vous suis trop cordialement attaché pour rester sous
le coup de vos malédictions trop justes. J'avoue ma
faute et je veux la réparer. Evidemment, je n'ai pu
viser et atteindre que vos estomacs ; je vais donc
leur offrir la seule réparation qu'ils puissent considérer comme acceptable. Ce soir, à dîner, ces bécasses
reparaîtront en salmis, et le meilleur vin de ma cave
aidera à plaider mon absolution complète.

Mes dernières paroles furent couvertes par des bra-
vos répétés. Ainsi qu'il avait été dit, le soir il fut fait ;
et jusqu'au bout ne cessa de régner la gaîté la plus
franche et la plus expansive. Surtout vers la fin, elle
atteignit les limites du possible, au moment où se
produisit un incident comique autant que difficile à
raconter.

Il était onze heures du soir environ, lorsqu'il fut
décidé, sur la proposition de l'un de nous, que l'on
irait passer quelques instants au cercle. Seul, un
vieux chevronné de St-Hubert, dont la trogne agré-
mentée de bourgeons et contre-bourgeons plus écar-
lates que le collier d'un commandeur, témoignait de
sa qualité de haut dignitaire de l'ordre insigne de la
« Beuverie, » et qui s'était comporté, toute la soirée,
avec une ardeur juvénile, contre les vins mousseux
et le salmis de bécasses, fut sourd à tous les appels
et resta endormi.

Deux heures plus tard, à notre retour, il était encore
dans la même position, mais il avait retrouvé la parole.

— Eh bien ! cher vétéran, seriez-vous indisposé ?

— Ah ! ne m'en parlez pas, mon brave ami. Je vous ai bien entendu m'appeler, tantôt, mais je n'osais remuer. Vous m'aviez fait tant choquer le verre que je m'étais assoupi, et, dans un rêve, j'étais obsédé de la pensée de vos succulentes bécasses.

Me trouvant à l'affût, je venais d'en abattre une qui essayait de s'échapper pendant que je m'efforçais de la prendre... Dans un suprême effort... je saisis l'oiseau... je le tenais... mais.... crac!.. Échappé!!! et... mon... cas... est embarrassant...

Point n'est besoin de commentaires, vieux et bon camarade, nous sentons tous... la position. Mais une telle défaite vaut une prise... Amis, en son honneur, qu'on sonne la fanfare... la fanfare de circonstance... le « Bien aller » !!!.....

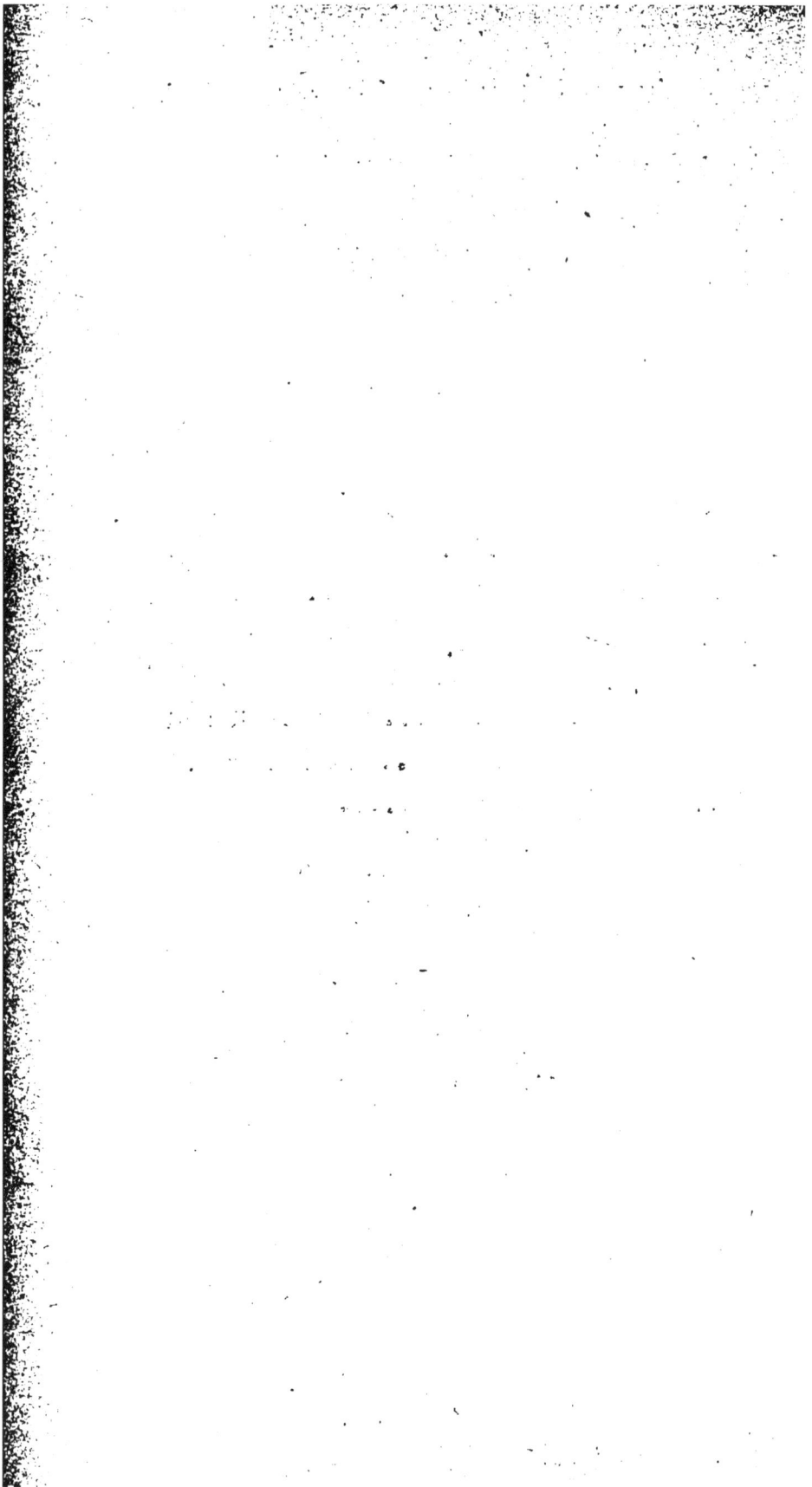

QUATRIÈME PARTIE

HYGIÈNE ET MÉDECINE

GÉNÉRALITÉS SUR LES SOINS A DONNER AUX CHIENS

Logement. — Quand on ne possède qu'un seul chien d'arrêt, on peut le laisser vivre habituellement en liberté dans la maison. Son intelligence gagne beaucoup à ce commerce continuel avec son maître, et c'est de là que vient la supériorité de dressage de certains chiens de braconniers. Il ne faut cependant jamais le laisser errer seul, soit en ville, soit dans les champs.

Si on a plusieurs chiens, il est indispensable de leur aménager un chenil. Le chenil sera très convenable, s'il se compose d'un local clos et couvert qui les préserve du froid, et, par-dessus tout, de l'humidité. Des chiens, surtout s'ils ont le poil long et fourni, peuvent impunément supporter un froid vif mais sec ; au contraire, ils sont bientôt atteints de rhumatismes et d'affections de la peau s'ils sont exposés à l'action de l'humidité. Cela est particulièrement vrai pour les chiens de pur sang, et spécialement pour les Pointers. Le chenil doit être muni de bancs en bois pour le coucher, et attenir à une cour

fermée de murs, où ils puissent prendre leurs ébat
La plus grande propreté est indispensable. Quar
on ne possède pas un enclos où ils puissent être lai
sés en liberté, il faut les faire sortir du chenil, per
dant quelques minutes, au moins cinq ou six fois p;
jour. Il est très bon pour la santé de tous les chien
de les brosser tous les jours, et il est alors très ra;
d'être dans la nécessité de les laver. Pour cette de
nière opération, on se sert de jaunes d'œufs. Le savo
irrite la peau ; il peut, s'il y pénètre, enflammer l
yeux, et, dépouillant la peau de la sécrétion grai;
seuse qui lui est naturelle, il expose le chien au dar
ger de prendre froid.

On procède de la manière suivante : on met le chie
dans un baquet vide et on lui frotte énergiquemer
la peau avec le nombre de jaunes d'œufs nécessair
pour bien l'imprégner, ce qui, d'ailleurs, est rend
plus facile par l'addition d'un peu d'eau. On lav
ensuite le chien à fond avec de l'eau tiède. Par c
procédé bien commode, on conserve au poil tout so
brillant.

Quand il s'agit de débarrasser un chien de puce
qui, devenues trop nombreuses, le tourmentent et l
fatiguent, on étend sur tout le corps du savon noi
auquel on ajoute une cuillerée à café d'essence d
térébenthine. Un quart d'heure après, on plonge l
chien dans un bain d'eau tiède, et on le frictionne vi
goureusement.

Il faut veiller à ne pas laisser trop longtemps cett

mixture sur la peau, et à bien l'en débarrasser par le lavage, parce que l'essence de térébenthine agit comme un rubéfiant et que le savon, en obstruant les pores, peut déterminer des accidents promptement mortels. Le « Field » a fait mention d'un chien, qui, laissé, pendant une nuit, la peau imprégnée de ce mélange de savon et d'essence de térébenthine, a été trouvé mort le lendemain matin. On doit être convaincu, cependant, que ma manière de procéder n'expose à aucun danger. Plusieurs opérations, à un jour d'intervalle, détruisent les œufs de puces aussi bien que les puces elles-mêmes. Il faut préserver les yeux de l'atteinte de la mixture, et, après l'opération, veiller à ce que le chien ne prenne pas froid.

⁎⁎

On peut tuer les tiques en les touchant légèrement, à l'aide d'une barbe de plume ou d'un pinceau, d'un mélange, par égale portion, d'alcool et d'acide phénique. L'huile les tue aussi, mais moins promptement.

⁎⁎

Exercice. — Pour conserver les chiens en bonne santé, il est indispensable de leur faire prendre, chaque jour, de l'exercice pendant au moins une heure.

⁎⁎

Nourriture. — De la façon dont un chien est nourri dépend, plus que de tout le reste, sa santé, sa gaîté et sa bonne apparence. Le principe général à observer est de donner, à heures fixes, et en quantité convenable, une nourriture souvent variée. Tous les sportsmen ne sont pas d'accord sur le point de savoir si cette nourriture doit être donnée en une seule ou en deux fois chaque jour. Les adversaires du repas unique font observer qu'un jeûne de vingt-quatre heures ne peut que nuire à la santé de n'importe quel animal. Cette assertion ne doit pourtant pas être acceptée sans examen. Il est indiscutable, en effet, qu'on ne peut, au point de vue de l'alimentation, assimiler tous les animaux, et, il faut reconnaître, qu'il est, notamment, un abîme entre la nutrition des herbivores et celle des carnivores. Ainsi, pour ne prendre que quelques exemples, il est indispensable de donner de la nourriture au cheval au moins trois fois par jour, et les ruminants, tels que les moutons et les bœufs, font agir, nuit et jour, et presque sans interruption, leur mâchoire au profit de leur estomac, tandis que les carnivores, au contraire, dont la nourriture est subordonnée à tant d'éventualités, peuvent faire un repas en quelques minutes, et résister ensuite à la faim pendant un temps très long. Telles sont les lois de la nature, et il est logique de croire que le régime de chaque animal domestique, ou vivant en captivité, sera d'autant plus favorable à sa santé qu'il s'éloignera moins de celui qu'il suivait à l'état sauvage. C'est ainsi qu'il est reconnu nécessaire pour maintenir le faucon captif en bon état, de le priver de nourriture, pendant trente-six ou quarante-huit heures, au moins une fois par semaine.

En ce qui concerne le chien, il ne faut pas oublier que c'est un animal carnivore, et la pratique, d'accord avec la théorie, prouve qu'il est préférable de ne lui donner de la nourriture qu'une fois par vingt-quatre heures. C'est aussi plus commode pendant la période des chasses. Il est bien entendu, cependant, que ce régime, excellent pour des chiens faits et vigoureux, ne saurait convenir à des chiens délicats ou *subissant des fatigues excessives*. A Londres, les amateurs de chiens d'appartement leur donnent de la nourriture le matin et le soir, mais jamais dans le courant du jour. Le triste état de santé de la plupart des chiens appartenant à des dames, n'a pas d'autre cause que l'habitude de leur donner des friandises à tout instant du jour.

La quantité de nourriture à donner dépend du chien. La règle généralement observée, en Angleterre, est de donner une once (28 gr.) de nourriture pour chaque livre (453 gr.) du poids du chien, de sorte qu'un chien pesant 16 livres (6 kᵒˢ 848 gr.), recevra une livre de nourriture (453 gr.) par vingt-quatre heures. Cependant il serait convenable de diminuer cette ration si on s'apercevait que le chien engraisse bien qu'il prenne un exercice suffisant. On peut, d'ailleurs, s'assurer d'une manière assez précise de la quantité qui convient à chaque animal. Il suffit de l'observer au moment où il mange, et on

peut être certain qu'il est suffisamment repu dès qu'il
tourne autour de son plat pour choisir les morceaux
ou qu'il témoigne, par d'autres signes, que son appétit est satisfait. On s'assure alors de la quantité
absorbée, et c'est cette quantité qui lui est ensuite
attribuée chaque jour.

Cette méthode, malgré son allure moins scientifique, ne me paraît pas la moins bonne.

Il est d'ailleurs toujours bon d'observer les chiens
au moment de leurs repas, parce que la perte de
l'appétit est généralement le premier symptôme d'une
maladie.

Les Anglais considèrent la chair de mouton comme
la meilleure nourriture pour le chien ; mais comme
elle coûte cher, on lui substitue généralement la
viande de cheval. Le fond de la nourriture n'en est
pas moins une bouillie de différentes espèces de farine.
La meilleure, indiscutablement, est la farine d'a-
voine. La farine de froment engraisse trop, la farine
d'orge est trop échauffante, et la farine de maïs,
outre qu'elle cuit mal, n'est pas d'un goût agréable.
Si, par considération d'économie, on employait cette
dernière farine, on devrait la faire bouillir au moins
une heure. Je ne la conseillerai cependant jamais,
parce que j'ai été à même de constater qu'elle peut
avoir de très graves inconvénients.

Dans les grands chenils, on fait bouillir la viande
jusqu'à ce qu'elle soit presque cuite ; on la retire
alors, et on la laisse achever de cuire, à petits bouil-

lons, avec la farine d'avoine, pendant un quart d'heure ou une demi-heure. On la met ensuite refroidir.

On coupe la viande en petits morceaux, et on la mêle à la bouillie. Cela forme ce qu'on appelle le « pudding. » Les os sont donnés à part.

Quand on a plus de trois ou quatre chiens, on les nourrit plus économiquement en faisant bouillir, dans un grand pot, avec de la farine d'avoine, les os et les restes de viandes qui ne sont pas utilisés dans la maison. Par ce procédé, on tire des os toute leur substance nutritive et on fait manger facilement la farine d'avoine, que, sans cette addition, ils refuseraient peut-être.

Deux fois par semaine, on doit ajouter à la pâtée des végétaux frais. Les pommes de terre conviennent d'une manière toute spéciale. On peut donner aussi, comme laxatif, quand c'est nécessaire, du foie bouilli.

La panse et les intestins des animaux de boucherie constituent une nourriture très économique et très bonne. Au témoignage de Meyrick, auquel j'ai emprunté plusieurs des renseignements qui précèdent, et que j'aurai l'occasion de mettre à contribution plus d'une fois encore, certains propriétaires de chiens renommés qui habitent Kensal, Heer Town, ne leur donnent rien autre chose.

Le sel doit être exclu de la nourriture de tous les carnivores, et spécialement de celle de notre compagnon de chasse. Ainsi le capitaine Mac-Clintoch

raconte, dans son voyage du navire « le Renard » a
Pôle Arctique, que tous les chiens des Lapons périrer
parce qu'on les avait nourris de la viande salée d
bord. Ce sont pourtant les chiens les plus vigoureu
du monde.

La nourriture des petits chiens d'appartement s
compose de biscuits et de croûtes de pain arrosés d
jus de viande.

En France, on nourrit généralement les chiens d
chasse avec des soupes au pain, dans lesquelles en
trent des graisses de bœuf ou de mouton, et parfoi
de la viande de cheval. C'est un bon régime mais plu
coûteux.

Si on ne veut pas exposer ses chiens à des acci
dents souvent mortels, on ne doit pas les faire passer
sans transition, d'un long repos aux fatigues de la
chasse. Un mois ou six semaines avant l'ouverture
il convient de les purger avec une dose d'huile de
ricin, et de commencer leur entraînement par des
courses journalières de plus en plus longues et de
plus en plus rapides, derrière un cheval ou une voi-
ture, ou tout au moins en les faisant courir et quêter
dans les champs. Ce qu'il importe, en effet, c'est de
diminuer leur embonpoint, de rendre à leurs muscles
toute leur élasticité et leur force de résistance, et,
surtout, de restituer toute l'énergie de leur fonctionnement aux organes de la respiration et de la circulation. Si on ne prend pas cette précaution, le chien
de pur sang, en entendant parler la poudre après un

long silence, et en retrouvant les émanations presque oubliées du gibier, s'enivre, et, bien que chargé de graisse, et sous un soleil de feu, il se précipite avec une fougue endiablée, jusqu'à ce qu'il roule à terre d'épuisement ; heureux quand il ne reste pas foudroyé par une congestion pulmonaire ou cérébrale ! Dans tous les cas, il ne poura plus rendre aucun service de la journée, et, ce qu'il y a de mieux à faire est de le porter à la maison la plus voisine et de l'y laisser se remettre en repos. Je n'ai été que trop souvent témoin de ces regrettables aventures, et je prie le lecteur de se ten'r en garde contre elles.

Les chiens de sang mêlé et de tempérament lymphatique, sont moins exposés à ces accidents, parce que leur ardeur est plus tempérée. Néanmoins, sans entraînement et pour peu qu'ils soient doués de quelque activité, ils n'en rendront pas beaucoup plus de services, car bientôt, par suite de la fatigue, ils suivront leur maître au lieu de le précéder.

Quelques sportsmen sont si soucieux d'avoir, dès le commencement de la saison, des chiens dont le pouvoir d'endurance soit porté à son maximum, que pendant les huit jours qui précèdent l'ouverture, ils leur donnent chaque matin, dans un petit morceau de viande, trois granules d'arséniate de fer et trois granules de sulfate de strychnine du docteur Burgrave, dosés à un demi-milligramme.

Avant l'ouverture, il faut aussi se préoccuper de « faire la patte » de ses chiens. Les courses prépa-

ratoires doivent avoir donné à la sole une dureté suffisante pour affronter, sans en souffrir, les terrains
rocailleux et les chaumes du blé. Il est bon, néanmoins, surtout pour les chiens à peau très fine, de la
leur durcir encore en la frictionnant, à l'aide d'une
patte de lièvre, avec une solution d'acide tannique et
d'extrait de saturne, ou avec un composé de suie, de
vinaigre, de sel et de poudre de chasse. Au lieu de la
frictionner, on peut tenir, quelques minutes, la patte
du chien dans un récipient quelconque contenant
l'une de ces substances.

(Voir, pour le traitement de l'Aggravée, le chapitre
spécial).

Quand les chiens rentrent de la chasse, on doit
examiner leurs yeux, pour les débarrasser des épines
qui pourraient s'y être implantées. Pendant l'hiver et
toutes les fois qu'ils reviennent mouillés, on doit leur
permettre de se chauffer. Les grands chenils, en Angleterre, ont des appareils de chauffage très bien en-
tendus. Rien ne prédispose le chien aux maladies, et
rien ne ruine plus facilement sa constitution, que le
froid humide joint à la fatigue. Il est également bon
de leur donner de la nourriture.

Des soins à donner à la chienne en état de gestation

La chienne est régulièrement en rut deux fois par
an, et chaque période dure environ dix-huit jours.

Elle s'annonce par un léger gonflement des mamelles et par une turgescence très accusée de la vulve, qui sécrète un liquide teinté de sang. En général, elle n'accepte le mâle que pendant les neuf derniers jours, et il arrive même que les jeunes chiennes le refusent obstinément jusqu'à la fin, et qu'on est obligé de les tenir. Le meilleur moment pour l'accouplement, est le troisième ou le quatrième jour avant la fin du rut. Deux saillies sont très suffisantes. Chose curieuse, un certain nombre de mâles ne consentent à couvrir les chiennes que dans le dernier jour ou l'avant-dernier jour de leur chaleur. C'était notamment la coutume de « Pinto » duquel Laverack cite, à titre d'exemple, le trait suivant : Ce célèbre Setter étant à Carlisle, Laverack obtint de son propriétaire de le lui prêter pour en tirer race, et il l'emmena chez lui, dans le district de Lake, à une distance de trente mille. Cependant, « Pinto » refusa, pendant plusieurs jours, de rendre le service qu'on attendait de lui ; et, de guerre lasse, on dut le reconduire à Carlisle. Une semaine entière se passa, et Laverack croyait passé le rut de sa chienne, quand un matin, à sa grande surprise, il trouva « Pinto » près de la porte de la belle, dont il avait, naguère, dédaigné les faveurs. Cette fois il l'a couvert dès qu'il eut accès près d'elle.

Pour élever des petits chiens, la chaleur du printemps est préférable. La chienne porte ordinairement soixante-trois jours. Pendant toute la période de la gestation, elle doit prendre de l'exercice. Mais il faut éviter la fatigue. Son régime alimentaire doit être surveillé, et il faut prendre garde à ce qu'elle ne devienne ni trop grasse, ni trop débilitée. On doit lui donner, deux fois par jour, de la nourriture dans laquelle on substituera, en partie, le petit lait à la viande. Il est bon de lui donner des os à ronger. Quand on la voit devenir inquiète, on peut conjecturer qu'elle ne tardera pas à mettre bas. Il faut alors la séparer des autres chiens, et l'installer dans la niche qui lui est destinée. On doit diminuer sa ration de nourriture et surtout de viande. Du pain et du lait suffisent aux chiennes de petites tailles. Pour éviter la constipation, on donne des végétaux bouillis, et si on ne peut faire autrement, pour la combattre on administre une cuillerée d'huile de ricin.

Soins à donner à la chienne pendant la parturition

Quand le travail de la parturition est commencé, il est préférable, si la chienne est inquiète, de la laisser seule. Quand elle a mis bas, il faut lui éviter toute espèce de trouble et lui donner du lait tiède. Quand son lait est bien venu, ce qui se fait seulement le troisième jour, il faut lui donner de la nourriture à discrétion trois fois par jour. La viande doit entrer largement dans son régime. Un ou deux jours après la parturition, il est généralement nécessaire de lui administrer, comme laxatif, une cuillerée à bouche d'huile de ricin. Il n'est pas nécessaire qu'elle soit constamment avec ses petits ; après la première semaine, il est suffisant qu'elle leur fasse cinq ou six visites par jour.

Il est rare qu'une chienne ait plus de huit petits, et généralement elle n'en a que cinq ou six.

C'est une barbarie de lui en faire allaiter plus de quatre, et elle ne peut guère en nourrir plus de deux sans s'épuiser elle-même. Quand, en raison de la valeur de sa race, on veut en garder un plus grand nombre, il faut se pourvoir de nourrices. On parvient généralement à les leur faire accepter en s'y prenant de la façon suivante :

Après avoir éloigné de ses petits la chienne sur laquelle on a fixé son choix, on substitue à l'un d'eux le petit étranger qu'on a préalablement mouillé d'un peu de lait chaud. Si la chienne, à son retour, après avoir d'abord regardé, avec défiance, cet intrus, se décide néanmoins à le lécher, tout va bien, et l'adoption est faite : on pourra, un quart d'heure plus tard, recommencer la manœuvre. Si, au contraire, la chienne fait montre d'intentions hostiles, il faut la contenir pendant qu'on fait téter le petit chien, puis le lui enlever, et procéder de la même manière, jusqu'à ce qu'elle ne lui témoigne plus d'aversion. Pendant tout ce temps, on tiendra le **puppy** chaudement enveloppé de ouate.

On peut encore employer une autre ruse. On mouille, comme précédemment, le puppy de lait chaud, puis, l'ayant placé dans un tablier, on lui adjoint deux des petits que la mère a sous elle. A cette vue, elle se tourmente et veut les reprendre. Après avoir aiguisé, pendant quelque temps, son impatience, on lui restitue l'un de ses petits, qu'elle s'empresse de reconnaître en le flairant ; puis, presqu'en même temps, on glisse sous elle le petit étranger. Elle les lèche l'un et l'autre sans, d'ordinaire, se douter de la substitution.

Quand les chiots ont quinze jours ou trois semaines, la chose est plus difficile et il est bon d'user de précaution, car un coup de dent peut punir de mort le petit usurpateur. On bande les yeux de la chienne et on fait téter le petit chien. Quand elle a recouvré la vue, si elle lui témoigne de la malveillance, on le lui enlève pour recommencer un peu plus tard. Il est rare qu'avec un peu de persévérance on ne vienne à bout de l'entreprise.

Il ne faut, d'ailleurs, pas croire que toutes les chiennes montrent de la répugnance à se charger du rôle de nourrice ; beaucoup, au contraire, ont un tel instinct de la maternité qu'elles en prennent l'initiative.

Il y a deux ans, j'avais donné, après complet sevrage, une jeune chienne Pointer à l'un de mes amis. Une chienne d'arrêt, qui n'avait eu qu'une seule fois des petits, et cela près de trois ans auparavant, fit d'abord à la nouvelle venue un accueil assez maussade ; mais, deux jours ne s'étaient pas écoulés qu'elle l'avait décidée, par les provocations les plus significatives, à lui sucer les mamelles. Chose qui n'est pas, je crois, commune, et que, cependant, je puis certifier, le lait ne tarda pas à y affluer, et la jeune Mab pût ainsi jouir des douceurs d'un second allaitement qui dura près de six semaines.

(Pour les soins à donner en cas de parturition difficile, voir plus loin au chapitre spécial).

Soins à donner aux petits chiens

Dès que les petits chiens ont les yeux ouverts, ce qui arrive vers le neuvième jour, on commence à leur faire boire un peu de lait tiède légèrement sucré. Cela est surtout indispensable quand on en a gardé plus que la mère ne peut en nourrir sans s'épuiser. Plus tard, on ajoute au lait un peu de riz ou de fine farine d'avoine. On peut les sevrer à la fin de la sixième semaine. Quelques sportsmen pensent qu'un plus long allaitement n'a que de mauvais effets ; théoriquement cette opinion ne se justifie pas, et dans la pratique, j'ai vu des puppies, chétifs à la fin d'un premier allaitement, devenir bien portants et vigoureux quand je parvenais à les faire adopter par une seconde nourrice.

Après le sevrage, il faudra, quatre fois par jour, et à heure réglée, continuer à donner au jeune chien la même nourriture qu'auparavant ; mais en augmentant la proportion de farine d'avoine et en y ajoutant un peu de viande cuite. On peut substituer, dans tous les cas, le pain à la farine.

A trois ou quatre mois, la nourriture peut être la même que celle des chiens faits, sauf qu'il faut leur en donner trois fois par jour jusqu'à ce qu'ils aient atteint leur sixième mois, et deux fois jusqu'à l'âge d'un an. Les puppies de tout âge, à l'instar des chiens faits, doivent recevoir environ une once de nourriture pour chaque livre de leur poids. On ne doit pas perdre de vue que ceux qui paraissent insatiables ont probablement des vers.

Le logement des jeunes chiens doit être particulièrement sec et chaud, et il faut le tenir dans un état parfait de propreté. L'exercice leur est absolument indispensable et ils doivent avoir accès, à toute heure, dans une cour bien aérée. Quand ils sont bien soignés, il est rarement nécessaire de leur administrer des remèdes. On peut négliger la diarrhée qui ne dure qu'un jour ou deux. Si elle persiste, on donne au jeune chien une ou deux cuillerées à café d'huile de ricin avec trois gouttes de laudanum. On peut aussi donner quelques petits morceaux de viande saupoudrés de sous-nitrate de bismuth. Si cette médication ne suffit pas, on compose la mixture suivante :

Craie.................... 2 gr. 50
Gomme arabique........ 2 gr. 50
Laudanum............. 4 gr. 30
Eau.................... 0 gr. 15

Et on donne une cuillerée à café toutes les deux heures.

En cas de constipation, on ajoute des végétaux à la nourriture ou bien on administre, comme laxatif, une cuillerée à café d'huile de ricin ou d'huile d'olive.

REMARQUES GÉNÉRALES SUR LES MALADIES
DES CHIENS ET LEUR MÉDICATION

Un livre ayant le chien pour objet, me paraîtrait incomplet s'il ne disait rien de ses maladies, et des remèdes qui peuvent leur être opposés. Je pense aussi que, dans beaucoup de cas, le sportsman qui aime les chiens et s'en occupe, a sur le vétérinaire une supériorité certaine. On n'est même que trop fréquemment dans le cas de constater que ces derniers, fort compétents quand il s'agit de chevaux ou de bœufs, n'ont qu'une expérience bien incomplète des traitements qui conviennent aux maladies de nos compagnons de chasse. J'ai donc cru rendre service en réunissant, dans quelques chapitres, non pas seulement ce que j'ai acquis d'utiles enseignements par une pratique ! hélas trop longue, mais encore ce que j'ai trouvé de plus rationnel et de de plus pratique dans les livres spéciaux anglais, tels que ceux de Stonehenge, de Youatt, de Mayhew, de Meyrick surtout dont je me suis contenté souvent de donner une traduction presque littérale.

Il est d'ailleurs une observation sur laquelle je prie le lecteur de me permettre d'insister. Les mêmes remèdes, ainsi que les mêmes poisons, ne produisent pas les mêmes effets sur tous les êtres vivants : Il est

donc dangereux de procéder par voie d'imitation.
Ainsi 2 centigrammes d'opium peuvent suffire, en
certains cas, pour tuer un jeune enfant, tandis que
la dose moyenne, pour un chien, est de 6 centigrammes, et qu'on peut l'administrer, sans danger,
à dose beaucoup plus forte.

L'aloès est également beaucoup mieux toléré par
le chien que par l'homme. 1 gr. 20 centig. d'aloès
des Barbades peut lui être donné sans inconvénients.

On doit, au contraire, n'administrer le calomel
qu'avec les plus grandes précautions, parce qu'il
peut occasionner une inflammation dangereuse des
intestins et de l'estomac. Cependant on ne peut s'en
passer entièrement, car il est indispensable pour
combattre les affections du foie. Mais, tandis que les
maréchaux-ferrants et les empiriques n'hésitent pas
à le prescrire à la dose de 30, de 60 et même de 90
centigrammes, il ne faut jamais, à mon avis, dépasser celle de 18 centigrammes.

Les doses prescrites dans les chapitres qui traitent
des maladies des chiens, sont celles qui conviennent
pour des chiens faits, de moyenne taille, c'est-à-dire
pesant de 7 à 8 kilogrammes. On peut donc les
diminuer ou les augmenter suivant la taille du chien.

— Lorsqu'on fait usage du calomel pour le chien.
il faut éviter de lui donner des aliments salés.

Les principaux remèdes qu'on peut employer sont
les suivants :

Aloès. — Purgatif, dose 90 centigrammes à 1 gr. 20.

Alun. — Astringent, 60 à 90 centigrammes, mêlé au miel constitue un caustique peu énergique, convenant à la cure des tumeurs fongueuses.

Antimoine. — Sous la forme de tartre émétique, est diaphorétique et déprimant 6 à 18 centigrammes; comme vomitif, 1 cent. 1/2 à 3 centigrammes ; à doses souvent répétées, comme déprimant et diaphorétique.

Noix d'arec — Excellent vermifuge à la dose de 2 centig , jusqu'à 3 grammes.

Arnica en teinture. — A la propriété de guérir les meurtrissures.

Arsénic. — Altérant, 12 centigrammes, deux fois par jour, sous forme de liqueur de Fowler. — Administrer avec précaution.

Quinquina. — Tonique, astringent, 90 centig. à 1 gr. 75.

Pilule bleue (de mercure). — Agit sur le foie à la dose de 18 à 30 centigrammes.

Calomel. — Agit également sur le foie. Ne jamais dépasser la dose de 18 centigr. — Peut faire saliver.

Huile de ricin. — Le meilleur des purgatifs, 3 gr. à 7 gr.

Cachou. — Astringent, contre la diarrhée, 60 centigrammes à 2 gr. 40.

Craie. — Astringent. — Neutralise les acides, 60 centigr. à 1 gr. 20.

Sel d'Epsom. — Comme purgatif, de 1 gr. 75 à 4 gr. Comme altérant, 40 centigr.

Ergot de seigle. — Agit sur l'utérus, de 12 à 24 centigr.

Éther. — Antispasmodique, 90 centigr. à 1 gr. 75.

Fougère mâle. — Vermifuge, 12 à 24 centigr. de poudre, réussit contre le tænia.

Gentiane. — *Stomachique* et carminatif, 60 centigr. à 1 gr. 20 en poudre, ou 18 à 40 centigr., sous forme d'extrait, pour relever les forces après les maladies graves.

Gingembre. — Cordial et carminatif ; est un bon adjuvant des toniques, soit sous forme de sirop, soit sous forme de poudre.

Verre finement pulvérisé. —Vermifuge 90 centigrammes.

Iode. — Altérant à la dose de 1 centigr. 1/2 à 6 centigr., deux fois par jour ; favorise la guérison des engorgements ganglionnaires.

Iodure de mercure — Insecticide employé en friction contre la gale. — Dangereux.

Fer. — Tonique excellent. — En cas d'anémie, à la dose de 60 à 90 centigr., sous forme de carbonate de fer.

Myrrhe. — Antiseptique et astringent. — La décoction sert à laver la gueule des chiens dans le cas d'ulcération.

Nitrate d'argent. — Le meilleur caustique ; peut être employé, à l'intérieur, dans la chorée, 1 centigramme.

Nitre — Diurétique rafraîchissant, 50 centigr. — Altérant, 12 centigr., chaque soir.

Opium. — Narcotique de 3 à 12 centigr., suivant la force du chien.

Acide prussique. — Pour enlever les irritations de la peau, 1 gr. 75 de l'*acide médical,* dans 60 centilitres d'eau.

Sel. — Vomitif à la dose d'une cuillerée à bouche, dans 25 centilitres d'eau. — Vermifuge à celle d'une cuillerée à café.

Soufre. — Laxatif à la dose de 1 gr. 75. — Comme altérant, dans les affections de la peau, il peut être

employé concurremment avec le nitre, à la dose de 30
à 60 centigr.

Essence de térébenthine. — A l'intérieur, comme vermifuge. La térébenthine à l'état solide, appelée
térébenthine de Venise, peut être employée à la dose
de 2 centigr. à 3 gr. 50. Elle a moins d'inconvénient,
et aussi moins d'action que l'essence. Contre les vers
on doit la combiner avec la noix d'arec. La térébenthine vendue par les droguistes, n'est généralement
pas autre chose que la résine combinée avec de
l'essence de térébenthine.

Moyens de faire prendre les remèdes

Autant que possible, il faut faire absorber les
remèdes aux chiens avec leur nourriture. Si le
remède présente un petit volume, et que le chien
ait faim, on peut l'enfermer dans un petit morceau
de viande, et le faire happer. Cela n'est pourtant pas
toujours commode ; alors, à moins que le remède ne
soit liquide, on compose une pilule ou un bol.

Pour faire prendre une pilule, on fait asseoir le
chien et on le retient à l'aide des genoux ; puis on
lui ouvre la gueule en pressant les lèvres contre les
dents, tandis qu'un aide fait tomber la pilule, bien
enveloppée de papier d'argent, aussi loin qu'on peut
dans la gorge. On tient la gueule du chien élevée et
fermée, jusqu'à ce qu'on lui voit faire le mouvement

d'avaler. Quand on le voit se lécher les babines, on peut être sûr que l'opération est faite.

Pour faire prendre un remède liquide, on place le chien comme il vient d'être dit, et on le lui fait pénétrer dans la gueule à l'aide d'une cuillère à bouche.

S'il s'agit d'un chien très fort et qui résiste, on se sert d'une bouteille, au lieu de cuiller, après lui avoir passé dans la gueule un bâillon afin de la lui maintenir ouverte. On peut encore administrer un remède liquide à un chien, en lui fermant la gueule avec une main, puis en tirant l'une de ses babines et en faisant ainsi, au coin de la gueule, comme un entonnoir dans lequel on verse.

Les remèdes en poudres peuvent être administrés de deux façons : ou bien on les mélange avec du beurre et on en barbouille le nez du chien, qui se lèche à mesure, ou bien on les mêle avec du sucre en poudre et on fait tomber le tout comme s'il s'agissait d'une pilule, dans la gueule du chien. — Le sucre masque le mauvais goût du remède et il est plus facilement accepté.

L'estomac du chien a tant de sensibilité qu'il ne conserve presque jamais une substance qui l'irrite ; aussi, après avoir administré un remède est-il d'usage d'attacher le chien, la tête haute, pendant une demi-heure, pour l'empêcher de vomir. Ce procédé ne réussit pas toujours et il est meilleur de le faire courir pendant quelque temps.

Quand il y a lieu d'appliquer un vésicatoire ou des liniments, il faut commencer par raser le poil, et, comme il entre généralement des substances toxiques dans les vésicatoires, il est indispensable de museler le chien. Un *vésicatoire* énergique et d'un usage général peut être fait d'ammoniaque concentrée et d'alcool camphré, à la dose de 55 grammes chaque, et de 15 gr. de poudre de cantharides.

Un vésicatoire d'un usage prompt et énergique peut se composer de 120 grammes de moutarde soigneusement délayée dans une quantité convenable d'eau tiède, 15 grammes d'ammoniaque concentrée et 30 grammes d'essence de térébenthine.

Le vésicatoire se place sur une éponge qui est posée pendant 10 minutes, au plus, à l'endroit où le poil a été coupé.

Les Liniments sont employés pour combattre les irritations dans les cas d'efforts, de rhumatisme, etc. On fait un excellent liniment avec égale partie de laudanum, d'ammoniaque et d'essence de térébenthine. On doit appliquer les liniments par frictions sur la peau.

Pour poser un séton, on pince un point de la peau que l'on attire à soi pour la détacher des muscles sous-jacents, et on pousse la lancette au travers. On passe dans cette ouverture l'aiguille à séton munie d'un cordon plat qui, si on veut augmenter son action, peut être enduit d'une substance irritante. Une aiguille à emballage peut faire l'office e l'aiguille à séton, et un canif celui de la lancette.

La saignée se pratique à la veine du cou, de l'oreille ou de l'avant-bras; l'ouverture de la veine du cou est préférable. On coupe le poil sur le côté gauche de la trachée ; on comprime la veine par une corde passée autour du cou, et on lui fait une incision longitudinale et non pas transversale. Il faut que l'incision soit assez large pour permettre la libre sortie du sang. Dans beaucoup de cas il est nécessaire de saigner *à blanc*. Dans ce cas on ne s'arrête que lôrsque le chien tombe en défaillance. Cet effet se produit généralement après la perte de 85 à 200 gr. de sang, suivant la taille. Une bonne règle est de tirer autant de fois 28 grammes (1 once) de sang que le chien pèse de fois 1360 grammes (3 livres anglaises). Quand la saignée est suffisante, on délie la corde; on passe une épingle à travers les lèvres de la plaie, ou bien encore on fait un point de suture. La guérison est complète en deux ou trois jours.

De la maladie du jeune chien (Distemper)

On admet, actuellement, comme certain, que la maladie du jeune chien est identique à la fièvre continue connue chez l'homme sous les noms de : fièvres typhoïde, inflammatoire ou muqueuse.

On peut la définir : Une fièvre continue, accom-

pagnée d'une extrême prostration des forces, ave
trouble de toutes les fonctions et une tendance trè
accusée à des accidents aux intestins, au cerveau «
aux poumons. Elle est caractérisée par la lésion de
follicules de Montgomery.

La période dans laquelle les jeunes chiens en sor
le plus fréquemment atteints s'étend de l'âge de
mois à un an. Il n'est pourtant pas très rare de l
voir éclater plus tard et jusque vers deux ans. E
règle générale, les chiens y sont plus exposés qu
les chiennes et ces dernières, après une premièr
parturition, semblent jouir de l'immunité. On a dis
cuté souvent le point de savoir si cette maladie es
contagieuse ; en tout cas, les agglomérations d
chiens constituent des milieux favorables à son éclo
sion : Aussi Laverack donne-t-il comme une règle
dont on ne doit jamais s'écarter, de n'envoyer au:
expositions que des chiens l'ayant subie et de ne le
faire rentrer au chenil qu'après les avoir soumis :
une quarantaine, et les avoir fait soigneusemen
laver avec des désinfectants. J'ai eu personnellemen
à regretter amèrement de n'avoir pas suivi ce sage
conseil, puisqu'en 1881, à la suite de l'exposition
canine, mon chien Drake, qui avait obtenu le prix
d'honneur des chiens d'arrêt à poil ras, et mes
chiennes Pointers Ben et Shot, qui avaient remporté
chacune un premier prix, ayant été atteints, failli-
rent succomber et permirent à la maladie de s'intro-
duire dans mon chenil où elle causa de cruels ravages.

Pendant quelque temps, on a préconisé la vaccination comme un préventif certain ; mais il est évident que la maladie du jeune chien ne présente aucune analogie avec la variole et les faits sont venus prouver son inutilité radicale.

L'inoculation paraît beaucoup plus rationnelle, parce qu'en effet il est rare de voir le même chien atteint plus d'une fois Il serait donc désirable qu'on en fît des expériences scientifiquement conduites. L'opération est d'ailleurs facile, car elle consiste à porter, à l'aide d'une barbe de plume, du mucus nasal d'un chien contaminé, dans les narines du puppy à inoculer. La maladie qui se déclare est alors généralement bénigne et se réduit le plus souvent à une légère toux et à un jetage par le nez. On n'est pourtant pas encore bien fixé sur l'immunité qui en résulte pour l'avenir, et, jusqu'à nouvel ordre, on doit surtout demander à une bonne hygiène la préservation de ses élèves. Quand un chien est atteint de la maladie, parfois tous les symptômes surgissent subitement et à la fois, mais souvent ils se montrent un à un, lentement et d'une manière obscure. Néanmoins, elle débute toujours par la perte de l'appétit, de la lassitude et de la répugnance pour l'exercice. Des frissons, la fréquence du pouls et la chaleur de l'haleine indiquent de la fièvre. En peu de jours le chien perd toute sa force et s'émacie. Pendant cette première période, il y a souvent de la diarrhée et des vomissements, et, d'ordinaire, un peu de toux rauque et d'écoulement par les yeux et le nez ; parfois, au contraire, il y a une notable diminution de toutes les sécrétions.

Les caractères de cette affection ne sont pas toujours aussi graves, et, quelquefois, on pourrait croire à un simple rhume ; mais dès le troisième ou quatrième jour, il ne reste plus aucun doute.

Je dois mettre le lecteur en garde contre les prétendus spécifiques prônés par les charlatans. Quand les complications d'une maladie sont si variées et si graves, il est évident qu'un seul remède ne peut les conjurer toutes et que la guérison ne peut dépendre que du soin mis à soutenir les forces de l'animal et d'une observation attentive de tous les symptômes afin de les combattre par les moyens appropriés.

Au début, si les sécrétions sont suspendues ou diminuées, il faut s'appliquer à les rétablir. On peut administrer dans ce but, 30 cent. de calomel, et quatre ou six heures après, une cuillerée à bouche d'huile de ricin. Si c'est nécessaire, le lendemain et le jour suivant on donnera la même dose d'huile de ricin.

Quand la fièvre est violente, il faut s'efforcer de l'apaiser. Le meilleur remède est le tartre émétique à la dose de 1 centig., de quatre heures en quatre heures. S'il y a, en même temps, de la constipation, on administre avec le tartre émétique, une cuillerée à bouche d'huile de ricin. Si le chien la rejette, on donnera le tartre émétique seul et on rétablit la li erté de l'intestin par un lavement quotidien de deux uillerées à bouche d'huile de ricin dans 25 centilitres eau tiède.

Dans la première période, quelques vétérinaires onseillent aussi la saignée ; mais, en beaucoup de 1s, c'est d'une utilité bien contestable. Cependant n peut y recourir, si *l'animal conserve encore de la* rce, quand l'agitation du flanc est très grande, la èvre intense, la température du corps élevé, et le ouls précipité.

Les accidents locaux doivent être traités à mesure u'ils surgissent.

La nourriture doit se composer de bouillon léger e bœuf et de fécule d'arrow-root ou tapioca ; mais, uand à la suite d'accidents graves, les forces du hien sont défaillantes, il faut lui faire prendre, utes les deux heures, même par force, du bouillon ès concentré de bœuf et de la fécule d'arrow-root vec une cuillerée à café de vin de Porto. S'il y a eaucoup de fièvre, il ne faut pourtant donner le vin e Porto qu'avec précaution, et le supprimer tout à ut si la fièvre paraît en être augmentée. Si on n'a as de vin de Porto, on peut le remplacer par de eau-de-vie étendue d'eau. Ce n'est que lorsque la èvre a disparu qu'il convient de donner des to- iques. Le régime alimentaire consistera alors, dans ne ration, donnée toutes les deux ou trois heures, e bouillon concentré alternant avec du sagou ou de 'arrow-root.

Trois fois par jour on administrera une pilule to
nique dont la recette, pour 20 pilules, est la suivante

> Sulfate de Quinine. . . 0,04 centig.
> Extrait de Gentiane . . 1 gr. 75 cent.
> Sirop de Gingembre, en quantité suffisante.

On doit prendre grand soin du chien pendant la
convalescence, car les rechutes sont fréquentes. Pendant tout le temps de la maladie il doit rester à la
maison, confortablement installé dans un endroi
sec et chaud. Il faut le traiter avec douceur.

.˙.

ACCIDENTS AU CERVEAU. — Quand il survient des
convulsions ou une extrême stupeur accompagnée
d'une vive chaleur de toute la tête, et de l'injection
sanguine des yeux, il y a certitude d'une congestion
du cerveau ou de ses enveloppes. En cas de convulsions, le chien guérit rarement. Elles sont parfois
si violentes qu'on pourrait croire à une attaque d'hydrophobie ; mais, dans ce dernier cas, l'émaciation
du chien ne se montre pas au même degré.

Le traitement consiste à tirer 55 à 110 gr. de sang
de l'une des veines de l'oreille et d'éponger fréquemment la tête avec de l'eau froide. S'il y a de la
stupeur, on peut placer un fort vésicatoire sur le
sommet de la tête. S'il y a agitation, il faut administrer un lavement de 1 gr. 75 cent. de laudanum
mêlé de 12 centil. d'eau de riz ou d'amidon.

Les accidents au cerveau sont de tous les plus
aves, et par conséquent il faut leur opposer d'é-
rgiques et promptes médications.

* *

LA TOUX RAUQUE. — Elle est connue en Angleterre
us le nom de Husk. Elle est fréquente, fatigue
aucoup, et on la répute contagieuse.

Symptômes : Une toux rauque donnant de la
ffocation qui ne s'apaise, pour un certain temps,
e lorsque le chien a jeté une petite quantité de
icosités écumeuses qui semblent être la cause de
toux elle-même. Il n'y a ni fièvre ni sécheresse de
z, ni soif; mais le chien maigrit sensiblement
and il est atteint depuis un certain temps.

Traitement : Il a été constaté que le traitement
ivant amène toujours la guérison : Après avoir
is les intestins en bon état, on donne deux gouttes
ine solution de chlorure d'arsenic, deux fois par
ir, avec la nourriture ; on porte ensuite graduel-
nent la dose à trois gouttes, puis à quatre gouttes.
Cette maladie se contracte ordinairement aux ex-
sitions canines, et dans les grandes agglomérations
chiens.

Le traitement doit souvent durer plusieurs se-
aines.

* *

ACCIDENTS A LA POITRINE. — Une respiration
aude, fréquente, pénible, une petite toux sèche,

accompagnée de l'expectoration de mucosités strié
de sang, l'injection des yeux, une fièvre ardente
une température élevée de la peau constituent l
symptômes d'une inflammation des poumons.

L'inflammation peut avoir son siège dans l'env
loppe des poumons : on la nomme alors Pleurésie, ↄ
dans la substance du poumon même, et, dans ce ca
on la désigne sous le nom de Pneumonie. Il faut ɛ
outre remarquer que chacune de ces affections pe
affecter la forme aiguë et la forme chronique.

M. Delafosse, professeur de l'École d'Alfort,
dressé une excellente table comparative des sym
tômes de la pleurésie et de la pneumonie aiguës ⁚
chroniques, qu'ont reproduite presque tous les écr
vains anglais les plus renommés tels que Youat
Stonehenge et Meyrick ; je ne crois pas pouvo
mieux faire que de la donner à mes lecteurs.

Pleurésie aiguë	Pneumonie aiguë
Symptômes : Des frissons généralement accompagnés de légères coliques et suivis de sueurs générales ou locales. L'inspiration toujours courte, inégale, heurtée ; l'expiration facile. L'air expiré d'une température normale ; toux rare, faible, courte et sans expectoration ; le pouls fréquent, petit et dur.	*Symptômes:* Frissons dan tout le corps (rarement a compagnés de coliques) su vis de sueurs du tronc et ɔ l'intérieur des cuisses. In pirations pleines, expira tions entrecoupées, air ex piré chaud, toux fréquen accompagnée de l'expecto ration de mucus strié ɖ sang, pouls fréquent, for plein et mou. A la percus sion, les parties congestio nées rendent un son mat.

Pleurésie chronique

Symptômes : Inspirations toujours profondes ; expirations courtes ; toux sèche, capricieusement fréquente et rare, accompagnée d'expectoration. Le murmure respiratoire est incomplet à la base de la poitrine.

Pneumonie chronique

Symptômes : Inspirations et expirations fréquentes, pénibles et entrecoupées ; toux rare, puis nulle ; pas d'expectoration.

Traitement de la Pleurésie aiguë

Pour nourriture, un peu de gruau ; une saignée abondante ; conserver la liberté des intestins à l'aide de l'huile de ricin et administrer le tartre émétique à la dose de 1 centigr. 1/2 toutes les heures ou toutes les deux heures. Si la fièvre ne cède pas à cette médication, ajouter 1 cent. 1/2 de calomel à chaque dose d'émétique.

Traitement de la Pneumonie aiguë

Nourriture légère et en petite quantité. Si le chien est vigoureux et la fièvre violente, saigner au début de la maladie ; s'il est faible et la fièvre légère, on doit s'abstenir de saigner, et poser sur la poitrine un vésicatoire composé, par égale portion, de saindoux, de cantharides et d'essence de térébenthine. Il faut administrer au chien une dose d'huile de ricin suivie, de trois en trois heures, ou de quatre en quatre heures, de 1 cent. 1/2 de tartre émétique. On augmentera la dose si la fièvre ne cède pas. Cette affection dégénère souvent en fièvre lente, avec prostration de forces. Dans ce cas, les forces du chien peuvent être soutenues par une nourriture abondante et réparatrice, à laquelle on ajoute une cuillerée à café de vin de Porto ou d'eau-de-vie.

Traitement de la Pleurésie chronique

Le traitement de la pleurésie chronique est le même que celui de la pleurésie aiguë, si ce n'est qu'il est moins énergique. On soutient les forces par une nourriture réparatrice, mais, exclusivement, sous forme liquide.

Traitement de la Pneumonie chronique

Au lieu de vésicatoire, prescrit dans la pneumonie aiguë, appliquer sur la poitrine, après avoir coupé le poil à l'aide de ciseaux, une emplâtre de moutarde. Rarement la saignée est nécessaire. A tous autres égards, on suivra le traitement de la pneumonie aiguë. Le régime alimentaire consistera en sagou, gruau ou soupe au pain. Si le chien paraît s'épuiser, il faut lui donner des potages légers, et, de temps à autre, une cuillerée à bouche de vin de Porto étendu d'eau.

Cette affection se complique souvent d'une autre,

et dans beaucoup de cas elle se termine par une pleurésie ou l'accompagne.

*
* *

ACCIDENTS AUX INTESTINS. — *Symptômes* : L'inflammation des intestins, ou *entérite*, se décèle par une soif ardente, une chaleur intense et de la douleur aux intestins, une violente diarrhée, ou des fèces noires ou mêlées de mucus et de sang.

Traitement : On peut recourir à la saignée, mais il est préférable d'appliquer de six à douze sangsues sur le point douloureux, puis, pour favoriser l'écoulement du sang, en veillant toutefois à ce qu'il ne devienne pas excessif, on place le chien dans un bain chaud. Pendant qu'il est dans le bain, on lui administre, chaque demi-heure, aussi longtemps que le chien crie de douleur, une cuillerée à café d'une potion composée, par égale portion, de laudanum et d'éther dans dix parties d'eau.

*
* *

ACCIDENTS AU FOIE. — *Symptômes :* Des vomissements, de la soif, des frissons et de la fièvre. Le blanc des yeux, l'intérieur des babines et parfois la peau de tout le corps devient jaune. Constipation ou diarrhée, les fèces, couleur d'ocre jaune, prouvent un défaut de bile dans les intestins.

Traitement : Si la maladie est prise au début et

avant que la fièvre ne soit forte, il n'y a pas de remède plus efficace que 12 centigr. de tartre émétique
dans une cuillerée à bouche d'eau tiède, jusqu'à ce
que l'effet se produise. On fera prendre en outre, au
chien, chaque cinq ou six heures, une pilule composée de 18 centigr. de calomel et de 6 centigr. d'o-
pium. Si la diarrhée paraît, on augmente la quantité d'opium, et, si c'est nécessaire, on réduit à
12 centigrammes la quantité de calomel.

La nourriture se compose de gruau, de sagou, etc.
Si l'état de l'intestin semble le réclamer, on administre, chaque matin, une cuillerée à bouche d'huile
de ricin. Une emplâtre composée de trois cuillerées
à bouche de moutarde et d'une cuillerée à bouche
d'essence de térébenthine est posée sur le foie. Dans
les cas graves, on saignera aussi promptement que
possible. Quand le chien sera entré en convalescence,
on lui donnera des pilules toniques.

L'inflammation du foie peut devenir chronique,
alors on donne 12 centigrammes de calomel, chaque
cinq ou six heures, jusqu'à ulcération de la gueule.
Pour nourriture on donne du bouillon et des farineux.

Quand il y a constipation, on fait prendre de l'huile
de ricin. Quand il survient des douleurs intestinales,
on recourt à l'opium. On peut faire aussi des frictions
mercurielles dans la région du foie. Quand les forces
sont très déprimées et que l'appétit est faible, on
peut administrer la gentiane seule ou combinée avec
le fer. (Carbonate de fer 60 grammes, extrait de gen-

tiane 30 à 40 grammes, donnés en deux fois chaque jour).

*
* *

ACCIDENTS AUX YEUX — Une inflammation grave des yeux est souvent une complication de la maladie des jeunes chiens; on l'appelle ophtalmie.

Symptômes. — Le blanc des yeux devient très rouge et les cils sont collés par la sécrétion qui baigne les paupières. Il y a souvent de la fièvre et une température élevée de la tête. L'affection, quand elle n'est pas un accident de la maladie, est souvent la suite du froid et de l'humidité.

Traitement. — Si l'inflammation est grande, saigner copieusement le chien; s'il y a peu de fièvre, on peut se contenter d'appliquer une ou deux sangsues dans le voisinage de l'œil. Si la cause de la maladie est simplement le froid, il faut éponger, trois ou quatre fois par jour, les yeux avec une décoction de pavots. Le soir, on peut enduire les paupières d'un peu de colcream, de peur qu'elles ne se collent. Quand l'inflammation a cédé, il faut baigner les yeux avec un collyre composé de 12 centigrammes de nitrate d'argent et de 30 grammes d'eau.

Il existe une autre espèce d'ophtalmie dans laquelle l'œil est faiblement rouge ; les paupières s'enflamment et des pustules, dégénérant en petites ulcérations, entourent le globe de l'œil. L'œil pleure abondamment, surtout quand on le touche.

Traitement. — On applique les mêmes remèdes, et, de plus, on touche les ulcères de la cornée avec la pierre infernale. Cette opération doit être faite avec le plus grand soin et pendant qu'un aide tient le chien couché et immobile sur une table. On peut donner *matin* et *soir* une pilule tonique.

Convulsions causées par les dents ou les vers. (Voir le traitement au chapitre spécial aux affections nerveuses, page 374.)

Accidents à la peau. (Voir le traitement au chapitre concernant les affections de la peau, page 360.)

Fièvre rhumatismale

Symptômes. — Des frissons, plus ou moins de fièvre, de l'abattement. Le chien essaye d'éviter qu'on le touche aux points douloureux, et si on le touche, il crie. L'urine est rare et il y a généralement de la constipation.

Traitement. — La maladie cède habituellement à une saignée, à une petite dose d'huile de térébenthine, à un bain chaud, après lequel le chien doit être soigneusement séché, et à une emplâtre de parties égales d'essence de térébenthine, d'ammoniaque et de laudanum appliquée, chaque jour, sur la peau. Si la fièvre continue, il faut administrer 3 centigrammes d'opium et de laudanum, trois fois par jour. Quand la fièvre aura disparu, on suspendra cette médication, et on donnera 6 centigrammes de quinine, matin et soir.

Fièvre commune causée par le froid (Rhume)

Le chien n'est pas très sujet à prendre froid ; néanmoins les alternatives de chaleur et de froid, de sécheresse et d'humidité, peuvent produire cet accident.

Symptômes. — De l'abattement et de légers frissons, sont les symptômes de la forme la plus bénigne. Dans les cas plus graves, la fièvre est plus ardente. Il y a une légère toux, ainsi que de l'écoulement de mucus par le nez. Les sécrétions sont généralement rares.

Traitement. — Le traitement varie beaucoup suivant la gravité des symptômes. Si le cas est léger, il suffit que le chien soit convenablement logé, et, en cas de besoin, de lui donner une purgation légère ; par exemple : une cuillerée à bouche d'huile de ricin.

Si le foie et les reins fonctionnent mal, il faut donner 30 centigrammes de pilules de calomel suivis, huit heures après, de 3 grammes de sel d'Epsom. Soir et matin on donnera, comme boisson, 12 centigrammes de sel d'Epsom et 50 centigrammes de nitre, convenablement étendus d'eau.

Si la toux est très forte, il sera nécessaire d'administrer une cuillerée d'élixir parégirique toutes les quatre heures. Dans ce cas, le sel d'Epsom ne sera donné en boisson que le soir.

Si les forces sont très déprimées, il faudra administrer des toniques, mais attendre que la toux ait entièrement disparu.

Il faut se souvenir que cette affection est fréquemment le début de la maladie des jeunes chiens.

Pleurésie

(Voir les symptômes et le traitement au chapitre de la maladie du jeune chien, page 329).

Pneumonie

(Voir les symptômes et le traitement au chapitre de la maladie du jeune chien, page 329).

Asthme

L'asthme attaque les chiens vieux, trop nourris ou fatigués. Sa cause est la faiblesse de la constitution souvent compliquée d'un vice dartreux ou scrofuleux. Elle est susceptible d'atténuation plutôt que de guérison.

Symptômes. — La toux de l'asthme se produit par quinte, le chien est lourd et paresseux ; il n'a pas de fièvre. Souvent la peau porte des traces de gale.

Traitement. — Le traitement a deux objets :

amender la toux et restaurer les forces. Quand le chien est relativement fort, on peut administrer, au début de l'accès, 12 centigrammes de tartre émétique; mais avec un chien vieux ou faible, il faudrait réduire cette dose.

Pendant l'accès, il faut administrer une cuillerée à café de sirop d'éther et de laudanum, dans quatre parties de sirop, et, si le chien est très faible, on pourra administrer cette médecine pendant la journée de trois en trois heures, ou de quatre en quatre heures.

On pourra aussi appliquer sur la poitrine une emplâtre composée de 5 parties de moutarde et de 2 parties d'essence de térébenthine.

L'état général pourra être amélioré par un régime alimentaire composé de pain, de pommes de terre ou de potage à la farine d'avoine avec très peu de viande. On fera manger ordinairement deux fois par jour. Les intestins seront tenus libres par l'administration faite chaque soir, de 1 gr. 20 centigr. d'huile de ricin ou d'aloès.

Hépatite ou Jaunisse

La jaunisse est une maladie du foie. Les éleveurs anglais la considèrent comme inguérissable, *si elle n'est pas prise à son début* et traitée par les purgatifs au calomel.

J'emprunte à M. Faure, chasseur émérite (1), un article paru dans le *Chasseur français,* sur un cas de guérison de la jaunisse extrêmement intéressant :

« Lecteurs, mes chers confrères, vous me saurez gré, je pense, de vous indiquer un traitement, je ne dirai pas infaillible, mais qui, à coup sûr, a guéri l'un de mes chiens d'une maladie grave au premier chef ; je veux parler de la *jaunisse.*

N'étant pas vétérinaire, tout le mérite de la cure revient au mien, M. J...., qui a soigné mon chien avec beaucoup de savoir.

Fièvre, tristesse, inappétence, constipation, et surtout teinte jaune citron du globe de l'œil, de la peau, des gencives, des urines, etc., etc., toutes les herbes de la Saint-Jean y étaient ! Et vu la gravité du cas, j'envoyai chercher au galop l'homme de l'art.

L'habile praticien m'ordonna le traitement suivant, que j'appliquai rigoureusement, et grâce auquel je pus conserver un serviteur qui m'était précieux.

Tout d'abord tenir le chien très chaudement, soit en l'entourant de couvertures, soit en le plaçant près du feu à l'abri des courants d'air.

Dès le premier jour, administrer 25 centigrammes de *calomel*, quatre fois par jour, jusqu'à purgation ; en même temps, faire une friction de *pommade stibiée*, de chaque côté et au bas de la poitrine, près des pattes de devant. Pour cela, raser le poil ou tout sim-

---

(1) Avec son autorisation.

)lement le couper avec des ciseaux à l'endroit indiqué, le façon à mettre la peau à nu sur un espace large :omme une pièce de cinq francs, puis frictionner énergiquement pendant huit ou dix minutes avec un .ampon de linge ou de flanelle ; envelopper ensuite e coffre du chien pendant quelques heures, afin qu'il ie puisse se lécher.

Faire avaler, par jour, au patient, (c'est bien le erme), un litre, et plus si possible, de décoction très :oncentrée de feuilles d'artichaut et de chiendent.

Nourriture légère et rafraîchissante, bouillon de .eau aux herbes, en breuvages et en lavements .réquents.

S'il y a de nouveau constipation, revenir au ca- .omel, sans cesser les lavements de bouillon de veau.

Si le chien refuse la nourriture et dépérit de plus :n plus, c'était le cas du mien, lui faire avaler, au)esoin, de force, du bouillon gras, du bouillon de .eau, puis en petite quantité et quatre ou cinq fois par jour, du veau cuit et haché.

Administrer, en outre, trois fois par jour, un verre à Bordeaux de vin de quinquina ; tout cela concur- remment avec la décoction de feuilles d'artichaut et les lavements, qu'il faut donner, ainsi que les breu- vages et la nourriture, froids et non chauds.

Si la faiblesse augmente, c'est-à-dire, si le chien est arrivé à la dernière période d'affaiblissement, lui administrer toutes les heures, de six heures du matin à six heures du soir, un granule d'*arséniate de strychnine* à un demi-milligramme, un granule d'*hyosciamine* à un demi-milligramme (un à chaque fois).

Voici le traitement : je ne discute pas sa valeur, mais ce que j'affirme, c'est que l'ayant suivi de point en point, j'ai sauvé mon chien que je considérais comme perdu ».

(Voir pour le traitement usité en Angleterre au chapitre relatif à la maladie du jeune chien, page 329).

Colique

Symptômes. — La colique est causée par le spasme des intestins et elle produit de vives douleurs.

L'attaque vient d'ordinaire subitement. Au début et par intervalle, le chien pousse un cri court qui se change bientôt en un long hurlement, quand la douleur devient plus grande et plus prolongée. Habituellement le nez est froid et humide, les yeux sont injectés et rien ne décèle une affection grave. L'attitude du chien est caractéristique : son dos est arqué, il réunit les quatre pattes et tient sa queue entre les cuisses.

Traitement. — Donner un lavement de deux cuillerées de la mixture suivante : Éther 2 parties, laudanum 2 parties, eau 10 parties, suivie d'un bain dans lequel le chien doit rester un quart d'heure. Il faudra l'essuyer très soigneusement et l'envelopper d'une couverture. On pourra ensuite lui administrer, d'heure en heure, 75 centigrammes de laudanum et 20 gouttes d'éther, dans une cuillerée à bouche d'eau, jusqu'à ce que les douleurs soient devenues moins vives. On peut augmenter la quantité d'éther et de laudanum, quand la colique est extrèmement pénible, et aussi donner un second lavement.

Dans les coliques ordinaires, le bain chaud et la dose mentionnée de laudanum et d'éther suffisent pour avoir la guérison. Quand les douleurs sont intolérables, on peut soulager le chien en lui faisant inhaler 10 à 20 gouttes de chloroforme versées sur un mouchoir.

La colique est souvent accompagnée de constipation opiniâtre. Dans ce cas, il conviendra d'administrer une cuillerée à café d'huile de ricin. Si cela ne produit pas d'effet, on administre, en lavement, deux cuillerées d'huile de ricin dans 12 centilitres d'eau de gruau tiède.

Entérite

(Voir au chapitre de la maladie du jeune chien, page 329).

Diarrhée

Il y a plusieurs sortes de diarrhées, et chacune d'elles réclame un traitement différent. Il faut aussi faire une distinction entre la diarrhée aiguë et la diarrhée chronique.

***

DIARRHÉE SIMPLE. — *Symptômes.* — Un relâchement des intestins sans vomissements et sans mucosités.

Traitement. — Dans les cas légers, il n'est pas besoin de traitement pendant les deux premiers jours. Si, après ce temps, il n'y a pas guérison, il faut donner une cuillerée à bouche d'huile de ricin avec 10 à 15 gouttes de laudanum.

***

DIARRHÉE AIGUE. — *Symptômes.* — Un grand relâchement des intestins, avec évacuations copieuses de mucosités. Souvent des vomissements précèdent ou accompagnent la maladie. La fièvre est faible ou nulle, mais la soif très vive. La pression sur le ventre ne provoque pas de douleur.

Traitement. — Une bonne cuillerée à bouche d'huile de ricin avec 20 à 30 gouttes de laudanum. On doit exclure de la nourriture du chien tout aliment solide ou irritant, et lui donner du gruau bien bouilli, ou du riz au lait. Neuf fois sur dix ce traitement amène la guérison. Dans le cas contraire, il faut administrer, trois fois par jour, de 35 centigrammes à 1 gramme d'une poudre composée de craie et d'opium. Si l'affection continue, on ajoute à cette poudre 3 centigrammes d'opium et 60 centigrammes de cachou.

..

DIARRHÉE CHRONIQUE. — *Traitement*. — La maladie est produite par une congestion des membranes muqueuses des intestins ; le traitement, par conséquent, doit avoir pour but de dissiper cette congestion, et rien n'est mieux approprié que de petites doses de préparations mercurielles, afin d'agir sur le foie qui est généralement la cause de la maladie. Il faut donner pendant deux jours, de quatre en quatre heures, 12 centigrammes de poudre de calomel avec 10 gouttes de laudanum, puis ensuite, trois fois par jour, la mixture de craie dont il a été parlé plus haut. Il faut donner la poudre de calomel avec beaucoup de précautions. S'il y avait apparence qu'en irritant les intestins, elle augmente la diarrhée, il faudrait aussitôt en supprimer l'emploi et continuer à administrer de la craie et de l'opium. Si cette médication reste sans effet, il faudrait recourir au cachou et à l'opium. (Doses : cachou 90 centigrammes, opium 6 centigrammes, 3 fois par jour.) Nourriture : bouillon de bœuf et du riz bouilli.

Dysenterie

Symptômes. — Diarrhée accompagnée d'une évacuation peu abondante d'une matière gélatineuse ressemblant au blanc d'œuf, ou bien de mucus mêlé de sang, ou encore de sang pur. Il y a souvent une fièvre très vive et de violentes douleurs d'entrailles La maladie peut passer à l'état chronique.

Traitement. — Dans tous les cas, il faut remédier au désordre des intestins par deux ou trois bonnes doses d'huile de ricin additionnées de laudanum. Dose une cuillerée à bouche d'huile de ricin et 30 gouttes de laudanum, en une seule fois, chaque jour. La nourriture devra être exclusivement liquide. Si les forces sont déprimées, on fera manger toutes les deux ou trois heures, et, de temps à autre, on pourra faire prendre un peu de vin. Dans les cas graves, il sera bon de donner des lavements à l'eau de gruau et au laudanum : (eau de gruau 12 centilitres, laudanum 50 gouttes) et l'on applique des sangsues sur le ventre. A moins que le foie ne soit malade, ce traitement doit avoir raison de la maladie. Le diagnostique de l'affection du foie résulte de la douleur accusée sous la pression, dans la région de cet organe, et par la couleur claire des fèces. C'est alors le cas d'administrer le calomel, à la dose de 6 centigrammes, trois fois par jour. Dans le cas de dysenterie opiniâtre, on donnera des toniques, comme la quinine, et des astringents énergiques, comme le cachou ou la craie.

Inflammation de la vessie

Symptômes. — Douleur accusée sous la pression de la main dans la région de cet organe. L'urine est rendue en petite quantité et avec une douleur évidente. La douleur et l'inflammation s'étendent souvent à l'urèthre.

Causes. — L'exposition au froid humide, le traumatisme, l'usage imprudent d'aphrodisiaques, tels que les cantharides, et quelquefois la présence de graviers dans la vessie.

Traitement. — Les diurétiques, tels que le nitre, bien que très recommandés et souvent employés, doivent être soigneusement évités. Il faut donner, chaque matin, un purgatif composé de parties égales l'huile de ricin et d'huile d'olive, et un lavement de 12 à 25 centilitres d'eau d'amidon et d'eau de gruau bien bouillie, et, chaque soir, administrer :

Esprit de Mindererus (acétate d'ammoniaque liquide)................................ 5 gr. 30 c.

Poudre de Dower.................... 0 gr. 18 c.

Gouttes noires...................... 8 gouttes.

S'il y a beaucoup de fièvre et si les forces sont satisfaisantes, on saignera largement.

S'il y a seulement faiblesse de la vessie avec incontinence d'urine, on usera de toniques astringents, comme la décoction d'écorce de chêne et de quinquina. (Dose 80 centigrammes de chaque dose, 12 centigrammes d'eau, matin et soir.)

Hernie ombilicale

La hernie ombilicale des jeunes chiens est un accident sans importance. Dans la majorité des cas, elle disparaît vers le sixième ou le huitième mois.

Ce n'est que lorsqu'elle augmente de volume qu'il faut la combattre. Les applications de teinture d'iode (une tous les deux jours, pendant une ou deux semaines), suffisent souvent pour obtenir la guérison.

Quand la teinture est insuffisante, on peut faire au pourtour de la lésion une friction de pommade stibiée. Enfin, il est des cas où il faut procéder à la réduction, opération qui peut être suivie de complication grave, et qui doit être faite par un vétérinaire habile.

Constipation

Traitement. — Quand le chien ne reçoit pas une nourriture assez variée et qu'il ne prend pas assez d'exercice, il devient ordinairement constipé. La constipation peut devenir une affection grave. Dans les cas ordinaires, il faut donner des végétaux pendant deux ou trois jours, et, de temps en temps, du foie bouilli. Il faut aussi faire prendre plus d'exercice. Ce traitement peut être précédé par une dose d'huile de ricin. On peut aussi, chaque matin, donner une cuillerée à bouche de deux parties d'huile d'olive et d'une partie d'huile de ricin.

Si le ventre du chien est très distendu ou très douloureux, il ne faut pas perdre de temps pour donner des lavements répétés d'eau chaude, à laquelle on ajoute de l'huile de ricin (2 cuillerées à bouche dans 25 centilitres d'eau), jusqu'à ce que l'effet désiré se produise. On administre, en même temps, une forte cuillerée d'huile de ricin (une cuillerée à bouche).

Dyspepsie

Symptômes. — Beaucoup de maladies viennent de la dyspepsie, et elle-même est le résultat du défaut d'exercice, de l'irrégularité ou de l'excès de la nourriture.

Ses symptômes sont très variés. Parfois le chien devient très gras : il perd sa gaîté, devient irritable et hargneux, ses gencives s'enflamment et son haleine devient fétide ; parfois il est atteint d'asthme et d'une toux creuse. Plusieurs variétés d'affection de la peau constituent des symptômes secondaires. Les premiers symptômes sont pourtant, invariablement, la perte de l'appétit, un besoin plus fréquent de boire, et parfois, des vomissements. Il y a souvent de la diarrhée, et, plus souvent encore, un gonflement plus ou moins prononcé de l'estomac.

Traitement. — Le traitement dépend des symptômes et des causes de la maladie. Quand le chien a été trop nourri et qu'il éprouve de la répugnance pour les mets communs, on doit commencer par lui imposer une diète de vingt-quatre heures. On lui donnera ensuite, pour nourriture, à heures réglées, en une ou deux fois par jour, un peu de pain, de riz bouilli et très peu de viande.

S'il y a de la diarrhée ou de la constipation, on combat ces accidents, comme il est dit plus haut aux chapitres sur la diarrhée et la constipation. Quand les intestins sont en bon état, on emploie le remède suivant :

> Poudre de rhubarbe......... 2 centigr.
> Extrait de gentiane......... 4 centigr.
> Piment en poudre .... 2 centigr.

On fait 16 pilules, et on en donne une avant chaque repas. S'il y a gonflement de l'estomac, on ajoute à la formule 14 grammes de carbonate de soude.

Si le foie est malade, on donne 18 centigrammes de poudre de calomel, le soir, et une cuillerée à bouche d'huile de ricin, le matin.

Sous l'influence de ce traitement, les vomissements, qui parfois se sont montrés, disparaissent. Pour en rendre les effets plus prompts, on peut encore donner un bain très froid chaque matin, avant le repas. On frictionne ensuite vigoureusement le chien, on le sèche, et, si le temps le permet, on lui fait prendre de l'exercice.

J'ai remarqué que, dans beaucoup de cas, le tartre émétique, à la dose de 6 milligrammes, ou même de 4 milligrammes, mis à sec, chaque jour, sur la langue, en une ou deux fois, a de bons effets sur l'estomac.

Chancre de la gueule

Cette maladie attaque les vieux chiens et ceux dont le régime alimentaire se compose de friandises, comme les petits chiens de dame. Leurs dents tombent ou se carient, et les chicots, agissant comme des corps étrangers, enflamment les gencives. L'inflammation produit de la suppuration, et, à la suite, survient ce qu'on appelle le chancre de la gueule.

Symptômes. — Au début, rougeur et sensibilité des gencives et des lèvres ; les dents sont couvertes de tartre. Les gencives saignent et elles sont si sensibles que le chien ose à peine manger et boire. Son haleine est fétide.

Traitement. — Il faut d'abord restaurer la constitution du chien par des apéritifs. On donnera, trois ou quatre soirs de suite, un bol composé de calomel, 12 centigrammes, — aloès, 8 décigrammes à 1 gramme. — Si le chien est faible et maigre, on ajoutera de petites doses d'huile de ricin. Toutes les dents gâtées seront soigneusement extraites, le tartre sera enlevé de celles qui sont saines, et la bouche sera bien lavée avec une solution de chlorate de soude. Pour cela on se servira d'une éponge fixée à l'extrémité d'une petite baguette. Après la première semaine, on substituera au chlorate de soude, une lotion composée, par parties égales, de teinture de myrrhe et d'eau. Si le tartre se forme encore sur les dents après que la susceptibilité de la bouche a disparu, on les nettoiera, de temps à autre, avec une brosse à dents trempée dans la solution de chlorate de soude.

Chancre externe de l'oreille

Symptômes. — Le chien secoue continuellement les oreilles, l'intérieur en est rouge et enflammé, et les bords sont généralement gonflés et ulcérés. Cependant le chancre peut exister indépendamment de ces symptômes qui sont le résultat des chocs que les oreilles reçoivent quand le chien se secoue. Il faut même savoir qu'ils peuvent manquer par le fait même du chancre, parce que l'oreille peut avoir été raccourcie dans le but même de la guérison. Si le chancre est de longue durée, il peut se former un abcès dans l'oreille. Il s'échappera alors de l'intérieur de l'oreille une sécrétion de couleur brune, et souvent l'oreille entière sera gonflée.

Traitement. — Il faut donner au chien exclusivement des végétaux, comme nourriture ; lui administrer une dose d'huile de ricin, et, trois fois par jour, lui bassiner l'oreille avec une lotion composée d'une partie d'eau de Goulard et de quatre parties d'eau. Il faut deux personnes pour bien faire cette opération. L'une tient le chien immobile, et l'autre pratique la lotion ; on lui met ensuite un filet sur les oreilles afin de l'empêcher de les secouer.

Les abcès doivent être percés, puis on introduit, pendant un ou deux jours, dans la plaie, un peu de charpie imbibée de la lotion dont il vient d'être parlé et elle guérit ensuite d'elle-même.

Chancre interne de l'oreille

Symptômes. — Le chien exhale de temps à autre par l'oreille affectée une odeur fétide. Il en gratte souvent le canal auditif, flaire ses ongles et les lèche.

Traitement. — Quand le mal est devenu chronique, il est difficilement curable. Au début, faire trois injections par jour d'eau de guimauve tiède dans l'oreille ; faire ensuite durant quatre jours, des injections d'huile et de calomel et terminer le traitement en faisant, pendant trois jours, matin et soir, des injections d'extrait de saturne léger et tiède. Nourriture exclusivement végétale. Huile de ricin au début et quand il y a constipation.

Otite

L'Otite, est une inflammation de l'oreille. On peut lui opposer le traitement suivant : faire deux injections par jour avec du sulfate de zinc étendu d'eau (3 0/0), et une injection également quotidienne au chloral (5 0/0). Tenir l'oreille du chien très propre. On peut

aussi recourir à la médication suivante : Alun 15 gr.
et 30 gouttes de laudanum dans un litre de vin ; faire
injection matin et soir.

Ophtalmie

(Voir au chapitre de la maladie du jeune chien,
page 329).

Affection de la peau (Mange)

Le traitement des affections de la peau est souvent
tenté, sans la moindre hésitation, par des personnes
étrangères à l'art vétérinaire ; c'est pourtant chose
délicate ; la grande variété des affections de la peau,
la faible différence qui existe dans les symptômes de
plusieurs d'entre elles, le petit nombre des obser-
vations scientifiques qui ont été faites à ce sujet, tout
contribue à rendre difficile, même pour les vétérinaires, de savoir quel est le traitement convenable.
Sans avoir la prétention de donner une classification
des affections de la peau, je vais formuler, d'après
Meyrick, quelques règles générales pour leurs traitements.

Plusieurs de ces affections exigent un traitement
général en même temps que local. Dans tous les cas,
les intestins doivent être maintenus libres, et si,
d'après l'apparence des fèces, on juge que le foie ne

fonctionne pas, il y a avantage à administrer le calomel à petites doses.

Il y a une première catégorie d'affections de la peau dont la cause doit être reconnue dans la débilité de la constitution. Le chien est faible ; il n'y a pas d'inflammation, la peau est faiblement irritée ou même pas du tout et pourtant le poil tombe par paquets.

Traitement. — Il faut donner, chaque jour, une pilule contenant 90 centig. de poudre de gentiane et 24 centigr. de gingembre. Si la nourriture était mauvaise, on l'améliorerait graduellement. On donne, à heures réglées, des rations dans lesquelles il entre deux parties de végétaux et une de viande, et on frotte la racine du poil avec un onguent composé de 60 grammes de soufre, 30 grammes d'essence de térébenthine et 90 grammes de graisse de porc.

Dans une autre catégorie d'affection de la peau, il y a une éruption de couleur rouge, s'étendant d'abord, en taches irrégulièrement rondes, sur les pattes et la poitrine et s'étendant ensuite au dos et aux flancs. Au début, il y a rarement beaucoup d'inflammation et de démangeaison. Le poil ne tombe pas ; mais, après un certain temps, il est enlevé, à certains endroits, par le fait du chien lui-même.

Traitement. — Un régime alimentaire léger, consistant en pommes de terre et en végétaux verts au lieu de farine d'avoine ou de viande ; un exercice régulier, et, chaque matin, 18 cent. de pilules de calomel suivies, quatre heures après, par une forte dose d'huile de ricin. Il n'est pas besoin de traitement local, mais de temps à autre, le chien peut être bien lavé à l'eau de savon. Il faut prendre bien soin de le sécher complètement parce que le mercure le rend plus sujet à prendre froid.

Si cette variété d'affection de la peau est négligée, elle prend rapidement une forme grave. Les taches augmentent de dimension avec rapidité ; la démangeaison devient intolérable et l'inflammation envahit toute l'économie. Dans ce cas, il est souvent nécessaire de saigner ou de donner le tartre émétique, trois fois par jour, à la dose de 1 centig. Si l'irritation de la peau est extrême, on peut la lotionner avec 3 grammes d'acide prussique dilués dans 60 centilitres d'eau. Cette forme de la maladie se voit surtout chez les chiens trop nourris et qui n'ont pas suffisamment d'exercice ; par conséquent on doit surtout compter sur l'exercice et sur un bon régime pour assurer la guérison.

Une autre variété est encore produite par le manque d'exercice et une nourriture mal choisie : des paquets de poils sont réunis par une sorte de croûte qui bientôt tombe entraînant le poil avec elle.

Traitement. — Nourriture légère et exercice réglé. On doit donner chaque jour un bol composé de 90 centigr. d'aloès, 60 centigr. de savon de Castille et chaque matin : de 60 à 90 centigr. de sulfate de potasse.

On est en présence d'une forme plus grave de cette

affection quand la peau est gonflée et couverte de pustules et de boutons qui suppurent. Le chien perd l'appétit et la gaîté et est tourmenté par une démangeaison continuelle.

Traitement. — Donner chaque jour un bol contenant :

> Pilules de calomel 30 centigrammes.
> Aloès........... 90 —
> Jalap........... 45 —

On diminue le Jalap si, le premier jour, les intestins en sont fortement affectés. On donnera une nourriture légère et pas de viande. On continuera les pilules de 30 centigr. de calomel seules ou suivies, en cas de besoin, de faibles doses d'huile de ricin. Quand les intestins sont en bon état et que la couleur des fèces indique que le foie fonctionne bien, on abandonne les pilules de calomel et on donne, matin et soir, avec la nourriture, deux gouttes de liqueur arsenicale, portant la dose à 4 gouttes à la fin du troisième jour, et à 5 gouttes à la fin de la semaine. Ce traitement doit être continué pendant au moins un mois ou deux. De temps à autre on frotte le chien avec parties égales d'essence de térébenthine et de soufre et deux parties d'huile.

Une dernière variété très différente est produite par un animal microscopique que l'on nomme acarus. Le poil tombe en larges paquets, principalement sur le dos, le cou et autour des yeux. Dans beaucoup de cas le chien reste sans poil. La peau est sèche, chaude, ridée, écailleuse ; l'appétit reste bon, mais il y a de la soif et un peu de fièvre. Le chien se gratte continuellement.

Traitement. — Le vieux traitement par le soufre, convenablement pratiqué, réussit ordinairement. — Donner des pilules contenant de petites doses de soufre (30 centigr.) trois fois par jour et frictionner la peau d'une pommade composée, par égales parties, de graisse de porc et de fleur de soufre. Cette opération se fait mieux devant le feu parce qu'il fait fondre la graisse, ce qui permet de saturer la peau. Quatre ou cinq applications, à la distance de trois jours, suffisent généralement pour la guérison. — Chaque fois la peau doit être bien lavée avant d'appliquer la pommade. — Une autre pommade donnant de très bons résultats est la pommade d'Helmeric. Elle se compose de :

> Carbonate de Potasse 10 grammes.
> Fleurs de Soufre..... 20 —
> Axonge............ 80 —

Avant l'application, on passe le chien au savon noir.

Dans les cas très graves, on doit saigner le chien et le frotter d'iodure de mercure. Les entrailles, si c'est nécessaire, doivent être conservées libres par l'emploi de l'huile de ricin. La cure est beaucoup plus difficile quand l'acarus que l'on a à combattre est,

on pas l'acarus demodex, qui, d'ailleurs est le plus
ommun, mais l'acarus folliculaire, parce que ce der-
ier s'enfonçant dans les follicules de la peau est
ifficilement atteint par les remèdes. Dans ce der-
ier cas, les bains sulfureux sont préférables aux
rictions ; cependant je ne dois pas dissimuler que
ouvent ils sont impuissants à amener la guérison.
'est surtout dans ce cas que l'iodure de mercure peut
endre des services.

Quand les chiens changent de poil, ils sont sujets
a une légère éruption apparaissant en taches cir-
ulaires sur les jambes et la poitrine. Si on la néglige,
lle peut dégénérer en maladie de peau ; il faut y
eiller. Je n'ai pas remarqué que l'usage du soufre à
'intérieur eut dans ce cas beaucoup d'effet. Quand
a cause de cette éruption est seulement la débilité
qui accompagne le changement de poil, les toniques
onnent de meilleurs résultats. Donner alors, chaque
oir, une pilule consistant en :

Quinine. . . . . 6 centigr.
Poudre de gentiane. . . . 60 —
Poudre de gingembre. . . 30 —

Et frotter les taches de la peau avec une pommade
a base d'iode.

Je termine la nomenclature de ces remèdes par la
vieille recette de la vénerie française contre la gale
ordinaire (Acarus demodex).

Huile. . . . . 500 grammes.
Noix de galle pilée ou râpée. _ 30 grammes
Soufre sublimé 80   —
Tabac en poudre. 15   —
Sel, une petite poignée.
Poudre (un coup de poudre à fusil).

On fait bouillir le tout en remuant, et on fai
refroidir de même. On frotte ensuite le chien su
toutes les parties du corps. Une seule fois suffit.

Gale folliculaire

Pommade de Pentasulfure de potassium 4 %.
Bain 1 1/2 % pendant un mois tous les jours.
Friction avec la pommade ci-dessus après le bain

STROCHOT,
Directeur de l'École d'Alfort

La pommade antipsorique du docteur Bouvret, pré
parée par M. Cénay, pharmacien-chimiste à Gy
(Haute-Saône), est très efficace au début surtout de l
gale sarcoptique, rouge, dartres et gale folliculaire

Ver

Il y a trois espèces de vers : Le ver rond, le ve
intestinal proprement dit et le ver plat.

Le ver rond

Le ver rond (Ascaris lombricoïde) a de 2 à 8 pouces de longueur et il ressemble souvent à un ver de terre commun, sauf qu'il est de couleur rouge, et que ses deux extrémités se terminent en pointe.

Symptômes. — Quand on observe que le chien est triste, que son appétit est capricieux, que son haleine est forte, son poil terne, son ventre dur, distendu, de couleur livide et qu'il maigrit, il faut suspecter la présence des vers. De la diarrhée alternant avec la constipation et l'évacuation de petites quantités de mucus en sont des signes à peu près certains. Pourtant ces symptômes n'existent pas toujours, et un chien peut avoir des vers pendant un long temps sans que sa santé en soit sensiblement altérée. Les convulsions, si fréquentes chez les puppies, proviennent souvent de la présence de vers qu'on ne soupçonnait pas.

Causes. — Les vers se propagent par œufs et on doit supposer qu'ils sont introduits dans les intestins avec la nourriture ou la boisson; c'est pourtant là un point obscur. Les causes prédisposantes sont une constitution débile et les aliments de rebut qui passent, sans être digérés, dans le canal alimentaire.

Traitement. — Le premier but qu'on doit se proposer est d'expulser les vers; le second, d'en prévenir le retour et de restaurer la constitution du chien. Le premier but est pleinement atteint par l'administration des antihelmintiques, suivis de purgatifs si les remèdes employés n'ont pas eux-mêmes cette propriété. Comme les œufs restent dans les intestins après l'expulsion des vers eux-mêmes et qu'il en naît bientôt de nouveaux, il faut répéter plusieurs fois la médication. Il ne faut pas perdre de vue que ces remèdes doivent à des propriétés nocives de tuer les vers, et il faut, par conséquent, les employer avec prudence, surtout dans le cas de jeunes chiens.

La liste des remèdes contre les vers est nécessairement longue, parce qu'il est d'expérience que tel ver qui résiste à tel remède ne résiste pas à tel autre. Les remèdes sont de deux sortes : les uns agissent mécaniquement ; les autres chimiquement. On range dans la première catégorie : Les poudres d'étain, de fer, de zinc et de verre ; leur administration est sans danger, mais leur effet est moins certain que celui de l'essence de térébenthine, de la fougère mâle, de la noix d'arec et du sel marin.

La liste qui suit, diminuée des substances les plus dangereuses et de celles qui sont sans effets très appréciables, est bien suffisante.

Poudre de noix d'arec. — C'est un excellent vermifuge ; dose 80 centigr. — Quatre heures après, une cuillerée à bouche d'huile de ricin.

Essence de térébenthine. — A l'inconvénient d'agir sur les reins et même sur le cerveau ; pourtant on l'emploie si fréquemment qu'elle devait nécessairement figurer sur cette liste. On peut atténuer considérablement ses effets nuisibles, en la combinant avec l'huile d'olive. La dose, pour un chien de moyenne taille, est de 1 gr. 50 centigr. mêlé à une cuillerée à bouche d'huile de ricin. Le mélange de la noix d'arec et de l'essence de térébenthine a un effet beaucoup plus énergique que celui des deux drogues prises séparément. Dose : 80 centigr. d'essence de térébenthine et 4 centigr. de noix d'arec.

Un remède plus doux mais très efficace est l'essence de térébenthine de Venise prise en une pilule avec de la noix d'arec, récemment pulvérisée. On mettra la dose ordinaire de noix d'arec avec autant d'essence qu'en peut absorber la pilule. C'est un excellent remède pour les puppies et les chiens délicats. Si la pilule n'a pas d'effet purgatif, il faudra administrer, quatre heures après, de l'huile de ricin.

Écorce de Grenadier. — On doit y recourir quand les autres remèdes ont échoué. On la recommande seulement contre le ver plat, mais je sais, par expérience, qu'elle expulse beaucoup de vers ronds. Dose : 2 centigr. d'écorce de grenadier pulvérisée suivie, quatre heures après, d'huile de ricin.

Sel. — Une cuillerée à café de sel est un vermifuge léger, très bon pour les puppies, et elle peut même être suffisante pour des chiens faits. On jette le sel dans la gueule du chien et on le force à l'avaler en la lui maintenant fermée.

Tous ces remèdes doivent être administrés à jeun, même dans le cas de chiens très forts ; on doit les priver la veille de nourriture.

On prive également les puppies de leur dernier repas.

La constitution des chiens délicats, spécialement des puppies, peut être gravement éprouvée par l'emploi des remèdes contre les vers ; il faut donc choisir les plus légers, comme la noix d'arec, soit seule, soit combinée avec la térébenthine de Venise, à la dose de 30 à 45 centigr. pour un puppy au-dessous de deux mois, suivant sa taille et sa force.

Comme l'effet de tous ces remèdes est variable suivant la constitution des chiens, j'ai toujours indiqué les doses minimum ; on peut les augmenter lors d'une seconde administration si la première est sans effet. Ordinairement on doit espacer cette seconde médication de 5 jours à une semaine, et répéter aussi longtemps que c'est nécessaire.

La noix d'arec doit être donnée quatre ou cinq fois pour tous les vers, mais, quand elle est combinée avec l'essence de térébenthine, il suffit généralement de deux fois.

Quand les vers sont expulsés, il reste à améliorer l'état général afin d'en prévenir le retour. Cela dépend exclusivement d'une bonne nourriture donnée à heures bien régulières, de la liberté des entrailles et d'un exercice suffisant.

Le ver intestinal

Le ver intestinal proprement dit (Ascaris vermicularis) est d'environ un pouce de longueur. Sa couleur est blanc de lait et il n'est pointu qu'à l'une de ses extrémités.

Symptômes. — La présence de ces vers se décèle rarement avant leur découverte dans les évacuations. Quand ils existent en très grande quantité, ils déterminent des symptômes semblables à ceux du ver rond.

Traitement. — Comme ces vers habitent généralement le gros intestin et le rectum, ils sont plus facilement expulsés par les lavements que les autres. L'eau salée est ce qu'il y a de mieux. La noix d'arec suivie de 1 gr. 20 centigr. d'aloès est pourtant très efficace. Deux doses de noix d'arec, à intervalle d'une semaine, suivies, si c'est nécessaire, par un lavement de 12 centilitres d'eau (sel, une cuillerée à bouche) sont généralement suffisantes pour détruire les vers et leurs œufs.

Le ver plat

Le ver plat (Tœnia solium) diffère des autres vers en ce qu'il est généralement seul. Il est d'une grande longueur, plat, composé d'anneaux et, souvent, il occupe toute la longueur des intestins, troublant généralement la santé du chien.

Symptômes. — Les mêmes que ceux du ver rond.

Traitement. — Le même que celui employé contre le ver rond. On peut cependant choisir les remèdes les plus actifs. Il n'en est pas de plus efficace et, en même temps, de moins dangereux que l'huile de fougère mâle (à dose de 2 centigr.) donnée dans une pilule avec de l'essence de térébenthine de Venise, et enveloppée de papier d'argent. Si ce remède échoue, on recourra à la mixture d'essence de térébenthine et d'huile d'olive, ou bien à l'écorce de grenadier, comme il est prescrit pour le ver rond, ou encore à une infusion de kousso (dose : 2 gr. 50 centigr. infusé dans 25 centil. d'eau). Cette dernière médecine n'est pourtant pas toujours sans effet fâcheux pour le chien. On peut enfin administrer :

Poudre de valériane	15 gr.
Nitre	10 gr.
Huile de corne de cerf	
Essence de térébenthine . . .	âā 05 gr.
Camphre	01 gr.

On administre deux cuillerées à café matin et soir après avoir ajouté du miel.

Epilepsie

L'accès survient généralement pendant que le chien prend de l'exercice. Tout à coup, il semble frappé de stupidité, chancelle un moment, pousse de grands cris, tombe sur le côté, et, pendant un certain temps, est en proie à des convulsions plus ou moins violentes. Les yeux sont légèrement proéminents, la gueule est couverte d'écume et les mâchoires sont constamment en mouvement.

Traitement. — Il faut prendre le chien dans ses bras en prenant garde ne n'être pas mordu, *ce qu'il est très disposé à essayer de faire*, et le porter dans une maison si c'est possible. On lui administrera, aussi promptement que possible, un lavement contenant 2 parties d'éther sulfurique, 1 partie de laudanum et 10 parties d'eau froide. On laissera l'animal au repos pendant une heure, et si c'est nécessaire, on recommencera la médication. Je pense que c'est le seul traitement efficace.

On tendra ensuite à améliorer l'état général du chien par un régime alimentaire bien réglé et une nourriture moins animale qu'auparavant. Des doses d'huile de ricin quand l'animal est constipé ; ou des purgatifs et de l'émétique, si le chien est trop nourri (dose : 12 cent.) ; des pilules toniques s'il est faible.

La chienne nourrice, Convulsions

Les convulsions sont le plus souvent la conséquence du trop grand nombre de petits laissés à la mère.

Symptômes. — La chienne reste couchée et agitée

de mouvements convulsifs. Tantôt le diaphragme seul est le siège des spasmes, tantôt c'est le corps tout entier. L'accès dure de trois à six minutes.

Traitement. — Il ne faut pas purger et la saignée a probablement entraîné la mort de beaucoup de chiennes. On doit placer la chienne dans un bain chaud de 36 degrés centigr., après quoi on doit la sécher soigneusement et la tenir dans un endroit bien chaud. Il est nécessaire de lui enlever tous ses petits sauf un ou deux. En général, elle reprend de la force et un peu d'embonpoint presqu'aussitôt après. S'il n'en était pas ainsi, il faudrait lui donner des pilules toniques.

Convulsions des puppies causées par les dents ou les vers

Les puppies sont exposés aux convulsions et elles sont causées soit par l'irritation provoquée par la pousse des dents, soit par la présence des vers.

Symptômes. — Le puppy reste couché sur le flanc pendant les convulsions qui ne sont pas aussi violentes que dans le cas d'épilepsie. Il n'y a pas de mouvements convulsifs de la gueule et le retour à la santé est lent et graduel.

Traitement. — Placer le puppy, pendant cinq ou dix minutes, dans un bain à une température ne dépassant pas 36 degrés centigr. Le sécher soigneusement et le tenir chaud. Si l'accès est grave, administrer un lavement à l'éther et au laudanum comme dans les cas d'épilepsie ; et, quand il y a constipation, administrer l'huile de ricin.

Les convulsions surviennent ordinairement dans le premier mois, quand se fait la première dentition, ou du cinquième au septième, quand se fait la seconde.

Quand cette affection est produite par des vers, il faut les traiter comme il est dit au chapitre spécial qui les concerne.

Apoplexie

Cette maladie est le résultat de la compression du cerveau par le sang.

Symptômes. — Le chien est couché sans mouvement, respirant bruyamment et avec effort. Il n'a pas de bave à la gueule, mais ses yeux sont fixes et injectés de sang.

Traitement. — Saigner abondamment, puis administrer, matin et soir, des purgatifs énergiques, comme le sel d'Epsom (dose : 2 gr. 50). Très peu de nourriture et peu de viande. L'affection est généralement mortelle.

Chorée

Symptômes. — Des mouvements convulsifs sans cesse renaissants, parfois localisés dans les muscles des pattes, et parfois s'étendant à ceux des épaules et du cou. La chorée survient souvent dans la convalescence de la maladie des jeunes chiens, par suite de troubles dans le système nerveux. Excepté dans les cas graves, l'état général souffre peu, bien que la maladie, quand elle est longue, entraîne souvent un affaiblissement très sensible.

Traitement. — On doit tendre d'abord à améliorer l'état général. On administre généralement avec avantage de petites doses d'huile de ricin accompagnées, si le foie fonctionne mal, ce que révèle la couleur claire des fèces, de pilules de calomel (30 centigrammes). On devra donner de bonne nourriture deux fois par jour, et elle se composera surtout de végétaux : pommes de terre, farine d'avoine, etc. Quand l'état général est devenu meilleur, on traite la maladie elle-même. Dans ce but, il est bon de débuter par la liqueur arsenicale. On en verse 2 gouttes dans chaque ration de nourriture, de façon que le chien en prenne 4 gouttes par jour. On augmente cette dose d'une goutte chaque jour pendant une semaine. On continue alors l'administration, jusqu'à guérison, de la quantité à laquelle on est parvenu. Il faut souvent un mois. On diminue ensuite progressivement les doses. Aussi longtemps que le chien vomit, a les yeux rouges ou jette par le nez, il faut suspendre le traitement. Si la médication restait sans effet, il serait convenable d'administrer une pilule contenant :

Sulfate de zinc.............. 12 centigr.

Poudre de gentiane .... 60 centigr.

Et quantité suffisante de gingembre.

Hydrophobie

Cette maladie est absolument incurable, bien qu'il ne se passe pas un mois sans que la nouvelle de la découverte d'un prétendu remède fasse le tour de la presse. Espérons que les beaux travaux de M. Pasteur ne tarderont pas à changer cet état de choses. L'hydrophobie est d'ailleurs très rare, et je confesse n'en avoir jamais vu un cas bien authentique. Meyrick, dans son ouvrage, fait la même confession, et il emprunte à Youatt la description des symptômes qui la caractérisent. Je ferai comme lui. On a beaucoup parlé, dit ce savant auteur, de l'abondante salive qui s'échappe de la gueule du chien enragé. C'est un fait incontestable que, dans cette maladie, toutes les glandes qui concourent à la sécrétion de la salive augmentent de volume et sont plus actives. La glande sublinguale présente une inflammation évidente, mais jamais la sécrétion de la salive n'est aussi grande que dans l'épilepsie ou la chorée. L'écume du coin de la gueule n'est pas non plus comparable à ce qu'on voit dans ces deux dernières affections. C'est d'ailleurs un symptôme de courte durée et qui ne subsiste pas plus de douze heures. Les récits de chiens couverts d'écume sont des contes. Le chien qui vient d'éprouver des convulsions ou qui se trouve encore dans l'accès, peut être vu dans cet état, mais non pas le chien atteint de la rage. On a souvent confondu les convulsions avec la rage, et c'est de là que vient cette erreur.

Bientôt l'augmentation de la sécrétion de la salive cesse, elle diminue en quantité, devient plus épaisse, visqueuse, adhésive. Elle s'attache aux coins de la gueule et probablement à la gorge. L'homme atteint d'hydrophobie en est horriblement tourmenté; il cherche avec violence à la rejeter en poussant des cris qu'on a faussement comparés à ceux du chien. Ce symptôme ne se présente chez l'homme que lorsque la maladie est pleinement confirmée. Le chien s'efforce aussi furieusement de se débarrasser de cette salive, à l'aide de ses pattes. C'est un symptôme qui paraît chez lui dès le début, et qui peut donner lieu à de funestes erreurs. Quand on le voit porter ses pattes au coin de sa gueule, il ne faut pas s'arrêter à cette seule pensée qu'un os a dû se loger entre les dents de l'animal, et faire des efforts inutiles et dangereux pour l'en débarrasser. Si ses manœuvres ont vraiment un os pour cause, la gueule reste ouverte et non fermée, quand il les suspend un instant. Ensuite si, un instant après, il vacille et tombe, on est certainement en présence de l'hydrophobie. C'est la salive qui, devenue de plus en plus épaisse, menace de produire la suffocation. Bientôt succède une soif insatiable. Le chien, ayant conservé l'usage des muscles des joues, peut encore laper, mais, plus tard, quand ces muscles et la langue sont frappés de paralysie, le pauvre animal, souffrant sans pouvoir crier, plonge sa tête, jusqu'aux yeux, dans l'eau, essayant en vain de faire parvenir une goutte d'eau dans son arrière-gorge brûlante et desséchée. Ainsi donc, loin que cette maladie soit toujours caractérisée par l'horreur de l'eau, elle a au contraire pour symptôme une soif ardente, inextinguible. Il y a vingt ans, cette assertion n'eût trouvé aucun crédit, et, même aujourd'hui, on rencontre encore des gens croyant bien connaître la rage, et qui ne peuvent croire qu'un chien qui boit sans répugnance puisse être hydrophobe.

Paralysie

La paralysie chez le chien peut atteindre différentes parties du corps ; quelquefois elle se localise dans les quatre membres ; quelquefois elle affecte seulement le cou et les membres antérieurs. Elle peut progresser graduellement et envahir la totalité des muscles.

Symptômes. — Une marche chancelante et des chutes par suite du manque de force des muscles.

Traitement. — Un exercice régulier et modéré. Administrer les purgatifs, puis, quand les intestins

sont en bon état, de la noix vomique. (Dose de
1 centigr. 1/2 à 12 centigr. chaque jour, suivant la
taille du chien).

Boiterie du chenil (Kennel Lameness)

Symptômes. — Cette maladie résulte d'un rhumatisme dans l'épaule ou dans les membres postérieurs,
lequel a pour cause l'exposition au froid humide.

Traitement. — Une emplâtre d'égales parties de
laudanum, de corne de cerf et d'essence de térébenthine est placée, chaque jour, après un bain chaud à
34 degrés centigrades, sur le point douloureux. Les
intestins seront tenus libres par des doses d'huile de
ricin. On administrera, matin et soir, 12 centigrammes d'iodure de potassium, et une cuillerée à
café de salsepareille. Dans le plus grand nombre de
cas, le traitement le plus essentiel consiste à mettre
le chien dans un chenil plus sec et plus chaud.

Parturition difficile

Dans les cas de parturition difficile, on doit diffé-
rer d'intervenir aussi longtemps que possible. Dans
neuf cas sur dix, la patience est récompensée par
une délivrance naturelle.

Souvent il se produit des contractions de l'utérus,

et des douleurs se produisent sans résultat pendant une période plus ou moins longue. C'est un faux travail, et sa ressemblance avec le véritable induit souvent en erreur. Pour les distinguer, on exerce une légère pression des mains sur les deux côtés de l'abdomen au moment où les contractions se produisent. Si le travail est véritablement commencé, on sentira directement l'utérus, qui donnera la sensation d'un corps dur, se contracter sous la main. Si ce n'est que l'apparence du travail, on ne sentira se contracter que les muscles de l'abdomen. Dans ce dernier cas, si les douleurs sont très fortes et fatiguent beaucoup l'animal, on lui fera boire une cuillerée à café de une partie d'éther, deux parties de laudanum et dix parties d'eau.

Quand le travail s'est continué, sans résultat, pendant un long temps, et que les douleurs cessent par suite de l'épuisement de la chienne, il faut lui faire prendre une cuillerée à bouche d'eau-de-vie et d'eau. Cette potion stimule souvent l'utérus et provoque de nouvelles douleurs. Si, dans l'espace de deux heures, ce résultat n'est pas produit, on devra recourir à l'emploi de l'ergot de seigle, à la dose de 50 centigrammes, de demi-heure en demi-heure. Cette médication peut produire des vomissements ; il faut alors la suspendre et recourir à l'eau-de-vie étendue d'eau.

Quand le travail est commencé et que la chienne, par suite d'épuisement, semble hors d'état d'expulser les puppies, on peut la secourir en lui plaçant sur le ventre une serviette trempée dans de l'eau chaude, et, au moment où les contractions se produisent, en les favorisant par une légère pression des mains. L'eau chaude, dont la serviette est imbibée, doit être renouvelée fréquemment, et il faut éviter qu'elle ne se refroidisse.

Quand le puppy est encore engagé dans le passage et que les efforts de la chienne sont sans effet, ou que la faiblesse l'empêche d'en faire, le doigt indicateur, bien enduit d'huile, sera introduit et aidera à l'expulsion dans la mesure du possible.

Dans le premier de ces deux cas, des injections, dans l'utérus, d'huile légèrement chauffée, donnent généralement aussi de bons résultats. C'est le moyen auquel je recours de préférence et qui m'a toujours réussi.

Si le puppy est mort, on le reconnaît à ce qu'il se fait un écoulement de liquide verdâtre, à ce que les douleurs cessent, et à ce que le puppy n'est pas dans les membranes qui l'enveloppent toujours quand il est vivant. Dans le cas d'un puppy mort, il y a lieu d'administrer des remèdes stimulants, parce que la délivrance est toujours longue et difficile.

Quand un puppy tarde longtemps à naître, et qu'en même temps la chienne est prise de fièvre, qu'elle est agitée, crie, boit souvent et refuse la nourriture, on est en présence d'une situation grave. Dans ce cas, et non dans d'autres, on mettra la chienne dans un bain à la température de 36 degrés centigrades. Si, au bout de ce temps, elle est calmée, on pourra la laisser en repos et surveiller les douleurs. Si, au contraire, la chienne continue à être agitée et pousse des cris, il devient nécessaire d'employer les instruments.

A moins de circonstances exceptionnelles, cette opération ne doit être faite que par un vétérinaire. Il y a un tel danger de léser l'utérus et le puppy, que le danger de perdre la chienne est moindre en la laissant livrée à elle-même, qu'en lui prêtant l'aide d'une main inexpérimentée.

Quand le vétérinaire intervient, il doit employer des instruments de dimension appropriée. Le crochet est préférable aux forceps. On l'emploie de la façon suivante : Étant chauffé et enduit d'huile et le puppy étant touché avec le doigt indicateur, le crochet est poussé le long de ce doigt qui doit couvrir la pointe de l'instrument. Le puppy est alors pris dans le coude de l'instrument et entraîné en dehors.

Pour savoir si tous les puppies sont nés, on touche les flancs de la chienne. S'il s'y trouve encore un puppy, on y sent comme une masse irrégulière ; mais il faut bien se garder de prendre l'utérus lui-même pour un puppy. Le signe le plus certain de l'achèvement du travail est fourni par la chienne elle-même. Quand le dernier puppy est né, elle se couche confortablement dans sa niche, et donne la preuve certaine du retour au bien-être.

Quand tous les puppies sont morts ou qu'on ne veut pas qu'elle les nourrisse, il est souvent nécessaire d'arrêter le lait de la chienne. Ordinairement le lait n'est pas abondant avant le second ou le troisième jour après la parturition, et cela peut tromper une personne ignorante, qui ne songerait plus ensuite à l'arrêter quand il viendrait à flots. Si on ne veut pas élever de chiens, il faut les enlever tout aussitôt ; mais alors il faut palper souvent les mamelles pour s'assurer qu'il ne s'y forme pas d'induration, la traire au besoin plusieurs fois par jour, et lui donner une ou deux doses d'huile de ricin.

Goître

C'est une tumeur molle, élastique, qui se forme en avant du cou, et, au toucher, ne cause pas de douleur. Elle atteint souvent les puppies scrofuleux, et, en augmentant de volume, elle est souvent mortelle. Chez les vieux chiens, elle reste ordinairement sans s'accroître, et, même quand elle est considérable, elle n'entraîne généralement pas d'inconvénients, à moins qu'elle ne gêne la circulation ou la respiration.

Traitement. — Appliquer sur la tumeur de la teinture d'iode et donner, chaque jour, 12 centigrammes d'iodure de potassium en solution dans une quantité d'eau convenable. Après les deux premiers jours, on porte la dose à 18 centigrammes.

Cancer

Le cancer atteint plus fréquemment les chiennes, et, presque toujours, il se montre sur les mamelles. Son siège le plus fréquent, chez le chien, est le scrotum. J'emprunte à Youatt son excellente monographie du cancer chez la chienne.

En ce qui concerne la chienne, il y a une certaine relation entre le cancer et la sécrétion du lait. Pendant deux ou trois ans, à l'époque du rut, il se produit du gonflement et une certaine inflammation des mamelles. Il y a aussi un peu de fièvre ; mais, au bout de quelques semaines, et après un ou deux purgatifs, tout rentre dans l'ordre. Avec le temps, cependant, à chaque période du rut, la fièvre est plus prononcée et le gonflement des mamelles plus marqué, et, à la longue, une tumeur dure, ne dépassant pas, en volume, la grosseur de l'extrémité du doigt indicateur, apparaît sur les mamelles. Elle augmente progressivement et devient chaude et sensible au toucher, puis elle devient de plus en plus rouge et chaude, montre des protubérances et enfin s'ulcère. Il s'en échappe, à l'ouverture, un flot de matières sanieuses.

Après un certain temps, la tumeur diminue cependant de volume, de température et de rougeur et l'ulcération se ferme en totalité ou en partie ; mais, à la période suivante du rut, elle augmente avec beaucoup plus de rapidité qu'auparavant, et alors se pose la nécessité d'opérer la tumeur ou de tuer la chienne.

Les vétérinaires donnent le nom de cancer au squirrhe, tumeur dure et bosselée qui, après un certain temps, s'enflamme, s'ulcère et suppure. Le cancer peut être distingué des autres tumeurs par son adhérence à la peau, par un bossellement particulier senti sous le doigt, et par son aptitude à s'étendre indéfiniment.

Si l'opération du cancer offre quelques chances de succès, c'est avant que la suppuration ne soit établie, car, après, il s'étend inévitablement aux parties voisines. Il faut pourtant se pénétrer de cette idée que l'amputation n'est qu'un remède temporaire, que le sang est vicié par le cancer, et qu'il est presque certain que les accidents se reproduiront un peu plus tôt ou un plus tard, bien que le chien paraisse jouir, à l'ordinaire, d'une assez bonne santé.

L'opération, bien que ne présentant pas de grandes difficultés, ne devra jamais être tentée par une personne étrangère à l'art de la chirurgie. On doit chloroformer l'animal, puis diviser la peau au niveau de la tumeur, et l'enlever avec soin. Si une artère est ouverte, la ligature en sera aussitôt faite par un aide. On lavera ensuite soigneusement la plaie, on en réunira les bords par des points de suture et on placera un pansement par-dessus.

Il y a une autre variété de cancer, appelée fongus

par les vétérinaires, qui a pour siège le canal va-
ginal de la chienne. Il est mou, ulcéré, et il s'en
échappe du pus mêlé de sang. L'excroissance est
souvent située trop profondément pour pouvoir être
opérée. Si l'opération est possible, on arrête le sang
par des injections d'eau glacée, puis on cautérise à
la pierre infernale. Si l'excroissance est peu considérable, on pourra se contenter de la cautérisation à la
pierre infernale suivie d'injections astringentes. La
meilleure est peut-être l'injection désinfectante de
Burnett, employée, au début, à la dose d'une partie
dans 65 parties d'eau, et, ensuite, à dose plus forte.

L'emploi en est très recommandable pour toutes
les tumeurs molles de la peau, et il peut en amener
la destruction.

Polype

C'est une tumeur molle, rouge, en forme de poire,
adhérent immédiatement ou par un col étroit aux
membranes muqueuses de l'intérieur du nez ou de
l'anus, et plus fréquemment du vagin. Elle produit
une certaine sécrétion de mucus qui augmente en
même temps que son volume.

Traitement. — Dans beaucoup de cas il est facile
d'opérer le polype. Le moyen le plus simple et le
meilleur est de serrer fortement et progressivement,
à l'aide d'un fil, le col de la tumeur. Au bout de

deux ou trois jours, la tumeur tombe. Elle peut aussi être enlevée en la tordant sur elle-même à l'aide d'une pince ; par ce moyen l'hémorrhagie est moins considérable qu'on pourrait le croire. On arrête le sang à l'aide d'eau froide, puis on touche la plaie avec la pierre infernale et on fait des injections composées, par moitié, d'eau de Goulard et d'eau. Avant l'opération, on chloroformise le chien.

Chute du vagin

Parfois une partie de la membrane vaginale fait saillie au dehors sous forme de peau rouge.

Traitement. — On la lave avec de l'eau chaude, puis on la remet en place. Trois fois par jour, on donne une injection d'eau très chaude tenant de l'alun en solution (1 gr. 75 d'alun pour 50 centilitres d'eau). Pendant une semaine, on laisse la chienne dans un panier où elle doit demeurer couchée, et, deux fois par jour, on lui administre 18 centigrammes d'alun dans deux cuillerées à bouche d'eau.

Renversement de l'utérus

C'est un accident très rare et il se produit habituellement pendant la parturition. L'utérus se présente en saillie, hors de la vulve, sous la forme d'un corps épais et mou, différant du polype par son extérieur rugueux.

Traitement. — Mayhew cite le cas d'une chienne guérie par la simple remise en place de l'utérus. Je ne pense pas qu'on doive être très confiant dans cette opération, car elle manque neuf fois sur dix et exige des connaissances de l'anatomie de l'utérus que tous les vétérinaires eux-mêmes ne possèdent pas. Youatt, de son côté, cite des exemples d'amputation de l'utérus après une forte ligature faite au niveau du col. C'est peut-être le seul traitement capable de donner de bons résultats. Meyrick cependant déclare qu'il l'a toujours vu échouer.

Fractures

Symptômes. — Quand un os est fracturé, le membre perd sa forme naturelle. Il se prête à des mouvements inaccoutumés, et, en approchant les deux parties de l'os, on perçoit un bruit caractéristique de frottement.

Les fractures se divisent en fractures simples et en fractures avec complications. On dit qu'il y a complication, quand l'extrémité de l'os apparaît au dehors par une déchirure des tissus musculaires et de la peau. La fracture simple est celle qui n'entraîne pas cet accident.

Beaucoup de cas de fractures compliquées sont

sans remède, à cause de l'inflammation excessive qui se produit. Pour réduire une fracture, on procède de la manière suivante :

On place l'os fracturé dans sa position naturelle après en avoir exactement affronté les deux parties, et on les maintient ainsi, en parfait contact, jusqu'à consolidation. Ce travail s'accomplit généralement en neuf ou dix semaines. Cependant la durée dépend, dans une large mesure, de l'âge de l'animal, de son état de santé, de la perfection de la réduction de la fracture et de l'exact maintien en confrontation de ses deux parties.

Pour assurer ce dernier résultat, on emploie des attelles et un bandage adhésif. Ce bandage se fait de toile ou de fort calicot imprégné de poix. Les meilleures attelles se font en lames de gutta-percha assouplies par le contact de l'eau chaude, moulées sur le membre et réduites à sa longueur. On peut aussi faire des attelles en bois léger, enveloppées de linge ou de flanelle, et maintenues en place par une bande de linge roulée, tout autour, dans sa longueur.

Dans certains cas de fracture, il faut placer le chien dans un box ou panier assez petit pour qu'il soit maintenu couché. On lui lie les pattes et on lui met une muselière pour l'empêcher d'arracher les bandages : ce qu'il est très porté à faire.

La plupart du temps, cela n'est pas nécessaire et il suffit d'attacher le chien, afin qu'il ne saute pas et ne fasse pas de mouvements intempestifs.

On ne doit pas lever l'appareil avant que le membre commence à gonfler, ce qui, généralement, se produit peu de jours après l'accident. On le refait aussitôt en le serrant un peu moins. Tout le traitement consiste à renouveler le pansement quand cela est devenu utile, à tenir les intestins en bon état et à veiller à la santé générale. Dans beaucoup de cas, la consolidation se fait longtemps attendre et souvent alors un léger exercice donne de bons résultats.

On reconnaît que les côtes sont fracturées par une dépression au niveau de la fracture, et par un bruit de frottement de l'extrémité des deux parties de l'os, quand le chien respire. Il faut saigner copieusement, à moins que le chien ne soit très affaibli par l'accident, et lui entourer la poitrine d'une bande de flanelle bien serrée.

Luxations

Les luxations, autres que celles du coude et des doigts du pied, sont rares chez le chien. Il faut deux personnes pour en opérer la réduction. L'une exerce une pression sur le membre, tandis que l'autre guide la tête de l'os dans son retour à son emboîtement. Il est téméraire à une personne qui ne connaît pas l'anatomie, de tenter la réduction de la luxation de la hanche ou de l'épaule; mais celle du coude ne présente pas de grandes difficultés. Quand les os sont remis en place, on les y maintient à l'aide d'un bandage. On agit de même pour les doigts du pied.

Blessures

Le meilleur traitement des blessures légères, y compris les morsures et les piqûres profondes d'épines, est de les empêcher de se fermer à l'aide de lotions stimulantes. Le savon jaune et l'eau sont aussi bons pour cet objet que tout autre remède. Si on les laisse guérir naturellement, il se forme une croûte qui finit par tomber, laissant une vilaine cicatrice ; ou encore la peau se gonfle rapidement autour de la blessure, et il se forme un abcès qu'on est obligé d'ouvrir, ou qui se guérit imparfaitement et lentement, laissant sur la peau une proéminence plus ou moins désagréable pour l'œil. Quand les lèvres d'une blessure ne se réunissent pas bien, le résultat dont je viens de parler est à craindre, et il est convenable de faire un point de suture. Cette opération se fait de la manière suivante :

On prend une aiguille munie de soie ou de fil, mais non de coton, et on la passe *du dehors en dedans* à travers la peau de l'une des lèvres de la blessure, puis ensuite du dedans au dehors, et au même niveau, à travers la peau de l'autre lèvre. On saisit ensuite les deux extrémités du fil, on s'assure qu'il est bien tendu dans toute la longueur de la suture, on les fixe par un double nœud et on les coupe très court. Le fil doit être, au préalable, bien ciré, pour éviter qu'il n'absorbe les liquides à la manière d'un séton.

Le nombre des points de la suture varie suivant la longueur de la blessure. L'intervalle entre chaque point doit être de 12 à 15 millimètres.

On doit mettre sur la plaie un léger bandage et museler le chien.

Dans le cas de destruction de la peau sur une surface étendue, mais sans plaie profonde, on peut se demander s'il est préférable de laisser la guérison se faire naturellement ou d'y aider en recouvrant la blessure de linge, en la nettoyant à l'aide d'eau tiède et en appliquant des cataplasmes. Il est certain, cependant, qu'on ne doit pas s'arrêter au premier parti, c'est-à-dire au parti de laisser former une croûte, si la plaie est douloureuse au toucher, si elle sent mauvais, ou si elle paraît tendre à la formation d'abcès. Les blessures des jambes peuvent être protégées contre les accidents en collant sur elles, à la manière du diachylum, du baume du Canada adhérent à de la peau de chamois. Les chiens de chasse, même quand ils sont blessés aux pattes, peuvent continuer à travailler, si on a soin de leur mettre une sorte de petite botte en cuir, fixée par un lien au-dessous de l'articulation.

Abcès

L'abcès se présente d'abord comme une tumeur dure, située plus ou moins profondément et qui occasionne de vives douleurs. Elle s'enflamme et la suppuration se fait jour à travers la peau. Dans beaucoup de cas, c'est le résultat d'une inflammation locale ou d'une blessure profonde. Quand on reconnaît que le pus est formé, il faut le faire bien s'écouler par un coup de lancette.

Affection du pied

La boiterie peut résulter d'une blessure du pied ou de ses doigts, d'une épine ou d'un fin gravier, d'un effort de l'épaule ou de la jambe, ou enfin d'un léger rhumatisme. La boiterie peut encore avoir pour cause ce qu'on appelle l'*aggravée* (foot-sore), c'est-à-dire une inflammation des muscles jacents sous la peau du pied. C'est le résultat d'un travail prolongé sur un terrain dur. Si on n'y prend pas garde, le mal augmente rapidement et entraîne la chute de la sole.

Au début, le repos complet, des fomentations chaudes du pied et quelques purgations légères suffisent ordinairement pour amener la guérison. S'il s'est formé du pus, il faut pratiquer une incision et faire une application du baume de Frier.

Quand la boiterie ne provient d'aucune des causes précédentes, il faut laver soigneusement le pied à l'aide d'eau de savon, et bien examiner s'il y a une blessure, ou si l'inflammation est produite par une épine ou un gravier. On doit également s'assurer qu'il n'y a ni rougeur, ni suppuration des doigts du pied, et il faut y remédier par une médication rafraîchissante et le repos.

On peut s'assurer par le toucher s'il y a eu effort de la jambe. Il y a alors lieu d'imposer le repos et de faire des fomentations froides suivies, quand la chaleur a disparu, de frictions à l'aide d'un liniment composé, par égales parties, de laudanum, d'ammoniaque et d'essence de térébenthine.

Empoisonnement

Je n'ai jamais cessé de protester contre l'impéritie de certaines municipalités qui, sous prétexte de chiens enragés, font répandre des boulettes empoisonnées : ici je me borne à constater que malheureusement le fait existe.

Je constate encore que dans la campagne on empoisonne des charognes pour tuer les loups, et qu'on fait la guerre aux corbeaux avec de la noix vomique. Il se peut donc que votre chien absorbe accidentellement des substances empoisonnées ; il se peut aussi que, par vengeance, on lui en fasse prendre.

En présence d'un empoisonnement présumé ou constaté, il y a deux choses à faire qui constituent ce qu'on appelle le traitement général ; ces deux choses sont : L'évacuation du poison qui se trouve encore dans les voies digestives, et la neutralisation de celui qui a déjà été absorbé.

Évacuation du poison. — Ce premier acte se pratique au moyen de vomitifs et de purgatifs. Si les vomissements ont lieu naturellement, on fera prendre des boissons tièdes données en abondance ; s'il n'y a que des envies de vomir, on donnera un vomitif : Emétique 6 à 18 centigrammes dans un verre d'eau tiède, à boire en trois ou quatre fois, à cinq minutes d'intervalle ; ou bien. 1 gram. de poudre d'ipéca administré de la même manière.

A défaut de tout remède, faites absorber en abondance de l'eau tiède et chatouillez la luette avec les barbes d'une plume.

Si l'empoisonnement remonte à quelques heures, il est plus que probable qu'une partie du poison a déjà pénétré dans les intestins ; alors, outre le vomitif, il faut administrer un purgatif (6 à 18 centigr. d'émétique mêlé à 30 gram. de sulfate de soude ou de magnésie dissous dans un demi-litre d'eau conviennent parfaitement).

Si on n'a pas de purgatif, on donnera un quart de lavement avec addition de deux cuillerées de sel de cuisine.

Neutralisation du poison. — La neutralisation

réclame des connaissances spéciales et l'intervention prompte d'un vétérinaire ou d'un pharmacien. Cependant, en leur absence, et en les attendant, il est de certaines substances qu'on peut administrer. L'eau albumineuse ou eau de blanc d'œufs (4 blancs d'œufs pour un litre d'eau froide) et l'eau de magnésie (2 cuillerées à café dans un verre d'eau) produisent généralement de bons résultats.

Si le poison a pénétré par morsure ou piqûre, il faut empêcher l'absorption par les lavages, le débridement de la plaie et la cautérisation par la pierre infernale ou le fer rouge. Comme, à la campagne, on peut se trouver éloigné de tout homme de l'art, je vais tâcher de fournir quelques indications sur le traitement qui convient pour neutraliser les poisons les plus communément employés, suivant les classes auxquelles ils appartiennent.

Poisons

Les poisons se divisent en quatre classes :

1º Poisons irritants.

2º Poisons narcotiques.

3º Poisons narcotico-âcres.

4º Poisons septiques ou putréfiants.

1re Classe : *Irritants*. Les principaux poisons de cette classe sont les acides, l'arsenic, le cuivre, le mercure, le phosphore, le chlore et leurs composés ou dérivés, les sels de potasse, de soude, d'ammoniaque et dérivés, les cantharides, la coloquinte, le verre pilé, etc.

Il n'y a guère, dans cette classe, que l'arsenic, le cuivre et leurs composés, et le verre pilé qui puissent être absorbés par le chien, soit accidentellement, soit par le fait d'une lâche vengeance ; je vais indiquer le traitement particulier à chacun de ces cas.

ARSENIC ET SES COMPOSÉS OU DÉRIVÉS

Symptômes. — Douleur d'estomac ; vomissements de matières sanguinolentes ; coliques violentes, selles rougies par le sang. La peau est sèche et la soif très vive.

Traitement. — Favoriser les vomissements s'ils ont lieu ; dans le cas contraire, les provoquer par les moyens indiqués plus haut. Gorger le chien d'hydrate de peroxide de fer, à son défaut, de magnésie délayée dans une grande quantité d'eau tiède. Administrer des boissons émollientes en grande quantité (pas d'eau de guimauve), ainsi que le mélange suivant : vin blanc, demi-litre ; eau de seltz, même quantité ; sel de nitre, 4 gr. Bains, fomentation, cataplasme.

CUIVRE ET SES COMPOSÉS
(Vert de gris, vitriol bleu, etc.)

Traitement. — Faire vomir ou favoriser les vomissements ; eau albumineuse en abondance ; boissons émollientes ; lavements avec de fortes décoctions de pavots ; bains, potions calmantes.

PHOSPHORE
(Allumettes chimiques, Pâte phosphorée)

Traitement. — Emétique à forte dose ; 10 à 18 cent. dans un demi-litre d'eau. Eau albumineuse tenant de la magnésie en suspension. L'essence de térébenthine, à la dose de 2 grammes, donne d'excellents résultats. Boissons antiphlogistiques **abondantes**. Pas d'huile, pas de bouillon, pas de corps **gras**.

Verre pilé

Le verre pilé agit mécaniquement et non pas comme toxique, ainsi que certaines personnes le croient ; aussi, quand il est réduit en poudre assez fine pour ne pas pouvoir déchirer l'estomac et les intestins, ne peut-il produire aucun mal et est-il même administré comme vermifuge.

Traitement. — Administrer en abondance de la panade ou autres aliments enveloppants, puis provoquer les vomissements au moyen de l'émétique à la dose de 6 centigr. pour un verre d'eau tiède ; ensuite lait et boissons émollientes.

2me Classe. — *Poisons narcotiques.* Les principaux poisons de cette classe sont :

1° L'opium et son extrait : le laudanum, la morphine et ses sels : la jusquiame, la morille.

2ᵐᵉ Groupe : Le laurier cerise : l'acide prussique et les cyanures.

L'empoisonnement du chien par ces substances est assez rare, et il résulte surtout, quand il se produit, de leur administration, comme remède, à trop haute dose.

Le traitement pour le premier groupe est le suivant : émétique à haute dose (6 à 18 centigr.) dans un verre d'eau : — Café noir en abondance ; décoction de noix de galle. — Quand le poison est rejeté, entonner de la limonade acide.

Quand l'assoupissement est extrême, il faut le combattre énergiquement ; on fait des frictions aromatiques sur les membres, et on donne des lavements à l'eau vinaigrée.

Pour les empoisonnements par les substances du 2ᵐᵉ groupe, aspersion d'eau sur la colonne vertébrale et surtout sur les vertèbres cervicales : faire respirer de l'eau chlorée ou ammoniaquée ; potion : 20 à 40 gouttes de liqueur de Labarraque, infusion de café.

3ᵉ Classe. — *Poisons Narcotico-âcres*. — Les principaux poisons de cette classe sont :

1ᵉʳ Groupe : la ciguë, la belladone, le colchique, la digitale ; 2ᵉ Groupe : la noix vomique, la strychnine ; 3ᵉ Groupe : le chloroforme, l'éther.

Parmi les substances du premier groupe, la ciguë et surtout le colchique, plante bulbeuse qui se trouve en abondance dans les prés, sont fréquemment employés par les gens de la campagne pour empoisonner les chiens.

Traitement. — Favoriser les vomissements, s'ils ont lieu, par l'administration d'une grande quantité de café ; si les vomissements n'ont pas lieu, les provoquer par 6 à 18 centigrammes d'émétique mêlé à 1 gramme d'ipécacuanha. Si le poison a pu pénétrer dans le canal intestinal, administrer 30 grammes de sulfate de soude et 5 centigrammes d'émétique, ou des lavements à l'huile de ricin (2 cuillerées à bouche). S'il y a congestion cérébrale, saignée, ensuite, entonner de l'eau vinaigrée.

L'opium combat avec succès les empoisonnements produits par la belladone et le datura.

Parmi les poisons du deuxième groupe, la noix vomique et la strychnine sont ceux qui sont employés le plus fréquemment.

Traitement. — Provoquer et favoriser les vomissements, insufflation d'air dans les poumons qui ne fonctionnent qu'avec difficulté, par suite de la paralysie des muscles, des côtes et du diaphragme ; décoction de quinquina ; potion d'éther et d'essence de térébenthine. (Dose de 1 à 2 grammes de chaque).

Les empoisonnements par les poisons du troisième groupe ne peuvent guère être causés que par leur emploi, comme remède, à trop haute dose. Quand le chloroforme et l'éther ont été inhalés, dans le but de provoquer l'anesthésie, il faut surveiller avec soin le pouls du chien. Dès qu'il devient faible ou ne se fait plus sentir, il faut cesser l'inhalation, insuffler de l'air dans les poumons, et faire des frictions aromatiques sur le thorax.

Piqûre de vipère

Le venin de la vipère fait partie de la quatrième classe des poisons, dits poisons septiques ; j'ai cru néanmoins devoir lui donner un chapitre spécial, en raison des dangers si fréquents qu'il fait courir à nos compagnons de chasse.

La vipère dépasse rarement deux pieds de long. Ses couleurs sont ternes, sa tête a la forme d'un cœur et présente plus de largeur que le corps. Derrière chaque œil, il y a une raie noire et ses yeux sont rouges, vifs et menaçants ; sa langue longue et fourchue est inoffensive. Le venin est renfermé dans deux petites vésicules que presse la base de deux dents appelées crochets, dont la mâchoire supérieure est munie, et il pénètre dans la plaie en suivant le canal creusé dans leur épaisseur. Elle n'attaque pas l'homme, mais, si on la dérange, elle se dresse, siffle, s'élance comme une flèche et mord. La douleur est intense et l'inflammation presque immédiate. Un coup de bâton sur le dos la met hors de combat.

Les morsures de vipère sont instantanément mortelles pour les petits animaux, et les chiens en meurent souvent, surtout quand ils sont atteints à la tête ou dans la région du cœur.

Traitement. — Ligature entre le point mordu et le cœur ; cautérisation avec l'ammoniaque ou le fer rouge après avoir lavé, débridé et fait saigner la plaie ; compresse d'ammoniaque : potion ammoniacale et éthérée (2 à 10 gouttes de chaque dans une cuillerée d'eau).

Contre la morsure des vipères

Le remède le plus certain, le plus complet d'après les études de M. Kaufmann, d'Alfort, l'acide chromique est souverain pour détruire l'action du venin des vipères.

La solution doit se faire au centième dans de l'eau pure. On peut l'employer de deux façons. Si l'on agit immédiatement après la morsure, on lave la plaie avec la solution, laquelle décompose le venin poison. Si, au contraire, quelque temps s'est écoulé, on doit recourir aux injections hypodermiques avec une seringue spéciale ; la quantité à employer est celle qui remplit une seringue de cette nature. On la répand en 2 ou 3 piqûres autour de la plaie afin que le liquide soit rapidement entraîné dans la masse du sang où il se rencontre avec le venin entraîné dans la circulation du sang et dont il annule les effets.

N. B. — L'acide chromique est plus puissant que

le fer rouge. La plus grande prudence est recommandée pour en faire usage.

Piqûres d'abeilles, de guêpes, etc.

Traitement. — Enlever l'aiguillon, — laver la plaie avec de l'eau ammoniacale, — potion ammoniacale et éthérée, comme dans le cas de la piqûre de la vipère.

TABLE DES MATIÈRES

TROISIÈME PARTIE

LE GIBIER

Ses mœurs, sa conservation, sa reproduction

LA COUVEUSE ARTIFICIELLE ET LES ÉLEVEUSES VOITELLIER

QUATRIÈME PARTIE

HYGIÈNE ET MÉDECINE

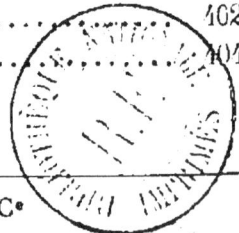

Blois, typ. et lith. C. Migault et Cᵉ

www.ingramcontent.com/pod-product-compliance
Lightning Source LLC
Chambersburg PA
CBHW061002220326
41599CB00023B/3803